Estadística Básica

Manuales Complutenses es un proyecto editorial desarrollado en colaboración con las facultades de la Universidad Complutense de Madrid para la publicación en acceso abierto de los contenidos docentes para la enseñanza y el aprendizaje del alumnado universitario.

Consejo Editorial

Estadística Básica

Pedro Miranda Menéndez

EDICIONES
COMPLUTENSE

PRIMERA EDICIÓN: ABRIL 2025
PRIMERA REIMPRESIÓN: MARZO 2026

© 2025, Pedro Miranda Menéndez
© 2025, Ediciones Complutense
   Pabellón de Gobierno
   Isaac Peral s/n
   28015 Madrid
   913 941127
   info.ediciones@ucm.es
   http://www.ucm.es/ediciones-complutense

ISBN: 978-84-669-3889-1
Depósito Legal: M-78-2025
DOI: https://dx.doi.org/10.5209/docm.003

Todos los recursos gráficos y tablas contenidos en esta publicación han sido
elaborados por el autor.

Impresión
   Solana e Hijos Artes Gráficas
   San Alfonso, 26. Bº La Fortuna
   28917 Leganés (Madrid)

Ediciones Complutense garantiza un riguroso proceso de selección y evaluación
de los trabajos que publica.

Ediciones Complutense es miembro de Unión de Editoriales Universitarias Españolas
(UNE) y está asociado a Cedro.

Printed in Spain

*Dedicado a
Susana y Antonio*

Este manual es fruto de mi experiencia docente en la facultad de Farmacia a lo largo de muchos años, pero no habría podido ser posible sin la colaboración de muchas personas. Sirvan estas líneas para mostrar mi agradecimiento a todos ellos.

En primer lugar, agradecer a todo el personal de Ediciones Complutense por su magnífico trabajo. Desde el primer momento han estado a mi lado para ayudarme en todos los problemas que he tenido. Han aceptado un trabajo en un formato distinto del que se esperaba para que se pudiesen incluir de forma más elegante las fórmulas matemáticas; han tenido también una enorme paciencia con todas las dificultades que se han tenido que resolver respecto al aspecto final del manual. Y todo esto lo han hecho con una enorme sonrisa y paciencia.

Mi agradecimiento también para el equipo decanal de la facultad de Farmacia, y en especial a Manuel Córdoba, que he confiado en mí para la confección de este primer manual. La buena disponibilidad y pragmatismo tanto de este equipo decanal como de los anteriores me ha proporcionado el tiempo y la tranquilidad necesarias para dedicar mucho tiempo a pensar en mis alumnos y en la mejor forma de explicar la Estadística, lo que me ha permitido mejorar la versión final.

Debo agradecer a mi familia por la paciencia y comprensión que han tenido conmigo mientras escribía este manual. Han aceptado que les robase tiempo para dedicarlo a esta obra. También me han ayudado con consejos y opiniones sobre distintos aspectos del manual, y han sido los que han decidido el aspecto final de muchas de las figuras del mismo.

Finalmente, quiero agradecer a los muchos alumnos que a lo largo de los años han utilizado versiones preliminares de este manual y que me han advertido de las (muchas) erratas que tenía, y también de puntos del temario que no estaban suficientemente claros. Espero que este manual pueda ser de utilidad para futuras promociones de farmacéuticos en el estudio de la Estadística.

Índice

Resumen

En este manual se estudian los conceptos y herramientas básicas de estadística, de forma que sirvan como un paso inicial en el estudio posterior de técnicas más avanzadas. Está pensado para ser visto en unas 30 horas de clase teórica.

El manual está dividido en nueve capítulos y varios anexos, que se pueden agrupar en cuatro bloques diferentes: un primer bloque de introducción, que incluye los capítulos 1 y 2; a continuación un bloque que estudia la estadística descriptiva, que incluye los capítulos 3 y 4; luego un bloque configurado por los capítulos 5 y 6 y que trata temas de probabilidad; y finalmente un bloque dedicado a la inferencia que está formado por los capítulos 7, 8 y 9. Así, en los capítulos del bloque de estadística descriptiva simplemente describe los resultados que proporciona una muestra. El bloque de probabilidad es el más matemático de entre todos los capítulos del manual, pero es necesario porque nos proporcionará la seguridad matemática necesaria para que las técnicas posteriores del bloque de inferencia estadística sean fiables. El bloque de inferencia estadística es el más importante y todo lo anterior está orientado precisamente a poder estudiar este bloque con garantías. En este bloque no se harán desarrollos matemáticos por ser bastante complejos, sino que intentaremos dar una idea intuitiva de su funcionamiento, limitándonos a continuación a dar las fórmulas correspondientes a las situaciones más típicas.

Veamos a continuación qué estudia cada uno de los capítulos con un poco más de detalle.

En el primer capítulo se define lo que es un fenómeno aleatorio, dependiente del azar, en oposición a un fenómeno determinista, que obedece a una ley. Esto nos lleva a la definición de los conceptos de población, muestra e individuo, y nos explica la necesidad de estudiar las distribuciones de probabilidad. También, nos explica por qué en los fenómenos aleatorios es necesario contar con la información proporcionada por una muestra. Y termina con las distintas partes de la estadística, vistas como los distintos pasos a seguir para resolver un problema relacionado con fenómenos aleatorios.

El segundo capítulo trata precisamente de las distintas formas de seleccionar los individuos que formarán parte de la muestra. Esta decisión es importante porque todas las conclusiones del estudio se basarán en que la muestra es *representativa* de toda la población y, dependiendo de cómo está distribuida la población, los distitos tipos de muestreo permiten aumentar la probabilidad de tener una muestra en estas condiciones. Así, se plantean los tipos de muestreo más comunes, como el muestreo aleatorio, el muestreo por conglomerados, el muestreo estratificado y el muestreo sistemático. En la parte final del tema se estudian dos tipos de muestreo especialmente comunes en ciencias de la salud, como son el muestreo por cohortes y el muestreo caso-control.

El tercer capítulo estudia la estadística descriptiva unidimensional, en el que solo observamos una característica en cada uno de los individuos de la muestra. Se comienza con el concepto de variable estadística. A partir de esta definición, se dan los conceptos básicos de una variable, como modalidad o frecuencia, así como su clasificación. Se plantean los tipos más comunes de representaciones gráficas. A continuación se estudian las medidas de centralización, en las que el objetivo es dar un valor que sirva de representante de toda la muestra. Seguimos con las medidas de posición, en las que se busca un valor que ocupa una determinada posición en la muestra. Y a continuación se estudian algunas medidas de dispersión, en las que se intenta dar una medida de la representatividad de las medidas de centralización. El tema termina con las medidas de forma: asimetría y curtosis. Este tema es importante para el desarrollo posterior del manual porque en él aparecen conceptos que son sencillos de comprender al estar basados en datos concretos, pero que servirán de inspiración para definir los mismos conceptos de manera abstracta para el bloque de probabilidad.

El cuarto capítulo estudia la estadística descriptiva bidimensional. Este tema parte de la situación en la que tenemos dos (o más) variables estadísticas y el objetivo es describir relaciones entre estas variables.

Este capítulo tiene dos partes diferenciadas. En la primera de ellas, se trasladan los conceptos del tema anterior al caso de dos variables. Así, se estudian las tablas de doble entrada, las distribuciones marginales y condicionadas; se estudian los diagramas de dispersión como ejemplo de una representación gráfica en la que se busca dar una imagen de relaciones entre variables cuantitativas; y se estudia la covarianza como una medida numérica de la relación (lineal) entre dos variables. La segunda parte de este capítulo trata ya una de las técnicas más importantes de la estadística: la regresión. En este caso se tratará principalmente la regresión lineal simple, que es el caso más sencillo. Sin embargo, se tratará de forma que sea posible comprender el funcionamiento de estas técnicas en modelos más complejos. Por ejemplo, se planteará la técnica de mínimos cuadrados como forma de hallar los coeficientes del modelo, situación que es común en todos los modelos de regresión. Una vez hallados estos coeficientes, se define el coeficiente de determinación como forma de medir lo bueno que es el modelo, concepto que estambién común en todos los modelos de regresión. Además, se verá que en el caso lineal su fórmula puede derivarse en términos de covarianza y varianzas. También veremos el coeficiente de correlación como una medida específica de la bondad del modelo en el caso lineal. Finalmente, se trata brevemente el caso de modelos derivados del modelo lineal.

El capítulo 5 trata de los conceptos básicos de probabilidad. Se plantean todos los conceptos básicos para definir una probabilidad como una medida matemática de incertidumbre sobre el resultado de un experimento aleatorio. Este capítulo está planteado en términos de comparación de los conceptos con los correspondientes conceptos que fueron tratados en el capítulo de estadística descriptiva unidimensional. Así, se comienza con el concepto de espacio muestral, como una abstracción matemática de las modalidades de estadística descriptiva. De ahí pasamos a los sucesos, y de sucesos a la definición axiomática de una medida de probabilidad. Esta medida es una forma de describir las frecuencias, en el sentido de habitual, de los distintos sucesos. Se dan las propiedades básicas de la probabilidad, siempre en comparación con las mismas propiedades de las frecuencias. Se pasa a continuación a la regla de Laplace como una forma de asignar probabilidades en determinadas condiciones. En un anexo al final del manual se explican brevemente las técnicas de conteo básicas, que permiten resolver mediante la regla de Laplace muchos problemas de probabilidad. El tema termina con el concepto de probabilidad condicionada e independencia, de gran importancia teórica en las técnicas de inferencia estadística. Como consecuencia de estos conceptos, tenemos los teoremas de la probabilidad total y de Bayes, que permiten calcular probabilidades de forma sencilla en situaciones menos directas de las que se ven con la regla de Laplace.

El capítulo 6 trata de las variables aleatorias y está planteado como una comparación con los resultados obtenidos en el capítulo de estadística descriptiva para variables estadísticas cuantitativas. Está dividido en tres partes diferentes. En la primera parte, se estudia brevemente el concepto matemático de variable aleatoria, la probabilidad inducida por una variable aleatoria y la función de distribución, planteada en comparación con la frecuencia acumulada y la poligonal de frecuencias acumuladas. A partir de aquí se definen las variables discretas y continuas, y se dan los conceptos de función masa de probabilidad para variables discretas y función de densidad para variables continuas. Se dan también los conceptos de esperanza y varianza, en comparación con los correspondientes conceptos de media y varianza de estadística descriptiva. La segunda parte de este capítulo estudia los modelos discretos y continuos más habituales. Aprovechamos también para introducir el concepto de parámetro, que será la base del último bloque de inferencia estadística. La última parte de este capítulo estudia el teorema central del límite, que permite calcular de forma sencilla una aproximación de probabilidades sobre variables aleatorias cuando se ha repetido el experimento muchas veces.

El capítulo 7 trata de estimación paramétrica. En él se plantea lo que es un estimador, haciendo hincapié en su carácter aleatorio. La segunda parte del capítulo trata de intervalos de confianza y está planteado de forma intuitiva, justificando la necesidad de introducir el nivel de confianza. En la parte final del manual aparece una lista con las fórmulas de los intervalos de confianza más habituales.

El siguiente capítulo está dedicado a los contrastes de hipótesis paramétricos. Se da una especial importancia a los conceptos de hipótesis nula y alternativa, estadístico y regiones de aceptación y rechazo. Se justifica la necesidad de dar un nivel de significación, contrapartida del nivel de confianza del capítulo anterior. Análogamente a lo que se hizo en el capítulo anterior, en la parte final del manual aparece una lista con los estadísticos más típicos de inferencia paramétrica y las correspondientes regiones críticas dependiendo del contraste a resolver. En este capítulo se estudia también lo que es el p-valor y su interpretación, de importancia capital en situaciones prácticas.

El último capítulo trata el caso más sencillo de análisis de varianza. Se plantea este tema como una simbiosis entre contrastes de hipótesis y regresión. Está dividido en dos partes. En la primera de ellas se dan los conceptos de factor de efectos fijos o aleatorios, nivel de cada factor y tratamiento, conceptos que son comunes para todos los modelos de análisis de varianza. La segunda parte trata el caso del modelo unifactorial, en el que se desarrolla de forma intuitiva el estadístico del contraste de forma similar a como se desarrolló el coeficiente de determinación en regresión. Aparecen así los conceptos de sumas de cuadrados del factor y del error. El objetivo de este capítulo es que una vez asimilado el modelo unifactorial, el alumno sea capaz de comprender modelos más complejos de análisis de varianza.

Por supuesto, existen muchas otras técnicas estadísticas que no se estudian en este manual. Tenemos por ejemplo todas las técnicas de análisis multivariante, que son tan importantes en estudios estadísticos. También hay muchos modelos que son muy importantes y que son extensiones de los modelos más sencillos estudiados en este manual. Baste citar como ejemplos los modelos de regresión múltiple, los modelos más complejos de análisis de varianza, o los contrastes de hipótesis no paramétricos. Esperamos sin embargo que, al conocer los conceptos básicos de estas técnicas, el alumno pueda comprender y aplicar estos modelos para situaciones más complejas.

Palabras clave: estadística descriptiva, regresión, probabilidad, estimación, contraste de hipótesis.

Abstract

In this manual, we introduce the basic concepts and tools of statistics, so that it could serve as an initial step in the posterior study of more advanced statistical techniques. It is designed to be covered in about 30 hours of theoretical classes.

The manual is divided into nine chapters and several appendices, which can be grouped into four different blocks: a first introduction block, which includes chapters 1 and 2; next, a block dealing with descriptive statistics, which includes chapters 3 and 4; then, a block configured by chapters 5 and 6 and that studies basic probability issues; and finally a block dedicated to statistical inference that is made up of chapters 7, 8 and 9. The block of descriptive statistics provides the usual measures that describe the results provided by a sample. The probability block is the most mathematical of the manual, and it is necessary in order to provide us that is needed for the subsequent techniques of the statistical inference. The statistical inference block is the most important one; it will supply us with the techniques that allow to obtain conclusions with a high security (in terms of probability) from the data coming form a random sample; for this block, we will not give the mathematical developments because they are quite complex, but we will try to supply the reader with an intuitive idea of how it works instead; hence, we will limit ourselves to provide the formulas corresponding to the most typical situations.

Let us next see in a little more detail what each of the chapters deals with.

The first chapter defines what a random phenomenon is, as one dependent on chance, as opposed to a deterministic phenomenon, which obeys a (physical or chemical) law. This leads us to the definition of population, sample and individual, and justifies the need to study probability distributions. Also, it explains why in random phenomena it is necessary to have the information provided by a sample. And it ends with the different parts of statistics, seen as the different steps that need to be followed to solve a problem related to random phenomena.

The second chapter deals precisely with the different ways of selecting the individuals who will be part of the sample. This decision is important because all the conclusions of the subsequent study will be based on the sample being *representative* (in the sense that the information provided by the sample is almost the same as the information provided by the whole population) of the entire population. Depending on the population, the different types of sampling allow us to increase the probability of having a sample in these conditions. Thus, the most common types of sampling are presented, such as random sampling, cluster sampling, stratified sampling and systematic sampling. In the final part of the chapter, two types of sampling that are especially common in health sciences are studied, namely cohort sampling and case-control sampling.

Chapter 3 studies unidimensional descriptive statistics, in which we only observe one characteristic in each of the individuals in the sample. It begins with the concept of a statistical variable and the classification of statistical variables. From this definition, the basic concepts of a variable are given, such as modality or frequency, and we finish with the problem of grouping data into classes. We then turn to present the most common types of graphic representations. Next, central tendency measures are studied, in which the objective is to give a value that serves as a representative value of the entire sample. We continue with measures of position, such as quartile, deciles and quantiles; measures of position give us a way to see where a certain data point or value falls in a sample. And then some measures of dispersion are studied, in which an attempt is made to provide a measure of the representativeness of the central tendency measures. The chapter ends with shape measurements: skewness and kurtosis. This chapter is very important for the subsequent development of the manual because it contains concepts that are easy to understand as they are based on concrete data, but that will serve as inspiration to define the same concepts for the probability block.

The fourth chapter studies two-dimensional descriptive statistics.

This chapter treats the situation in which we have two (or more) statistical variables and focuses in describing possible relationships between these variables. The chapter has two different parts. In the first of them, the concepts of the previous chapter are translated to the case of two variables. Thus, correlation (or double-entry) tables, marginal and conditional distributions are studied; scatter diagrams are studied as an example of a graphic representation that seeks to provide an image of relationships between quantitative variables; and covariance is studied as a numerical measure of the (linear) relationship between two variables. The second part of this chapter deals with one of the most important techniques in statistics: regression. In this case, simple linear regression, which is the simplest case, will be mainly discussed. However, it will be discussed in a way that makes it possible to understand how regression techniques work in more complex models. For example, the least squares technique will be proposed as a way to find the model coefficients, a situation that is common in all regression models. Once these coefficients are found, the coefficient of determination is defined as a way of measuring the goodness-of-fit of the model, a concept that is also common in all regression models. Furthermore, it will be seen that in the linear case its formula can be derived in terms of covariance and variances. We will also see the correlation coefficient as a specific measure of the goodness-of-fit of the model in the linear case. Finally, the case of models derived from the linear model is briefly discussed.

Chapter 5 is devoted to an introduction to the basic concepts of probability. First, all the basic concepts needed to define a probability as a mathematical measure of uncertainty about the result of a random experiment are presented. This chapter is presented in terms of comparison between the concepts that were treated in the chapter on unidimensional descriptive statistics and the corresponding definitions in probability. Thus, we begin with the concept of sample space, as a mathematical abstraction of the modalities of descriptive statistics. From there we move on to events, and from events to the axiomatic definition of a probability measure. This measure is a mathematical way of describing the frequencies, in the usual sense, of different events. The basic properties of probability are given, always in comparison to the same properties of frequencies. We next turn to Laplace's rule as a way of assigning probabilities under certain conditions, namely when all results are equally logical. In an appendix at the end of the manual, the basic counting techniques are briefly explained, which allow many probability problems to be solved via Laplace's rule. The chapter ends with the concept of conditional probability and independence, concepts having a great theoretical importance in statistical inference techniques. As a consequence of these concepts, we derive the total probability and Bayes theorems, which allow us to calculate probabilities in a simple way in less straightforward situations than those seen when dealing with Laplace's rule.

Chapter 6 deals with random variables and again, is presented comparing the results obtained in the descriptive statistics chapter for quantitative statistical variables with the corresponding concepts for random variables. This chapter is divided into three different parts. In the first part, the mathematical concept of a random variable, the probability induced by a random variable and the distribution function are briefly studied, presented in comparison with the cumulative relative frequency. Based on this, discrete and continuous variables are introduced, and the concepts of probability mass function for discrete variables and density function for continuous variables are given. The concepts of expectation and variance are also established, in comparison with the corresponding concepts of mean and variance of descriptive statistics. The second part of this chapter studies the most common discrete and continuous models. We also introduce the concept of parameter, which will be the basis of the last block of statistical inference. The last part of this chapter studies the central limit theorem, which permits to easily calculate an approximation of probabilities on sums random variables.

Chapter 7 deals with parametric estimation. It outlines what an estimator is, emphasizing its random nature. The second part of the chapter deals with confidence intervals and is presented intuitively, justifying the need to introduce the confidence level. At the end of the manual there is a list with the formulas of some common confidence intervals.

Next chapter is devoted to parametric hypothesis testing. Special importance is given to the concepts of null and alternative hypotheses, statistics and regions of acceptance and rejection. The need to give a level of significance is justified and presented as a counterpart to the level of confidence presented in the previous chapter. Analogously to what was done in the previous chapter, in the final part of the manual there is a list containing the most typical statistics of parametric inference and the corresponding rejection regions depending on the testing. The final part of this chapter studies what the p-value is and its interpretation.

Last chapter deals with the simplest case of analysis of variance (ANOVA). This topic is presented as a mixture between hypothesis testing and regression. It is divided into two parts. In the first of them, the concepts of fixed or random effects factor, level of a factor and treatment are given, concepts that are common to all ANOVA models. The second part deals with the case of the unifactor model, in which the test statistic is developed intuitively in a similar way to how the coefficient of determination was developed in regression. The main goal of this chapter is that once the unifactor model has been assimilated, the student is able to understand more complex ANOVA models.

Of course, there are many other statistical techniques that are not covered in this manual. We mention, for example, all the multivariate analysis techniques, which are so important nowadays in statistical studies. There are also many models that are very important and that are extensions of the simpler models studied in this manual, as for example multiple regression models, the more complex analysis of variance models, or the non-parametric hypothesis testing. We hope, however, from the basis presented in this manual, the student is able to apply these models in more complex situations.

Keywords: descriptive statistics, regression, probability, statistical estimation, hypothesis testing.

Introducción

En los últimos años hemos asistido a un crecimiento espectacular de la importancia de las matemáticas en nuestra vida diaria. Así, parece que los algoritmos matemáticos y la inteligencia artificial son ya parte de nuestra vida, desde hacer un presupuesto a clacular la mejor ruta para llegar a un destino. La razón de este incremento de la presencia de las matemáticas viene determinada en gran medida por el desarrollo que han tenido las herramientas informáticas, ya que esto ha permitido la implementación y aplicación de técnicas matemáticas que requieren un gran número de operaciones matemáticas.

Casi todas las ramas de las matemáticas se han beneficiado de este avance. Así, por ejemplo, todas las posibilidades de pago que existen en la actualidad utilizan códigos criptográficos, y esto ha sido posible gracias a los desarrolloss de trabajos de teoría de números. Los desarrollos matemáticos de teoría de juegos han permitido modelar situaciones que aparecen en economía y han obtenido las mejores soluciones en problemas muy complejos. Además, gracias a desarrollos matemáticos de investigación operativa se ha conseguido hallar la solución más barata para poder abastecer supermercados. O gracias a la teoría de colas se ha podido evaluar el tiempo de espera en una oficina, o clacular el número de operarios necsario para que no se colapse el sistema.

Sin duda, una de las rama de las matemáticas que más se ha beneficiado de la posibilidad de realizar cálculos de forma rápida es la estadística, ya que es una de las partes más aplicadas de las matemáticas. De esta forma, desarrollos estadísticos que se hallaban reducidos al tratamiento de un número pequeño de datos por las propias limitaciones de las herramientas computacionales, han pasado a poder ser aplicadas para una cantidad ingente de datos. Como ejemplo paradigmático de

https://dx.doi.org/10.5209/docm.003.00
Estadística Básica. Pedro Miranda Menéndez. © Ediciones Complutense, 2025.

este desarrollo está todo lo relacionado con el *Machine Learning* que está tan de moda actualmente.

Uno de los campos en el que el desarrollo de la estadística ha tenido mayor impacto es el de las ciencias de la salud. Por ejemplo, en estudios genéticos ha sido posible desarrollar técnicas de regresión en las que el número de variables (genes) a utilizar es enorme y el número de datos (individuos) muy reducido. Otro ejemplo es el análisis de la varianza con varios factores, que ahora puede ser aplicado para muchos factores e interacciones entre criterios. También muchas técnicas de análisis multivariante han podido ser aplicadas en problemas reales. De esta forma, el uso de técnicas estadísticas para el desarrollo de nuevos fármacos o para el análisis de datos es básico en cualquier investigación de ciencias de la salud.

En este manual se verá una introducción a las técnicas básicas de estadística. La idea con la que está escrito es que se obtenga una idea general de las distintas técnicas, que se aplican en el manual a las situaciones más sencillas, de forma que se pueda entender el funcionamiento general de esta técnica en situaciones más complicadas. Por ejemplo, veremos en el capítulo 4 el problema de regresión lineal simple. Pero al estudiar este problema, podemos introducir el concepto de coeficiente de determinación, que nos permite ver la adecuación de nuestra solución a los datos y que es válido para cualquier modelo de regresión, no solo para el lineal. Aparece también el concepto de mínimos cuadrados, que es la técnica usual de obtener los valores de los términos de cualquier modelo de regresión. Así, esperamos que, a partir de los conceptos que se presentan en este manual de regresión lineal, se pueda comprender cualquier modelo de regresión, aunque este modelo en concreto no se estudie explícitamente en el manual. También que se puedan interpretar las salidas de ordenador de un problema por ejemplo de regresión y evaluar si es un buen modelo a partir del correspondiente coeficiente de determinación. Esto mismo puede decirse para las otras técnicas estadísticas que se estudian en este manual, como los intervalos de confianza, contraste de hipótesis, análisis de varianza, etc.

Para seguir este curso no es necesario ningún conocimiento previo de estadística. En este sentido, el manual es autocontenido. Sí que aparecen algunas técnicas matemáticas como puede ser la integración de funciones, aunque procuraremos que las integrales sean lo más sencillas posible.

Una última consideración: la idea de este manual es que se entienda el interés y el funcionamiento de las técnicas estadísticas. Es decir, el objetivo es ir un paso más allá del simple uso de las distintas técnicas. por ello, es importante que se entienda la razón de las distintas técnicas y las condiciones que necesitan. Esto es lo que permitirá comprender el funcionamiento en situaciones más complicadas que las que se ven en este manual y profundizar en las distintas técnicas estadísticas.

1. Población y muestra

1.1. Fenómenos aleatorios

Supongamos que estamos estudiando el resultado de un experimento. Pronto veremos que al repetir este experimento, puede ocurrir que los resultados sean muy similares o que por el contrario los resultados que se obtienen sean muy diferentes entre sí. Esta diferencia nos va a servir para clasificar los experimentos en dos grupos. Así, dado un fenómeno experimental, este puede ser de dos tipos: determinista o aleatorio.

Los **fenómenos deterministas** son aquellos en los que se puede predecir el resultado antes de realizarse. Suelen estar sujetos a alguna ley física o química que determina el resultado final. Por lo tanto, si repetimos el experimento *en las mismas condiciones* obtendremos el mismo resultado.

Ejemplo 1.
Consideremos por ejemplo el experimento en el que se mide el estiramiento de un muelle del que se cuelga un peso. Entonces, si colgamos un mismo peso de un mismo muelle, el estiramiento siempre es el mismo.

Si estamos estudiando un fenómeno determinista, lo primero que tenemos que determinar son los factores que influyen en el resultado del experimento.

Ejemplo 2. *(Continuación del ejemplo 1)*
En este caso, tenemos que el estiramiento depende del peso que se considere, en el sentido de que mayores pesos producen un mayor estiramiento. Sin embargo, la elongación del muelle no cambia si cambia la forma del peso que se cuelga.

https://dx.doi.org/10.5209/docm.003.01
Estadística Básica. Pedro Miranda Menéndez. © Ediciones Complutense, 2025.

A continuación, tenemos que explicar cómo cada uno de estos factores influye en el resultado final del experimento; para esto, buscamos una función matemática que modele esa influencia. Esto se consigue repitiendo el experimento en *distintas condiciones* respecto a los factores que influyen en el resultado del experimento, de forma que se pueda observar esta variación.

Nótese que es muy difícil reproducir las mismas condiciones exactamente, lo que produce ligeras variaciones en el resultado del experimento. Por ello, la función final que se obtiene es una aproximación de lo que realmente ocurre.

Ejemplo 3. *(Continuación del ejemplo 1)*

Para el ejemplo anterior, la elongación del muelle viene determinada por la ley de Hooke, que nos dice que

$$e = k \times p,$$

donde k es una constante que depende del muelle. Sin embargo, esta ley solo se cumple si tenemos un muelle perfecto, que recupera exactamente su forma cuando se quita el peso. Como este muelle ideal no existe, siempre aparecerán ligeras modificaciones de esta ley al aplicarla experimentalmente. Esto puede verse en la figura 1.1.

Frente a estos experimentos, tenemos los **fenómenos aleatorios**. En este caso no es posible predecir con exactitud el resultado del experimento, y repetirlo en las mismas condiciones no conduce necesariamente al mismo resultado. Estos fenómenos son los que estudia la estadística.

Ejemplo 4.

El ejemplo típico de fenómeno aleatorio es el lanzamiento de un dado. Al lanzar el dado varias veces no es de esperar que vayamos a obtener siempre el mismo resultado.

Como repetir el experimento en las mismas condiciones no conduce necesariamente al mismo resultado, la forma de estudiar estos experimentos es distinta de la de los experimentos deterministas. Nótese además que no tiene mucho sentido cambiar las condiciones en las que se realiza el experimento; así, nuestro experimento es lanzar un dado, y no parece que tenga sentido repetir el experimento lanzando el dado

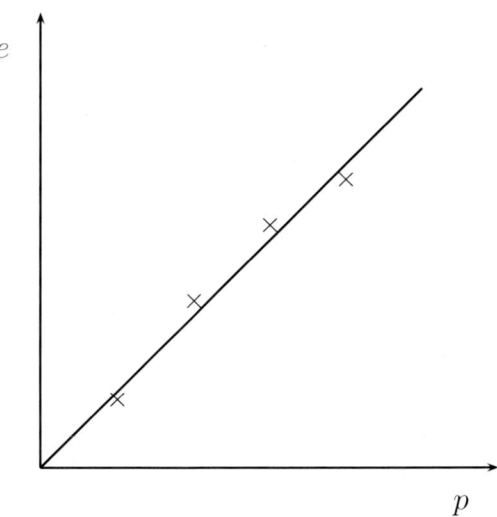

Figura 1.1. Representación gráfica de la ley de Hooke. La línea representa el valor teórico. Los puntos representan los valores realmente obtenidos.

con mayor fuerza. Por ello, lo que se hace para estudiar estos fenómenos es repetirlos varias veces en las *mismas* condiciones, de forma que así se pueda observar los posibles resultados que aparecen y lo lógico (por frecuente) que es cada uno de ellos; lo que se intenta es dar una lista de posibles valores que pueden aparecer al realizar el experimento junto con la frecuencia (en tantos por ciento o proporción) de veces que aparece cada uno. Y esto se hace para intentar obtener la mayor información posible sobre el resultado que aparecerá la próxima vez que se realice el experimento. Entonces lo que nos tiene que preocupar es si estos resultados que hemos obtenido son fiables (en estadística diremos representativos) de lo que puede ocurrir si volvemos a repetir el experimento varias veces.

Ejemplo 5. *(Continuación del ejemplo 4)*

Por ejemplo, supongamos que lanzamos un dado 100 veces y el número de veces que aparece cada resultado es el que aparece en la tabla 1.1.

Lo que se espera en los fenómenos aleatorios es que si repetimos

Resultado	1	2	3	4	5	6
Frecuencia	17	20	15	16	15	17

Tabla 1.1. Posibles resultados al lanzar un dado 100 veces.

el experimento otras 100 veces obtengamos unas frecuencias parecidas (aunque casi con seguridad no serán exactamente las mismas).

Las principales razones para el uso de la estadística en ciencias de la salud son dos:

- Todas las disciplinas relacionadas con la biología tratan con experimentos aleatorios y, por tanto, están sujeta a razonamientos de tipo inductivo, que van de lo particular a lo general, es decir, que pretenden extender las conclusiones obtenidas en una parte de un conjunto al conjunto total. Por ejemplo, no es posible medir la altura de todos los individuos adultos de un país, pero esperamos que si medimos la altura de 1000 de ellos, los datos nos den una información que nos pueda servir para extraer conclusiones del conjunto de toda la población, aunque no los hayamos evaluado.

- La propia diversidad biológica: dos seres vivos nunca son iguales. El método científico para obtener resultados válidos en esta situación tan variable es la estadística, pues queremos establecer conclusiones que tengan en cuenta esta diversidad. Por ejemplo, no se trata aquí de hallar la composición de un determinado mineral, composición que se mantiene siempre inalterable o al menos entre unos límites concisos, sino que se trata de hallar la altura media de unos individuos, teniendo en cuenta que cada individuo tiene una altura distinta.

1.2. Población y muestra

Como hemos dicho anteriormente, en un fenómeno aleatorio tenemos el problema de que el resultado del experimento puede variar al repetir el experimento, incluso en las mismas condiciones. Por ello, para poder

estudiar el funcionamiento de estos fenómenos es necesario repetir el
experimento en condiciones idénticas muchas veces; tendremos entonces
un conjunto de resultados (posiblemente distintos), tal y como se vio en
el experimento del lanzamiento del dado.

En los problemas de estadística tenemos un conjunto de individuos
sobre los que se quiere realizar el estudio. Este conjunto se denomina
población y cada uno de los elementos de la población se llama **individuo**. La población puede ser finita o infinita. Y los datos se obtienen
de observar el experimento sobre varios individuos (posiblemente distintos).

Ejemplo 6.

*Estamos interesados en conocer la proporción de españoles que son
intolerantes a una sustancia. En este ejemplo, la población sería el conjunto de españoles y cada uno de los españoles es un individuo.*

A la hora de resolver el problema, lo ideal sería estudiar todos los
individuos de la población, pues en este caso tendríamos la información
completa. Sin embargo, esto es imposible en muchas ocasiones debido a
que la población puede ser cambiante (por ejemplo si consideramos la
altura de una persona en España, la población está en continuo cambio),
a que el individuo se destruya al realizar el experimento (por ejemplo si
estamos estudiando el tiempo en que tarda en consumirse una cerilla),
al alto coste que ello provocaría, etc.

Ejemplo 7. *(Continuación del ejemplo 6)*

*En el caso de estudiar la intolerancia a una sustancia en la población
de los españoles no podemos evaluar a toda la población debido al alto
coste económico y logístico que ello conllevaría.*

Esto nos obliga casi siempre a tener que tomar un subconjunto de
la población y tratar de extraer conclusiones que sean válidas para el
total de la población. Este subconjunto de la población que vamos a
evaluar se llama **muestra** y siempre supondremos que los datos que
proporciona se pueden extender a toda la población (que la muestra sea
representativa).

Como veremos en el próximo tema, existen muchas formas de seleccionar los individuos de la muestra, y de esta forma podemos escoger el

método de selección de individuos más adecuado para reducir la probabilidad de que la muestra no sea representativa. Es interesante en este punto tener en cuenta que podemos tener un gran número de muestras fijado el procedimiento de obtención de los datos. Por ejemplo, si estamos estudiando las calificaciones en una asignatura de los alumnos de un grupo concreto, parece lógico escoger varios de ellos al azar; y entonces tenemos un gran número de posibles selecciones. Dependiendo de los individuos seleccionados, los datos obtenidos serán diferentes. Por ello, las conclusiones variarán (aunque es de esperar que de forma ligera) al considerar muestras distintas.

Sin embargo, hay que tener en cuenta que al no evaluar a toda la población, es posible que las conclusiones que se obtengan no sean válidas porque los individuos seleccionados sean representativos solamente de una parte de la población, incluso aunque la forma de seleccionar los individuos sea la adecuada. Por ejemplo, si estamos estudiando la altura de los individuos de un país y seleccionamos 100 individuos, es posible (por mala suerte) que sean 100 jugadores de baloncesto, con lo que concluiremos que los individuos de ese país son muy altos cuando en realidad no lo son.

Aunque realizar bien el proceso de selección puede reducir la probabilidad de que ocurra algo así, en general nunca tendremos la seguridad absoluta de que la muestra sea representativa, y por tanto, que nuestras conclusiones sean válidas. Supongamos por ejemplo que no sabemos si una moneda está trucada y que para comprobarlo lanzamos la moneda 100 veces. Si obtenemos 100 caras, lo razonable es concluir que la moneda está trucada; sin embargo, es posible que por azar se obtenga este resultado en una moneda que no esté trucada.

1.3. Partes de la estadística

La estadística se divide en varias ramas. Las tres partes que nosotros trataremos son:

- **Estadística descriptiva.** Es la parte que trata de la clasificación, representación y resumen de los datos proporcionados al realizar una experiencia.

Ejemplo 8. *(Continuación del ejemplo 6)*

El estudio anterior se está realizando porque el Ministerio de Sanidad sospecha que la proporción de españoles que son intolerantes a esa sustancia ha aumentado recientemente. Se sabe que anteriormente la proporción de individuos intolerantes era del 50%. ¿Cómo se puede comprobar si efectivamente este porcentaje ha aumentado?

Para ello, en primer lugar seleccionamos a 100 individuos al azar, de los que vemos que 60 son intolerantes a esa sustancia.

- **Probabilidad.** Es la parte que proporciona las herramientas matemáticas necesarias para poder obtener conclusiones de los datos recogidos. Así, nos dará un valor de lo seguros que podemos estar de las conclusiones que hemos obtenido.

Ejemplo 9. *(Continuación del ejemplo 6)*

Según la probabilidad, asumiendo que la proporción no hubiese cambiado, entonces solo el 2.5% de las muestras nos darían 60 o más personas intolerantes.

- **Inferencia.** Es la parte más importante de la estadística. Trata el problema de obtener conclusiones generales válidas (con una cierta probabilidad) a partir de la información parcial que proporciona la muestra. La estadística, por tanto, aparece como una ciencia eminentemente inductiva.

Ejemplo 10. *(Continuación del ejemplo 6)*

Concluimos entonces que los datos de la muestra son raros si no ha habido cambio, lo que nos lleva a concluir que sí ha aumentado la proporción de personas intolerantes.

Esta forma de resolver el problema se puede ver en el siguiente esquema:

$$MUESTREO \atop Datos \quad \rightarrow \quad {DESCRIPTIVA \atop {Análisis \atop Descripción}} \quad \xrightarrow{PROBABILIDAD} \quad {INFERENCIA \atop Conclusiones}$$

En la resolución de un problema de estadística vamos a seguir tres etapas:

- **Diseño del experimento.** Consiste en determinar la experiencia que nos conviene realizar para resolver el problema y cómo se deben recoger los datos (muestreo). Trataremos este aspecto en el capítulo 2.

  Ejemplo 11. *(Continuación del ejemplo 6)*

  En el ejemplo anterior, una posible forma de realizar el experimento sería seleccionar un grupo de españoles al azar para ver si tienen o no esta intolerancia. El tomar las personas al azar es importante para que todos los individuos tengan la posibilidad de aparecer en la muestra.

  Sin embargo, como es posible que la edad influya en si una persona es intolerante, podemos primeramente dividir la población en grupos de individuos de una edad similar, y luego escoger al azar individuos dentro de cada grupo para obtener una muestra más fiable.

- **Recogida de datos.** Una vez realizado el experimento se obtienen unos datos que hay que recopilar, representar, etc. para comenzar el estudio. Esta es la parte que trata la estadística descriptiva, que veremos en los capítulos 3 y 4.

- **Análisis y obtención de conclusiones.** Es la parte fundamental del estudio, y la que nos permite responder a la pregunta inicial. Esta parte se realiza mediante la inferencia estadística, que se estudiará a partir del capítulo 7.

Como ya se ha dicho, es importante hacer notar en este punto que las conclusiones que nosotros vamos a obtener no serán conclusiones seguras debido a la aleatoriedad, sino que tendremos una estimación de la seguridad que tenemos de las mismas en términos de probabilidades (que vamos a estudiar en los capítulos 5 y 6). Siempre tendremos una posibilidad de error; así, por ejemplo, es posible que todos los españoles seleccionados sean intolerantes a esa sustancia, lo que nos llevaría a concluir que efectivamente el porcentaje de españoles con dicha intolerancia

ha aumentado y, sin embargo, que esto fuese debido a que por casuali-
dad se hayan escogido individuos especialmente sensibles. En definitiva,
una muestra que no sea representativa nos conducirá a conclusiones
erróneas; y como no podemos tener la seguridad de que sí sea representativa, no tenemos otra opción que utilizar una medida de la seguridad
de dichas conclusiones; esta medida de seguridad nos la proporciona el
modelo de probabilidad que usamos.

2. Muestreo

2.1. Introducción

Como se ha visto en el capítulo anterior, todas nuestras conclusiones dependen de los datos que tenemos. Por ello, uno de los aspectos básicos de todo problema estadístico es el modo de seleccionar la muestra, problema también conocido como método de muestreo.

Supongamos que queremos realizar un estudio para una determinada población. Por ejemplo, consideremos la situación en la que queremos saber las notas de ingreso en la Facultad de Farmacia que han obtenido los alumnos de primer curso. En este caso, lo más sencillo es considerar a todos los alumnos de primer curso y ver la nota de ingreso de cada uno de ellos. En este caso estamos obsevando el valor del experimento aleatorio en todos los individuos de la población; esto se conoce como un *censo* o un *muestreo exhaustivo*. Consideremos sin embargo la situación en la que queremos saber el porcentaje de españoles que han sufrido un esguince. En este caso, la población en estudio es muy grande para poder ser evaluada completamente. Por tanto, estamos obligados a trabajar con una parte de la población, la *muestra*.

En el caso de un censo, las conclusiones son absolutamente fiable. Sin embargo, en el segundo caso todas las conclusiones que vamos a obtener se basan en que la muestra sea representativa de la población, es decir, que los individuos seleccionados proporcionan una información que no tiene ningún sesgo respecto a la correspondiente información en el conjunto de la población. Si esto es así, entonces las conclusiones que se extraigan para la muestra serán aplicables a toda la población en estudio.

Sin embargo, no siempre podemos asegurar que la muestra sea re-

https://dx.doi.org/10.5209/docm.003.02
Estadística Básica. Pedro Miranda Menéndez. © Ediciones Complutense, 2025.

presentativa. Supongamos por ejemplo que estamos estudiando la altura media de los españoles y seleccionamos una muestra de tamaño 100 eligiendo los individuos al azar en la población; podría ocurrir que estos 100 individuos fuesen jugadores de baloncesto, de forma que su altura media (muestral) sea muy superior a la media real de toda la población.

Hay varios factores que influyen en la probabilidad de que una muestra no sea representativa. El primer factor que influye es el número de individuos que se seleccionan. Supongamos por ejemplo que estamos estudiando si una moneda está trucada. Si lanzamos la moneda 10 veces y obtenemos 10 caras, podemos empezar a sospechar que la moneda está trucada, pero no estaremos completamente seguros. Sin embargo, si lanzamos la moneda 100 veces y obtenemos 100 caras, nuestra seguridad de que la moneda está trucada es mucho mayor. El número de veces que se repite el experimento, es decir, el número de individuos seleccionados para formar la muestra, se llama **tamaño de muestra**, y se denota por n.

El otro aspecto que influye en la representatividad de la muestra es la forma de seleccionar los individuos de la misma. En primer lugar, cualquier forma de seleccionar los individuos tiene que tener un cierto grado de incertidumbre (es decir, *aleatoriedad*), en el sentido de que no podemos saber *a priori* los individuos que van a ser seleccionados. Además, es conveniente que cualquier individuo de la población pueda ser seleccionado (o al revés, que un individuo concreto no tenga necesariamente que estar en la muestra), y en muchas ocasiones, que la probabilidad de que los distintos individuos de la población sean seleccionados sea la misma. Por ejemplo, si vamos a seleccionar a 10 individuos de la clase, no parece lógico que descartemos directamente a los últimos 20 alumnos por orden alfabético.

La obtención de muestras que no son representativas debido a la forma de seleccionar los individuos de la muestra ha ocurrido varias veces a los largo de la Historia, y ha dado lugar a conclusiones erróneas. Un caso muy conocido es el siguiente: en la cuarta reelección del presidente Roosevelt se había realizado una encuesta telefónica preguntando la intención de voto. Sin embargo, esta encuesta dio lugar a unas predicciones muy diferentes de los resultados reales; en este caso concreto, esto fue debido a una mala selección de los individuos de la muestra. En efecto, en estos años (1944), el teléfono era un artículo de lujo y al restringir la selección a los hogares con teléfono se obtuvo una muestra representativa de la población con un alto poder adquisitivo, cuya intención de voto no coincide en general con el sentir de todo el país.

Para evitar situaciones de este estilo existen distintos tipos de muestreo. En este tema veremos las características de los más comunes.

Un último aspecto a tener en cuenta: nunca podremos estar completamente seguros de que la muestra es representativa; y por ello, como veremos en los últimos capítulos de este manual, todas las conclusiones que se obtengan irán ligadas a un valor de probabilidad que nos indica la fiabilidad de dichas conclusiones. Sin embargo, si seleccionamos la muestra con criterio sí podremos reducir la probabilidad de que no lo sea.

2.2. Muestreo aleatorio simple

Este tipo de muestreo es el más sencillo. Se usa cuando consideramos que todos los individuos son indistinguibles respecto a la característica en estudio. En otras palabras, cuando no podemos dividir la población en grupos de individuos de forma que la respuesta de los individuos de un grupo es de esperar que sea diferente de la respuesta de los individuos de otro grupo.

Consideremos por ejemplo que estamos estudiando la nota de entrada en el Grado de Farmacia para los alumnos de primer curso. Entonces, si organizamos a los alumnos por orden alfabético, no hay ninguna razón lógica para que un alumno que se apellide Álvarez tenga una nota superior (o inferior) a un alumno que se apellida Martínez.

El muestreo aleatorio simple se basa en escoger los individuos de la población al azar. Este tipo de muestreo es el más sencillo y es el que se usa en los desarrollos matemáticos que veremos a lo largo del curso.

El muestreo aleatorio puede ser *con reemplazamiento* o *sin reemplazamiento*.

- En el muestreo con reemplazamiento, en cada realización del experimento se elige al azar entre todos los individuos de la población, incluso los que ya han sido seleccionados anteriormente. En el ejemplo anterior, si tenemos 500 alumnos y queremos una muestra de tamaño 50, consiste en sortear 50 números entre 1 y 500, teniendo en cuenta que puede salir el mismo número varias veces.

- Por el contrario, en el muestreo sin reemplazamiento el individuo seleccionado se excluye para los experimentos sucesivos, de forma que el sorteo se realiza entre los individuos de la población que no han sido seleccionados. En el ejemplo anterior, sería sortear un número entre 1 y 500 para seleccionar al primer individuo de la muestra. Si se obtiene el 325, entonces para el segundo individuo de la muestra, se sortea un número entre 1 y 500 excluyendo el 325. Y así sucesivamente.

En principio parece más razonable el muestreo sin reemplazamiento, pues evita que un mismo individuo sea seleccionado varias veces. La aparición repetida de un mismo individuo básicamente se traduce en una reducción del tamaño de muestra, ya que nos proporciona una información que ya conocemos, y además otorga a ese individuo una importancia que no tiene en la población. La aparición repetida de un individuo en la muestra es especialmente probable en poblaciones cuyo tamaño sea pequeño en comparación con el tamaño de muestra. Por ejemplo, si tenemos que seleccionar 5 individuos de entre un conjunto de 6, es muy posible que si realizamos un muestreo con reemplazamiento alguno de los individuos sea seleccionado más de una vez.

Sin embargo, el muestreo sin reemplazamiento hace que las probabilidades de cada resultado varíen en cada realización, puesto que las condiciones en que se realiza el sorteo van cambiando; supongamos por ejemplo que tenemos 25 bolas, 10 blancas y 15 negras y queremos hallar la probabilidad de obtener una bola blanca en la cuarta bola elegida. En el muestreo con reemplazamiento, esta probabilidad coincide con la probabilidad de obtener bola blanca en la primera bola seleccionada, que es $10/25$, ya que siempre estamos en las mismas condiciones al realizar el sorteo. Sin embargo, en el muestreo sin reemplazamiento, esta probabilidad depende de las bolas que hayan sido seleccionadas anteriormente. Por ejemplo, si todas fueron blancas, ahora la probabilidad es $7/22$, pero si todas fueron negras, sería $10/22$.

¿Cómo proceder entonces? En la mayor parte de las ocasiones el tamaño de la población es muy grande en comparación con el tamaño de

muestra, con lo que es poco probable que haya repeticiones de individuos seleccionados si se realiza un muestreo con reemplazamiento; así, se
realiza un muestreo sin reemplazamiento pero se funciona con los desarrollos matemáticos del muestreo con reemplazamiento, que son mucho
más sencillos; esto es una aproximación, pero muy cercana a la realidad
para poblaciones muy grandes, ya que las muestras que se excluyen con
un muestreo sin reemplazamiento son muy pocas en comparación con
el número de muestras que hay en un muestreo con reemplazamiento.

En principio el muestreo aleatorio parece una forma de actuar bastante razonable para obtener muestras representativas. Sin embargo, en
poblaciones humanas hay mucha diversidad y muchas veces hay varios
grupos que tienen un comportamiento similar en función de la característica; al usar el muestreo aleatorio simple tenemos el riesgo de que
no se obtenga ningún individuo de alguno de los grupos y entonces la
muestra perdería representatividad. Por ejemplo, las intenciones de voto
en la ciudad y en el campo varían y con el muestreo aleatorio simple
podemos llegar a dar más peso del que le corresponde a alguno de estos
dos grupos.

Un esquema explicativo del muestreo aleatorio se puede ver en la
figura 2.1.

2.3. Muestreo estratificado

Como se ha visto anteriormente, el muestreo aleatorio simple tiene el
problema de que hay un riesgo de que la muestra se extraiga por azar de
una parte concreta de la población, o que una parte de la población esté
más (o menos) representada en la muestra de lo que debería, con lo que
la muestra no sería representativa de toda la población; esta situación
es muy común en poblaciones de seres vivos.

Ejemplo 12.
*Supongamos que estamos interesados en lo que gastan en ocio los
empleados de una empresa. En este caso, es de esperar que el gasto en
ocio dependa de los ingresos, por lo que tiene sentido dividir a los empleados en tres grupos en función de los ingresos: obreros, mandos y
directivos. Nótese que el grupo de directivos tiene muy pocos individuos
en comparación con el número total de empleados de la empresa. Por*

Figura 2.1. Esquema del muestreo aleatorio. En este caso, se trata de un muestreo aleatorio sin reemplazamiento.

ello, si hacemos un muestreo aleatorio, no sería extraño que no apare-ciese ningún directivo en la muestra, con lo que los resultados no serían representativos de toda la población. De esta manera, parece lógico que dividamos la población en estos tres grupos y determinemos en primer lugar cuántos directivos, cuántos mandos y cuántos obreros se van a seleccionar para la muestra.

Cuando estamos en situaciones como la anterior, lo más razonable es realizar un muestreo estratificado. Este muestreo consta de los siguientes pasos:

- En primer lugar, se dividen los individuos se divide la población en **estratos**. Un estrato es un grupo de individuos que se espera sea muy homogéneo respecto a la característica en estudio y que su comportamiento sea diferente del de los otros estratos para la característica en estudio; en el ejemplo anterior, tenemos tres estratos que se corresponden con los directivos, mandos y obreros. Nótese que *se espera* que los individuos de un estrato sean muy homogéneos, pero no es necesariamente así. En el ejemplo anterior, esperamos que todos los directivos gasten más dinero en ocio que los obreros, pero tal vez encontremos un directivo cuyo gasto en ocio sea muy reducido. También esperamos que el comportamiento en ocio sea diferente si estudiamos cada grupo por separado, pero tal vez no sea así.

- Una vez dividida la población en estratos $E_1, ..., E_r$, se fija el número n_i de individuos del estrato E_i que van a ser seleccionados, y a continuación se realiza la selección de estos individuos, generalmente mediante un muestreo aleatorio. De esta forma, si tenemos k estratos, el número total de individuos seleccionados es

$$n := n_1 + ... + n_k.$$

Por ejemplo, podemos decidir seleccionar $n_1 = 2$ directivos, $n_2 = 8$ mandos y $n_3 = 40$ obreros para obtener una muestra de tamaño 50.

En este muestreo tenemos el problema de repartir el valor n entre los distintos estratos, decidiendo de antemano el número de individuos n_i que se van a seleccionar del estrato E_i. Parece razonable (aunque dependiendo del estudio no es necesariamente así) que los valores n_i sean proporcionales a los tamaños de los estratos en la población, lo que se conoce como *afijación proporcional*. Es decir, que si E_i representa al 10 % de la población, entonces se deberían extraer de E_i el 10 % de los individuos de la muestra.

Un esquema explicativo del muestreo sistemático se puede ver en la figura 2.2.

2.4. Muestreo por conglomerados

Consideremos el siguiente ejemplo para explicar el muestreo por conglomerados. Supongamos que estamos estudiando el tiempo de hospitalización de un paciente. Entonces, podríamos considerar un muestreo aleatorio y sortear entre todos los pacientes aquellos que van a ser incluidos en la muestra. Sin embargo, al actuar de este modo es probable que se seleccionen por ejemplo dos pacientes de Sevilla, cinco de Madrid,

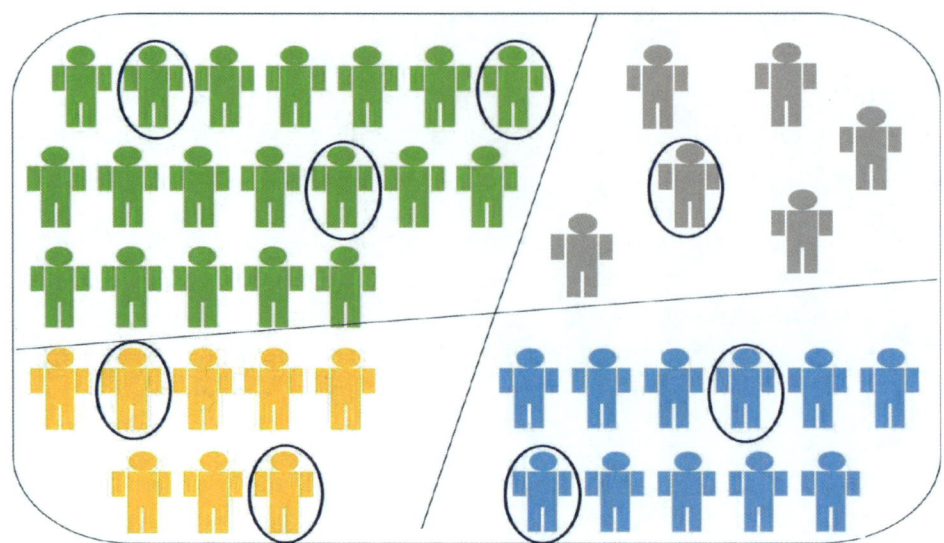

Figura 2.2. Esquema del muestreo estratificado. La población se ha dividido en cuatro estratos, y luego se ha hecho un muestreo aleatorio en cada uno de ellos. Nótese que no se extrae el mismo número de individuos en cada estrato.

etc. Esto hace que la selección de la muestra sea un proceso costoso en tiempo y dinero. Por otra parte, no tenemos ninguna razón para suponer que los pacientes de un hospital tengan un tiempo de hospitalización más largo que el de otro hospital. Entonces, parece lógico seleccionar un hospital al azar y considerar todos los pacientes de ese hospital como la muestra.

Cuando estamos en situaciones como la anterior, lo más razonable es realizar un muestreo por conglomerados. Este muestreo consta de los siguientes pasos:

- Al contrario que en el muestreo estratificado, el muestreo por conglomerados consiste en dividir la población en subpoblaciones llamadas **conglomerados**. Mientras que en los estratos eran subgrupos muy homogéneos respecto a la característica en estudio, los conglomerados son subgrupos que son tan variables como el conjunto de la población; en otras palabras, son como poblaciones en miniatura que de alguna forma están separadas. En el ejemplo anterior, los conglomerados son los hospitales. Así, se divide la población en k conglomerados $C_1, ..., C_k$.

- Una vez dividida la población en conglomerados, se seleccionan varios de ellos al azar (por ejemplo C_1, C_4, C_7) y se realiza un muestreo aleatorio (en ocasiones un censo) sobre los individuos que están dentro de ese conglomerado. Finalmente se juntan todos los individuos seleccionados para formar la muestra total. Este muestreo es muy popular porque permite abaratar el coste de realizar la muestra.

Nótese que, al contrario que en el muestreo estratificado, este muestreo no busca que la muestra sca más representativa que con el muestreo aleatorio, sino que busca una muestra que sea tan representativa como la del muestreo aleatorio pero obtenida de una forma más económica o rápida.

Un esquema explicativo del muestreo sistemático se puede ver en la figura 2.3.

Figura 2.3. Esquema del muestreo por conglomerados. La población se ha dividido en 12 conglomerados, de los que se han seleccionado tres.

2.5. Muestreo polietápico

El muestreo polietápico es un caso generalización del muestreo por conglomerados, en el que la unidad final de muestreo no son los conglomerados sino subdivisiones de estos. Este tipo de muestreo será interesante cuando los conglomerados contengan un elevado número de individuos y resulte aconsejable hacer una selección dentro de este conglomerado. De esta forma, en el muestreo polietápico se comienza dividiendo la población en varios conglomerados y seleccionando al azar varios de ellos. Ahora bien, estos conglomerados pueden ser todavía muy grandes, lo que aconseja dividir los conglomerados elegidos en conglomerados más pequeños y seleccionar varios de ellos. Este proceso continua hasta que obtenemos conglomerados de tamaño reducido que sean manejables, de forma que entonces ya se pueden seleccionar los individuos para la muestra final.

Ejemplo 13.

Supongamos que estamos estudiando el nivel de matemáticas de los niños de 12 años en la Unión Europea. En este caso, podemos considerar que no hay diferencias entre los distintos países y así podemos considerar que cada país es un conglomerado. Supongamos que en esta primera etapa se seleccionan al azar Italia y Francia. En este caso, realizar un muestreo aleatorio en estos dos países sería muy costoso.

Entonces, podemos considerar que no hay diferencia entre las distintas regiones de cada uno de estos países, con lo que asumimos que vamos a obtener los mismos resultados en todas las regiones. Así, podemos dividir cada país en sus regiones y seleccionar varias de ellas al azar. Por ejemplo, podemos seleccionar (por sorteo) Bretaña y Alsacia como regiones a considerar en Francia, y Lacio, Sicilia y Cerdeña como regiones a seleccionar en Italia. Esta sería la segunda etapa.

Ahora podemos considerar que estas regiones son todavía conglomerados muy grandes y pasar a considerar las provincias de cada región como conglomerados. Esta sería la tercera etapa.

Finalmente, se hace un muestreo aleatorio dentro de cada provincia. Esta sería la etapa final.

Como se ve, realizar este tipo de muestreo reduce en gran medida los costes, y permite obtener una información tan fiable (teóricamente) como la que se obtendría con un muestreo aleatorio simple.

El ejemplo anterior nos sirve también para ver los riesgos de un muestreo por conglomerados: estamos asumiendo que todos los países son homogéneos, lo que no es exacto; luego, que todas las regiones dentro de un país son homogéneas, lo que tampoco es exacto; y así sucesivamente. Así, es de esperar que nuestra muestra final no sea tan representativa como la que se obtendría con un muestreo aleatorio. Sin embargo, esperamos que sea casi tan representativa, con la ventaja de que se ha obtenido mucho más fácilmente.

2.6. Muestreo sistemático

Este muestreo es muy útil cuando hay una ordenación natural de los individuos de la población (por ejemplo porque estamos evaluando una variable a lo largo del tiempo) y esta ordenación podría influir en el resultado del experimento.

Por ejemplo, supongamos que estamos estudiando la temperatura en una ciudad y que nuestra población son los minutos a lo largo del día; entonces, tenemos que seleccionar los minutos en los que se va a medir la temperatura; por otra parte, la temperatura varía a lo largo del día según el momento en que se mida.

En situaciones como la anterior, si hacemos un muestreo aleatorio nos arriesgamos a que no aparezcan medidas de la temperatura dentro de una franja de tiempo o muchas mediciones dentro de una franja muy reducida. Y esto haría que nuestra muestra no fuese representativa. Para evitar este inconveniente se recurre al muestreo sistemático. Este muestreo consiste en dividir el tamaño total de la población entre el tamaño de muestra; por ejemplo, si en el caso anterior queremos obtener una muestra de tamaño 24, entonces dividimos a toda la población ordenada en 24 grupos, que en nuestro caso serán las horas del día. Nótese que todos los grupos tienen el mismo número de individuos, en nuestro caso 60, que se corresponden con los 60 minutos de cada hora.

A continuación se escoge un individuo al azar en el primer grupo, que en nuestro caso es seleccionar al azar un minuto de la primera hora. Supongamos que ha sido seleccionado el minuto 7. Es decir, tenemos el individuo correspondiente a las 00:07 horas.

Finalmente, los individuos seleccionados para la muestra son los in-

dividuos en posición 7 en todos los grupos. Entonces la muestra final
sería:

$$00:07, 01:07, 02:07, ..., 23:07.$$

La razón de escoger siempre el mismo individuo en cada grupo es la
siguiente: Debe tenerse en cuenta aquí que si se escogiese un individuo
al azar en cada franja, nos arriesgamos a que aparezcan los individuos
59 (para el primer grupo), 1 (para el segundo grupo), 57(para el tercer
grupo), ... lo que nos conduciría a que hay tramos en los que no tenemos
información. En este caso tenemos dos medidas muy similares y luego
no hay información durante casi dos horas. Y precisamente el muestreo sistemático intenta evitar esta situación y repartir los individuos
seleccionados para la muestra de forma uniforme según el orden.

Un esquema explicativo del muestreo sistemático se puede ver en la
figura 2.4.

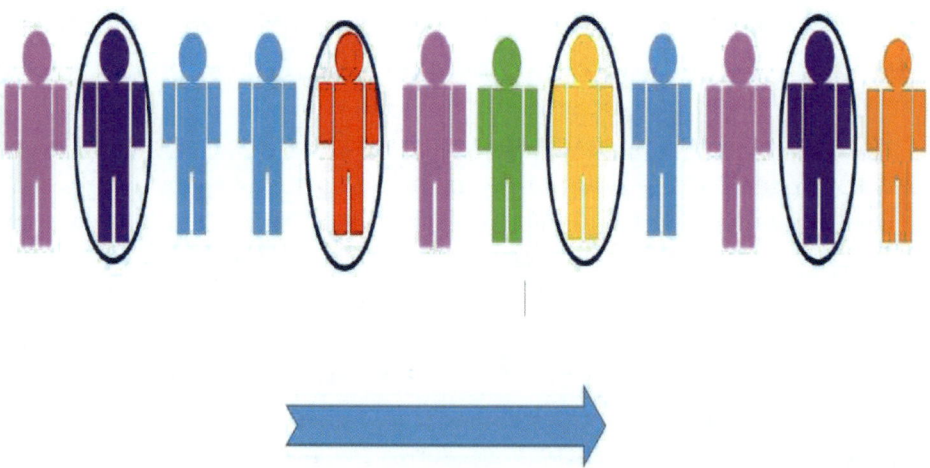

Figura 2.4. Esquema del muestreo sistemático. La flecha represente indica
la ordenación de los individuos. Se tiene una muestra de tamaño 4 en una
población de tamaño 12, luego hay cuatro grupos de tamaño 3, en cada uno
de los cuales se ha escogido el segundo individuo.

2.7. Muestreos específicos para ciencias de la salud

Además de los tipos de muestreo vistos anteriormente, existen otras formas de realizar el experimento más orientadas a problemas médicos. En estos muestreos se estudia si poseer una determinada característica es un factor de riesgo para desarrollar una enfermedad. Por ejemplo, una situación típica es ver si fumar es un factor de riesgo para desarrollar cáncer de pulmón.

2.7.1. Muestreo por cohortes

Veamos la situación más sencilla de este tipo de muestreo. La idea es hacer una comparación de la frecuencia de enfermedad (o de un determinado desenlace) entre dos poblaciones, una de las cuales está expuesta a un determinado factor de exposición o *factor de riesgo* al que no está expuesta la otra. Es decir, se selecciona una muestra de individuos *sanos* y estos individuos se dividen en dos submuestras, según tengan o no el factor de riesgo. A continuación, se observa para cada una de las submuestras la frecuencia con que la enfermedad aparece al cabo de un tiempo. La finalidad de este tipo de muestreo es observar si el factor de riesgo hace más probable (por frecuente) la aparición de la enfermedad.

Los pasos para realizar un estudio de cohortes son los siguientes:

- Seleccionar de entre los individuos sanos de la población dos muestras, una de entre los individuos que tienen el factor de riesgo y otra entre los individuos que no tienen el factor de riesgo.

- Medir las variables de resultado, es decir, la presencia o ausencia de enfermedad en los grupos al cabo de un tiempo.

A partir de este esquema básico, el muestreo por cohortes puede ampliarse para obtener mucha más información. Así, es posible seleccionar no solo dos muestras (ausencia o presencia del factor de riesgo), sino que permite aplicar una gradación en la presencia del factor de riesgo. Así, podemos considerar varias muestras (cohortes) para estudiar con una mayor profundidad la influencia del factor de riesgo. En la situación con la que se inició esta sección, en la que queríamos ver si fumar influía en el desarrollo posterior del cáncer de pulmón, podríamos considerar varias cohortes, como «no fuma», «fuma poco», «fuma moderadamente», «fuma mucho», y comparar los desarrollos posteriores de la enfermedad.

Otra ventaja de este muestreo es que permite hacer un seguimiento a lo largo del tiempo, lo que proporciona mucha más información. En el caso anterior, es posible que tras 10 años, la proporción de enfermos sea la misma en las dos poblaciones, pero un muestreo por cohortes permite ver si la enfermedad se desarrolla antes en la muestra de sujetos con factor de riesgo, o si la enfermedad se desarrolla de forma más virulenta para los individuos con factor de riesgo.

Además, este tipo de muestreo tiene la ventaja de que permite estudiar factores de exposición raros, que de otra forma no aparecerían en el muestreo por ser muy poco frecuentes.

Sin embargo, este muestreo tiene una serie de desventajas. En primer lugar, es un muestreo muy costoso, en el sentido de que obliga a hacer un seguimiento durante largos períodos de tiempo a los individuos de la muestra. Así, esto obliga a hacer revisiones periódicas de todos los individuos. Por otra parte, tiene el problema de que es posible que a lo largo del tiempo se pierdan individuos de las muestras, por ejemplo por fallecimiento por otras causas ajenas a la enfermedad, o porque el individuo abandone el estudio y no acuda a las revisiones periódicas.

2.7.2. Muestreo caso-control

En este tipo de muestreo tenemos la misma situación que en el muestreo de cohortes y el objetivo es el mismo. En el muestreo caso-control se seleccionan dos muestras, una de las cuales es de individuos con la enfermedad (casos) y la otra es una muestra de individuos sanos (control). Una vez seleccionados los individuos en cada grupo, se investiga si estuvieron expuestos o no al factor de riesgo; a continuación se compara la proporción de individuos expuesto al factor de riesgo en la muestra de enfermos con la proporción de individuos expuestos al factor de riesgo en la muestra de individuos que no han desarrollado la enfermedad.

Los pasos para realizar un muestreo caso-control son:

- Seleccionar una muestra de población con la enfermedad. A los individuos de esta muestra se les llama *casos*.

- Seleccionar una muestra de la población que esté libre de la enfermedad, que será el grupo *control*.

- Medir la proporción de individuos expuestos al factor de riesgo en las dos muestras.

El muestreo caso control tiene la ventaja de que es un tipo de muestreo muy rápido de efectuar, y proporciona resultados inmediatos. Además permite estudiar con unos mismos datos muchos factores de riesgo simultáneamente, pues basta estudiar si cada uno de ellos está presente o no en los individuos de la muestra de casos y de la muestra de control.

Sin embargo, tiene el inconveniente de que la información que proporciona una información bastante pobre, pues solo permite comprar las proporciones de individuos con riesgo en cada una de las muestras. Además, si el factor de riesgo es muy poco frecuente, puede ocurrir que no aparezcan individuos con ese factor de riesgo en ninguna de las dos muestras.

Finalmente, el muestreo caso-control tiene el inconveniente de que no permite concluir causalidad. Para explicar este proceso, consideremos la siguiente situación: «¿Las personas altas tienen tendencia a pesar mucho?» En este caso, tenemos como factor de riesgo «ser alto» y como característica «pesar mucho». Por lo tanto, escogemos dos muestras de individuos, unos que pesan mucho y otros que no, y observamos si los individuos de cada muestra son altos o no. Supongamos que las conclusiones son que efectivamente ser alto influye en pesar mucho. Ahora el muestreo caso-control permite intercambiar los papeles de factor de riesgo y característica. Es decir, podemos considerar los mismos individuos y considerar como característica de estudio ser alto y como factor de riesgo pesar mucho. Y repitiendo el estudio, podríamos sacar la conclusión de que pesar mucho influye en ser alto. En definitiva, no sabemos qué factor provoca qué característica. Esto no ocurre con el muestreo por cohortes, en el que se parte de individuos sin la enfermedad, lo que determina claramente que es el factor de riesgo el que influye en su desarrollo.

3. Estadística descriptiva unidimensional

3.1. Variables estadísticas

En el capítulo anterior hemos visto cómo seleccionar los individuos de la población que forman la muestra, de forma que podamos tener una gran seguridad de que esta muestra sea representativa. Una vez que hemos determinado los individuos de la muestra, el siguiente paso es realizar el experimento sobre estos individuos para recabar información.

Para cada uno de los individuos seleccionados en el muestreo observaremos una o varias **características** o **variables estadísticas**. Por ejemplo, son variables estadísticas el peso, la altura, el color de ojos, ... Denotaremos las variables estadísticas mediante letras mayúsculas $X, Y, Z, ...$ Lo que se intenta con la estadística descriptiva es describir los datos que se han obtenido. En este capítulo estudiaremos el caso en el que se observa una sola variable, mientras que en el próximo estudiaremos el caso en el que se observan varias variables.

Las variables estadísticas se clasifican según sus posibles valores en varios tipos:

Cualitativas. Son aquellas que no toman valores numéricos. Por ejemplo, el color de ojos es una característica cualitativa. A su vez, las variables cualitativas pueden ser de dos tipos:

- **Nominales.** Aquellas variables que ni siquiera admiten una ordenación en sus valores. Por ejemplo, el color de ojos es una característica cualitativa nominal.

https://dx.doi.org/10.5209/docm.003.03
Estadística Básica. Pedro Miranda Menéndez. © Ediciones Complutense, 2025.

- **Ordinales.** Son aquellas en las que, a pesar de tomar valores no numéricos, sus valores admiten una ordenación natural. Por ejemplo, la nota obtenida en una asignatura (suspenso, aprobado, notable, sobresaliente, matrícula de honor) es una característica cualitativa ordinal.

- **Cuantitativas.** Son aquellas que se expresan numéricamente. Por ejemplo, el tiempo que tarda un alumno en hacer un programa informático sería una variable cuantitativa. A su vez, las variables cuantitativas se dividen en dos tipos:

  - **Discretas.** Son aquellas que toman valores numéricos aislados. Otra forma alternativa de definir este tipo de variables es como aquellas que se pueden medir con exactitud. Es interesante notar que el conjunto de valores posibles puede ser finito o infinito. Veamos un par de ejemplos:

    ○ El resultado del lanzamiento de un dado es una variable discreta que toma un número finito de valores (1, 2, 3, 4, 5, 6).

    ○ El número de veces que hay que lanzar una moneda hasta obtener la primera cara es una característica discreta que toma infinitos valores, pues su número no puede acotarse superiormente. Así, los posibles resultados de esta variable son 1, 2, 3, ...

  - **Continuas.** Son aquellas que toman cualquier valor dentro de un intervalo (finito o infinito). Por ejemplo, la altura de los alumnos de una clase es una variable continua, pues puede tomar todos los valores en el intervalo [1.40, 2.40]. Otra forma de ver una variable continua es tener en cuenta que los valores que se miden nunca son exactos, sino aproximaciones. Así, la altura de los alumnos no es discreta, pues aunque se aproxime la altura a centímetros, la *verdadera* altura será cualquier número dentro del intervalo.

El siguiente esquema representa la clasificación de los distintos tipos de variables.

$$variables \begin{cases} cualitativas \begin{cases} nominales \\ ordinales \end{cases} \\ \\ cuantitativas \begin{cases} discretas \\ continuas \end{cases} \end{cases}$$

Esta clasificación también atiende, como veremos más adelante, al tipo de información que se puede obtener de los datos.

3.2. Representaciones tabulares

3.2.1. Frecuencias y modalidades

Supongamos ahora que ya hemos realizado el experimento y tenemos unos datos.

Ejemplo 14.

Se está estudiando el número de crías de una camada de conejos. Aquí la variable (lo que se va a medir cada vez que se realice el experimento) es el número de crías de cada camada, que es una variable discreta.

Se observan 35 camadas seleccionados al azar, anotándose el número de crías en cada camada. Estos resultados son los que aparecen en la tabla 3.1.

1	2	0	3	4	6	0	1	2	3	4	6
1	2	3	4	6	2	3	4	6	2	3	4
6	2	3	2	3	2	3	2	3	2	3	

Tabla 3.1. Resultados obtenidos para el ejemplo 14.

El resultado del experimento i-ésimo lo denotaremos por x_i. De esta manera, $x_1 = 1, x_2 = 2, x_3 = 0$, y así sucesivamente. En nuestro ejemplo, tenemos 35 datos, $x_1, ..., x_{35}$.

Es interesante notar que los resultados del experimento están influidos por el azar. Así, si repetimos el experimento con otras 35 camadas, los resultados obtenidos serían distintos (por ejemplo, podría obtenerse algún valor 5), *aunque es de esperar que sean similares*, ya que nosotros esperamos que la muestra sea representativa.

Recordemos que el número de veces que se realiza el experimento se llama **tamaño de muestra** y se denota por n. En nuestro caso, $n = 35$.

Como se explicó en el primer tema, el objetivo de la E. Descriptiva es obtener información sobre el comportamiento del fenómeno aleatorio a partir de los datos muestrales. En primer lugar vamos a representar los datos muestrales en una tabla para así tener una visión más clara del comportamiento de la variable.

Fijada nuestra variable, el primer concepto importante es el de **modalidad**. Una modalidad es cada uno de los valores *distintos* que aparecen en la muestra. En nuestro ejemplo, las modalidades son 0, 1, 2, 3, 4, 6. Si tenemos k modalidades distintas, se denotan también por $x_1, ..., x_k$. Es importante no confundir modalidad y dato; en nuestro ejemplo tenemos 6 modalidades $x_1, ..., x_6$ y 35 datos $x_1, ..., x_{35}$. Si tenemos datos numéricos u ordinales, supondremos siempre que $x_1 < x_2 < ... < x_k$. De esta manera, la primera modalidad es $x_1 = 0$, la segunda es $x_2 = 1$, la tercera $x_3 = 2$, y así sucesivamente.

El primer valor lógico para dar información sobre la muestra es contar el número de veces que se repite cada modalidad. De esta forma se da una idea de lo importante (por frecuente) que es cada una de ellas. El número de veces que se repite una modalidad x_i se llama **frecuencia absoluta** y se denota por n_i. Nótese que la suma de todas las frecuencias absolutas es n, es decir,

$$n_1 + ... + n_k = n.$$

Ejemplo 15. *(Continuación del ejemplo 14)*

En nuestro ejemplo se tienen los resultados de la tabla 3.2.

x_i	0	1	2	3	4	6
n_i	2	3	10	10	5	5

Tabla 3.2. Frecuencias absolutas correspondientes al ejemplo 14.

La frecuencia absoluta no da una información clara a no ser que se disponga de todas las frecuencias, pues depende del tamaño de muestra. Así, la modalidad 2 tiene una frecuencia de 10, lo que hace a 2 una modalidad muy importante en una muestra de tamaño 35, pero sería un valor poco importante si hubiésemos realizado el experimento 1000 veces. Para evitar este problema se define la **frecuencia relativa**, que no es más que la proporción de individuos de la muestra que toman una modalidad concreta. La frecuencia relativa de una modalidad x_i se denota por f_i y se calcula dividiendo la correspondiente frecuencia absoluta entre el tamaño de muestra:

$$\boxed{f_i = \frac{n_i}{n}.}$$

Nótese que la suma de todas las frecuencias relativas es 1, pues

$$f_1 + \ldots + f_k = \frac{n_1}{n} + \ldots + \frac{n_k}{n} = \frac{n}{n} = 1.$$

Ejemplo 16. *(Continuación del ejemplo 14)*
En nuestro ejemplo se tienen los resultados de la tabla 3.3

x_i	f_i
0	$\frac{2}{35} \approx 0{,}057$
1	$\frac{3}{35} \approx 0{,}085$
2	$\frac{10}{35} \approx 0{,}286$
3	$\frac{10}{35} \approx 0{,}286$
4	$\frac{5}{35} \approx 0{,}143$
6	$\frac{5}{35} \approx 0{,}143$

Tabla 3.3. Frecuencias relativas correspondientes al ejemplo 14.

De esta forma la modalidad 2 tiene una frecuencia relativa de 0.286, que es una frecuencia alta sin necesidad de conocer el tamaño muestral o las frecuencias relativas de otras modalidades.

Existen otros dos tipos de frecuencias, conocidas como frecuencias acumuladas:

Se llama **frecuencia absoluta acumulada** para una modalidad x_i a la suma de las frecuencias absolutas de las modalidades con valor menor o igual a x_i. Se denota por N_i. Nótese que el valor correspondiente a x_k (la modalidad con mayor valor) ha de ser n.

Ejemplo 17. *(Continuación del ejemplo 14)*
En nuestro ejemplo se tienen los resultados de la tabla 3.4.

x_i	0	1	2	3	4	6
N_i	2	5	15	25	30	35

Tabla 3.4. Frecuencias absolutas acumuladas correspondientes al ejemplo 14.

Se llama **frecuencia relativa acumulada** para una modalidad x_i al cociente entre la frecuencia absoluta acumulada y n. Se denota por F_i. Nótese que el valor correspondiente a x_k (la modalidad con mayor valor) ha de ser 1.

Ejemplo 18. *(Continuación del ejemplo 14)*
En nuestro ejemplo se tienen los resultados de la tabla 3.5.

x_i	0	1	2	3	4	6
F_i	$\frac{2}{35}$	$\frac{5}{35}$	$\frac{15}{35}$	$\frac{25}{35}$	$\frac{30}{35}$	$\frac{35}{35}$

Tabla 3.5. Frecuencias relativas acumuladas correspondientes al ejemplo 14.

Estas dos últimas medidas necesitan un orden en los valores de la variable, por lo que no son válidas para variables nominales (pero sí para variables ordinales aunque no tomen valores numéricos). Estas medidas nos permiten determinar el número de datos o el porcentaje de los mismos que están por debajo de un valor de la variable fijado, de manera que dan una medida de lo grande que es un determinado dato en comparación con los otros datos de la muestra. Serán muy útiles en el cálculo de las medidas de posición que veremos más adelante.

Estas cuatro medidas se suelen representar en una tabla dando lugar a lo que se conoce como **representación tabular de los datos** o **tabla de frecuencias**.

Ejemplo 19. *(Continuación del ejemplo 14)*

En nuestro ejemplo se tiene que la tabla de frecuencias correspondiente uniendo todas las tablas anteriores sería la que aparece en la tabla 3.6.

x_i	n_i	f_i	N_i	F_i
0	2	$\frac{2}{35}$	2	$\frac{2}{35}$
1	3	$\frac{3}{35}$	5	$\frac{5}{35}$
2	10	$\frac{10}{35}$	15	$\frac{15}{35}$
3	10	$\frac{10}{35}$	25	$\frac{25}{35}$
4	5	$\frac{5}{35}$	30	$\frac{30}{35}$
6	5	$\frac{5}{35}$	35	$\frac{35}{35}$

Tabla 3.6. Tabla de frecuencias correspondiente al ejemplo 14.

Nótese que los valores de las frecuencias acumuladas se pueden obtener sumando en diagonal con la columna de las frecuencias. Es decir,

$$F_i = F_{i-1} + f_i, \ N_i = N_{i-1} + n_i.$$

Así, por ejemplo,

$$F_3 = F_2 + f_3, \ N_4 = N_3 + n_4.$$

3.2.2. Agrupamiento en clases

En muchas ocasiones, cuando tratamos con variables cuantitativas, casi todas las modalidades tienen frecuencia 1. Esto hace que no tenga sentido construir la tabla de frecuencias, pues el conocimiento de las modalidades proporcionaría prácticamente la misma información. Esta situación aparece por ejemplo con las variables continuas, en las que el conjunto de posibles valores de la variable es infinito. Por ejemplo, si consideramos la variable tiempo de vida una bacteria, y observamos el tiempo de vida para una muestra de tamaño n, es casi seguro que obtendremos n valores diferentes. Otra situación en la que es muy posible obtener una proporción grande de modalidades con frecuencia 1 aparece cuando tenemos una variable discreta que toma muchos valores y el tamaño de muestra es pequeño en comparación con este número. Por ejemplo, si estamos considerando como variable la nota obtenida en un examen y necesariamente esta nota es múltiplo de 0.25, entonces tenemos 41 modalidades distintas como máximo. Si ahora tomamos una muestra de tamaño 50, es de esperar que muchas de las modalidades tengan frecuencia 1.

Otro problema relacionado con el anterior que puede aparecer es que al haber muchas modalidades, la tabla de frecuencias no da una idea clara del funcionamiento de la variable.

Ejemplo 20.

Consideremos la variable X dada por el gasto farmacéutico de una persona en un mes. Elegidas al azar 50 personas se obtienen los datos de la tabla 3.7.

13.73	20.93	10.49	17.82	9.48	12.21	37.51	12.88	15.04
24.47	6.62	10.86	11.84	81.84	27.61	12.11	11.99	13.98
12.39	12.30	10.74	11.15	18.72	18.92	13.64	34.13	26.30
15.10	22.85	15.89	29.83	18.83	12.16	14.89	4.83	6.11
5.71	9.78	6.63	17.79	33.26	18.49	12.87	9.54	10.69
12.09	11.85	11.85	11.85	5.30				

Tabla 3.7. Resultados obtenidos para el ejemplo 20.

En este caso, a pesar de que la variable es discreta, tiene muchas modalidades y la tabla de frecuencias no es tan informativa como en el caso anterior, tal y como se puede ver en la tabla 3.8.

x_i	n_i	f_i	N_i	F_i
4.83	*1*	*0.02*	*1*	*0.02*
5.3	*1*	*0.02*	*2*	*0.04*
5.71	*1*	*0.02*	*3*	*0.06*
6.11	*1*	*0.02*	*4*	*0.08*
6.62	*1*	*0.02*	*5*	*0.10*

Sigue en la página siguiente

x_i	n_i	f_i	N_i	F_i
6.63	1	0.02	6	0.12
9.48	1	0.02	7	0.14
9.54	1	0.02	8	0.16
9.78	1	0.02	9	0.18
10.49	1	0.02	10	0.20
10.69	1	0.02	11	0.22
10.74	1	0.02	12	0.24
10.86	1	0.02	13	0.26
11.15	1	0.02	14	0.28
11.84	1	0.02	15	0.30
11.85	3	0.06	18	0.36
11.99	1	0.02	19	0.38
12.09	1	0.02	20	0.40
12.11	1	0.02	21	0.42
12.16	1	0.02	22	0.44
12.21	1	0.02	23	0.46
12.30	1	0.02	24	0.48
12.39	1	0.02	25	0.50
12.87	1	0.02	26	0.52
12.88	1	0.02	27	0.54
13.64	1	0.02	28	0.56
13.73	1	0.02	29	0.58
13.98	1	0.02	30	0.60
14.89	1	0.02	31	0.62
15.04	1	0.02	32	0.64
15.10	1	0.02	33	0.66
15.89	1	0.02	34	0.68
17.79	1	0.02	35	0.70
17.82	1	0.02	36	0.72
18.49	1	0.02	37	0.74
18.72	1	0.02	38	0.76
18.83	1	0.02	39	0.78
18.92	1	0.02	40	0.80
20.93	1	0.02	41	0.82
22.85	1	0.02	42	0.84

Sigue en la página siguiente

x_i	n_i	f_i	N_i	F_i
24.47	1	0.02	43	0.86
26.30	1	0.02	44	0.88
27.61	1	0.02	45	0.90
29.83	1	0.02	46	0.92
33.26	1	0.02	47	0.94
34.13	1	0.02	48	0.96
37.51	1	0.02	49	0.98
81.84	1	0.02	50	1.00

Tabla 3.8. Tabla de frecuencias correspondiente al ejemplo 20 con los datos sin agrupar.

Para evitar estos problemas se agrupan las distintas modalidades en intervalos o **clases**. Estos intervalos son consecutivos y el extremo superior coincide con el extremo inferior del siguiente. También suelen tener todos la misma amplitud, aunque en ocasiones esto no es así, especialmente si hay regiones amplias con muy pocos datos y regiones estrechas con muchos datos. Por ejemplo, en datos económicos las clases suelen ser de distinta amplitud. Denotaremos el extremo inferior del intervalo i-ésimo por a_i y el extremo superior por b_i. Lo que realmente se está haciendo con el agrupamiento en clases es sustituir el valor real de la variable por la clase en la que está, de manera que las modalidades pasan a ser las clases.

Ejemplo 21. *(Continuación del ejemplo 20)*
En el ejemplo anterior, podemos considerar 10 clases:

$$(4, 8), (8, 12), (12, 16), (16, 20), (20, 24),$$

$$(24, 28), (28, 32), (32, 36), (36, 40), (40, 100).$$

Así, el primer individuo de la muestra (13.77) se asigna a la tercera clase ya que 13.77 está en el intervalo (12-16), y así sucesivamente.
Utilizando clases, se obtendría la tabla de frecuencias de la tabla 3.9.

Nótese que el objetivo que se perseguía con las tablas de frecuencias, es decir, el dar una idea del funcionamiento de la variable, se consigue mejor mediante el agrupamiento en clases que trabajando con los datos

(a_i, b_i)	n_i	f_i	N_i	F_i
$4 - 8$	6	0,12	6	0,12
$8 - 12$	13	0,26	19	0,38
$12 - 16$	15	0,30	34	0,68
$16 - 20$	6	0,12	40	0,80
$20 - 24$	2	0,04	42	0,82
$24 - 28$	3	0,06	45	0,90
$28 - 32$	1	0,02	46	0,92
$32 - 36$	2	0,04	48	0,96
$36 - 40$	1	0,02	49	0,98
$40 - 100$	1	0,02	50	1,00

Tabla 3.9. Tabla de frecuencias correspondiente al ejemplo 20 con los datos agrupados en clases.

directamente, ya que permite detectar regiones de la recta real que tienen una mayor frecuencia. Así, parece que hay muchos datos entre 8 y 16; esta información es más difícil de extraer de la tabla con datos sin agrupar.

Como contrapartida, al agrupar en clases prescindimos del valor real del dato para quedarnos con el intervalo en el que está; es decir, no usaremos el verdadero valor del dato. Al no utilizar ninguna información sobre el valor real de los datos que están en la clase, supondremos que estos están repartidos uniformemente en la clase, es decir, que no hay tendencia a que los datos estén concentrados cerca de alguno de los extremos del intervalo. Es por ello que al considerar los extremos de un intervalo, es deseable que los datos contenidos en él se repartan de la manera más uniforme posible. Resumiendo, al agrupar los datos en clases se está perdiendo información en aras de la simplicidad y visibilidad.

¿Cuántas clases es adecuado considerar? Si tenemos muchas clases, entonces los intervalos son pequeños y los verdaderos valores de los datos no se alejan mucho del punto medio del intervalo; sin embargo, con esto se pierde en cierto sentido la utilidad del agrupamiento en clases. Por otra parte, si tenemos muy pocas clases se pierde mucha información. Por ello, es importante determinar el número de clases que se van a tomar; esta es una decisión subjetiva y depende del problema en cuestión, aunque suele funcionar bien un entero cercano a $\sqrt{n}$.

3.3. Representaciones gráficas

El objetivo de las representaciones gráficas es dar una idea del comportamiento de la variable mediante una figura. Por ello, nos interesa esencialmente la forma de la gráfica y no la escala de la misma. Existen muchas representaciones gráficas; aquí sólo veremos las más generales dependiendo del tipo de variable utilizada: diagrama de sectores, diagrama de barras e histograma. Estudiaremos también la poligonal de frecuencias acumuladas, que nos será de utilidad posteriormente. Finalmente, cuando estudiemos las medidas de posición presentaremos el diagrama de cajas.

3.3.1. Diagrama de sectores

Esta representación consiste en dividir un círculo en tantos sectores como modalidades, de forma que a cada modalidad se le asigna un sector circular de área proporcional a la frecuencia (absoluta o relativa) de la modalidad.

Como dado un círculo de radio R el área del sector circular de s grados es

$$Area = \pi R^2 \frac{s}{360} = cte \cdot s,$$

podemos reformular la definición anterior y asignar a cada modalidad un sector circular con un número de grados proporcional a la frecuencia.

Nótese que debe dividirse completamente el círculo, luego la suma de los grados de los diferentes sectores ha de ser 360. Por ello, no podemos fijar nosotros la constante de proporcionalidad, sino que el número de grados g_i correspondientes a la modalidad x_i se obtiene por una regla de tres:

$$\begin{array}{ccc} n & \longrightarrow & 360 \\ n_i & \longrightarrow & g_i \end{array} \Rightarrow g_i = \frac{n_i \times 360}{n}.$$

Comunidad Autónoma	Población (n_i)	Porcentaje ($100\,f_i$)
Andalucía	8 202 220	18.20
Cataluña	7 364 078	16.34
Comunidad de Madrid	6 271 638	13.92
Comunidad Valenciana	5 029 601	11.16
Galicia	2 784 169	6.18
Castilla y León	2 557 330	5.68
Otras	12 851 042	28.52

Tabla 3.10. Comunidad de residencia en 2008.

El diagrama de sectores puede calcularse para cualquier tipo de variable estadística, aunque suele aplicarse a variables cualitativas; por ejemplo, es la representación habitual de los resultados en las encuestas de opinión.

Ejemplo 22.
Consideremos por ejemplo la variable $X \equiv$ Comunidad autónoma de residencia. Los datos de 1 de enero de 2008 proporcionan la información de la tabla 3.10.

En este caso el correspondiente diagrama de sectores viene dado en la figura 3.1.

3.3.2. Diagrama de barras

Esta representación se aplica a variables discretas que no estén agrupadas en clases. Es una representación en el plano. En el eje de abscisas se sitúan las modalidades de la variable, y sobre cada uno de estos valores se dibuja una barra de altura proporcional a la frecuencia de la modalidad. Es decir, para la modalidad x_i, la altura correspondiente h_i sería

$$h_i = kn_i,$$

donde k es una contante de proporcionalidad (que fijamos nosotros).

Ejemplo 23. *(Continuación del ejemplo 14)*

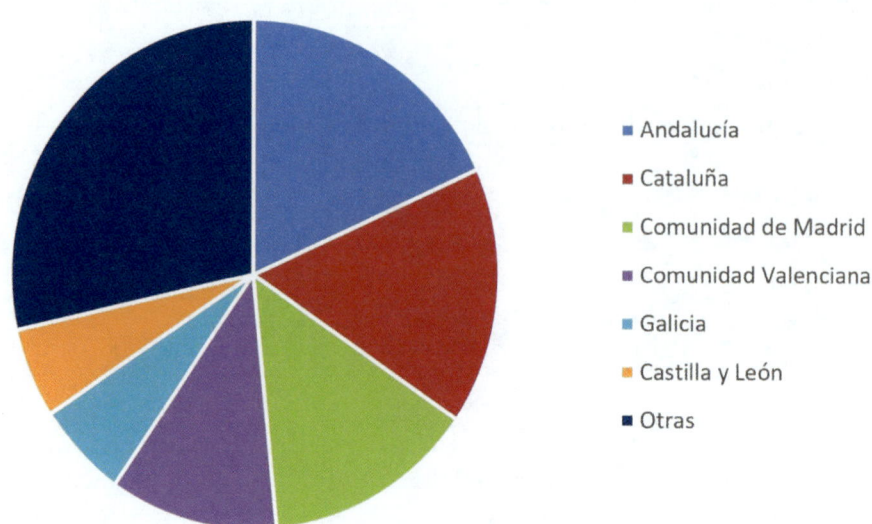

Legend:
- Andalucía
- Cataluña
- Comunidad de Madrid
- Comunidad Valenciana
- Galicia
- Castilla y León
- Otras

Figura 3.1. Diagrama de sectores correspondiente a los datos de la tabla 3.10.

En el ejemplo 14 el diagrama de barras (con constante de proporcionalidad 1) es el que aparece en la figura 3.2.

3.3.3. Histograma

Esta representación se aplica a variables agrupadas en clases. Como en el caso del diagrama de barras, es una representación en el plano. En el eje de abscisas se sitúan las distintas clases, y sobre cada uno de estos intervalos se dibuja un rectángulo con ÁREA proporcional a la frecuencia de la clase. Es decir, para la clase (a_i, b_i) se tiene que el área A_i del correspondiente rectángulo sería

$$A_i = kn_i,$$

donde k es una constante de proporcionalidad fijada por nosotros. Y como por otra parte $A_i = h_i(b_i - a_i)$, entonces

$$h_i = \frac{kn_i}{b_i - a_i}.$$

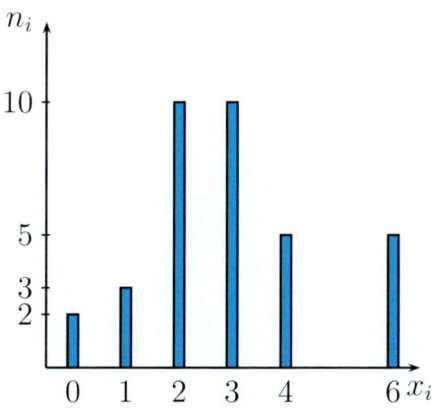

Figura 3.2. Diagrama de barras correspondiente a los datos del ejemplo 14.

Si todas las clases tienen la misma amplitud, es decir, $b_i - a_i = b_j - a_j$ para cualesquiera i y j, entonces podemos dibujar el histograma dibujando rectángulos con altura proporcional a la frecuencia de clase. Pero si las amplitudes no son iguales para todos los intervalos, no podemos hacer esta simplificación. Esto es lo que ocurre en el siguiente ejemplo.

Ejemplo 24. *(Continuación del ejemplo 20)*

Para el ejemplo 20 el histograma puede verse en la figura 3.3.

Es interesante comprender cómo se han calculado las alturas de los rectángulos, especialmente el correspondiente a la clase (40, 100). Hemos fijado como constante de proporcionalidad 4, de manera que el área de cada rectángulo es cuatro veces su frecuencia. Para los otros intervalos esto implica que la altura coincide con la frecuencia absoluta puesto que su amplitud es 4. Para (40, 100), tenemos una frecuencia de 1, con lo que el área debe ser $4 \times 1 = 4$, y por otra parte este valor es el producto de la base (60) por la altura (h). De esta forma $h = 4/60 = 0,06$.

3.3.4. Polígono de frecuencias acumuladas

Esta representación se aplica también a variables agrupadas en clase. No da una idea tan clara como el histograma, pero nos será muy útil cuando queramos calcular medidas de posición.

El polígono de frecuencias acumuladas es la gráfica de la función

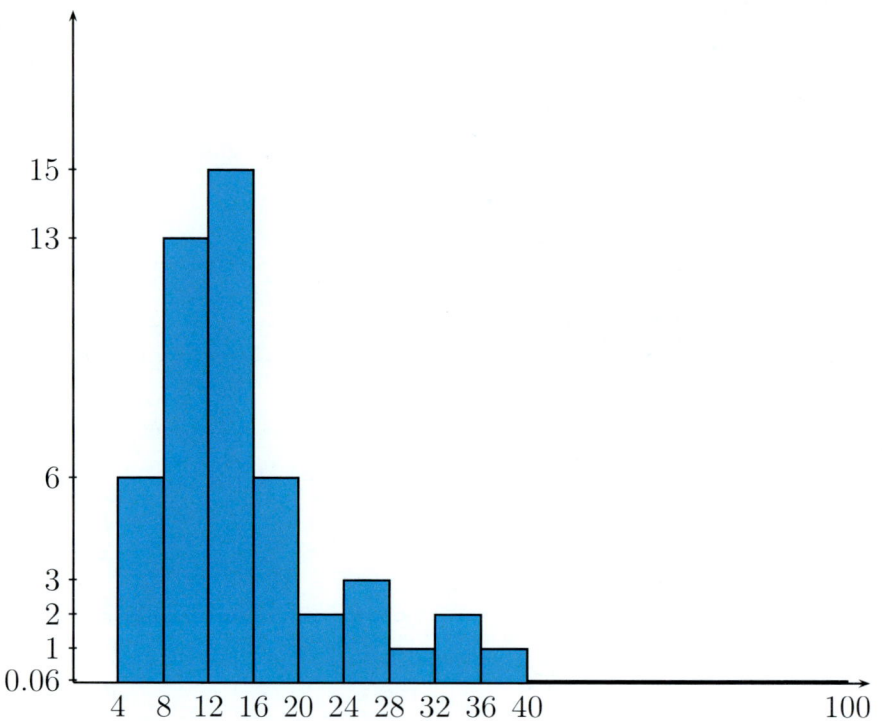

Figura 3.3. Histograma correspondiente a los datos del ejemplo 20.

que a cada valor real le asigna la proporción (o también el número) de individuos cuyo valor es menor o igual al considerado, es decir, la frecuencia acumulada para ese valor.

Veamos cómo se construye: Como los valores están agrupados en clases hemos perdido los verdaderos valores; sin embargo, sí es posible calcular los valores del número de datos menores o iguales para los extremos del intervalo. Por ejemplo, para el ejemplo 20, el número de individuos cuyo valor es menor o igual a 8 es 6, el número de individuos cuyo valor es menor o igual a 12 es 19, etc. Nótese que estos valores son los valores de la correspondiente frecuencia absoluta acumulada. También conocemos con exactitud la función para los valores menores que el extremo inferior del primer intervalo (vale 0) y para el extremo superior del último intervalo (vale 50). Esto mismo se puede hacer con las frecuencias relativas acumuladas. Así, la proporción de datos con valor menor o igual que 8 es 0.12, la proporción de datos con valor menor o igual que 12 es 0.38, etcétera.

Quedan por determinar los otros valores. Para ello usaremos el hecho de que es de esperar que todos los valores dentro de cada clase se distribuyan de manera uniforme. Y la uniformidad en términos de la representación se traduce en una línea recta que una los dos puntos correspondientes al extremo inferior y al extremo superior. De esta manera, podemos aproximar el valor de la función mediante una secuencia de segmentos rectilíneos.

Ejemplo 25. *(Continuación del ejemplo 20)*

En este caso el polígono de frecuencias acumuladas viene dado por la figura 3.4.

3.4. Medidas de centralización

Una vez que tenemos nuestra tabla de frecuencias y la correspondiente representación gráfica, nuestro siguiente objetivo es dar un valor representativo de nuestra variable estadística. Esto vamos a hacerlo mediante las llamadas **medidas de centralización** o **medidas de tendencia central**. Entenderemos por medida de tendencia central un valor numérico obtenido a partir de los valores de la variable estadística que tenga un determinado significado, de modo que de acuerdo con algún criterio, los datos de la variable estadística oscilan frente a él.

Existen muchas medidas de tendencia central. Nosotros estudiaremos tres: la moda, la media (aritmética) y la mediana.

3.4.1. La moda

Se define la **moda** como aquel valor con mayor frecuencia relativa. Se denota por mo. Es interesante notar que la moda no tiene que ser necesariamente única.

Ejemplo 26. *(Continuación del ejemplo 14)*

En nuestro ejemplo de las crías de conejo se tiene $mo = 2$ o 3.

La moda no requiere ningún tipo de condición sobre la variable estadística. Es decir, puede calcularse para cualquier tipo de variable, sea cuantitativa o cualitativa.

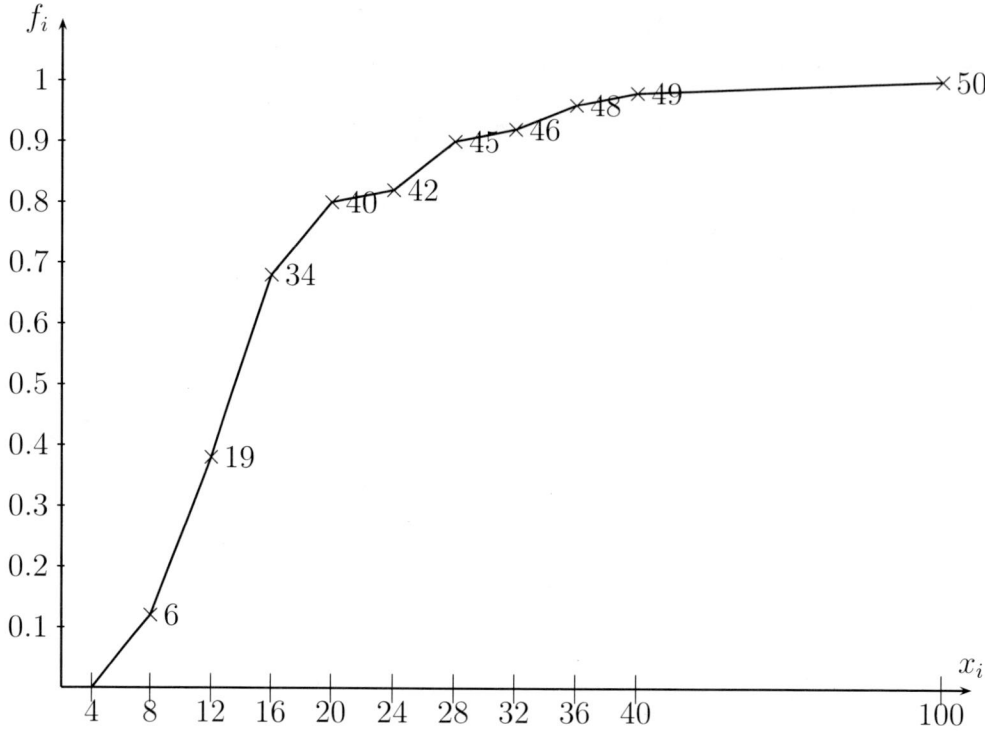

Figura 3.4. Poligonal de frecuencias correspondiente al ejemplo 20. En los puntos de la poligonal aparece la frecuencia absoluta acumulada, que nos da una de las formas de hacer esta representación. En el eje de ordenadas se han utilizado las frecuencias relativas acumuladas, que proporcionan otra manera de hacer la representación. Ambas dan lugar a la misma figura.

3.4.2. La media aritmética

Consideremos una variable estadística *cuantitativa* X, de la que una muestra de tamaño n ha obtenido los datos $x_1, ..., x_n$. Se define la **media aritmética** de la variable X, denotada $\overline{x}$, como

$$\overline{x} = \frac{\sum_{i=1}^{n} x_i}{n}.$$

Ejemplo 27. *(Continuación del ejemplo 14)*

Para nuestro ejemplo de las crías de conejo se tiene:

$$\overline{x} = \frac{1 + 2 + 0 + 3 + \ldots + 2 + 3}{35} = \frac{103}{35}.$$

La media representa un valor promedio de la variable estadística, es decir, las diferencias por encima y por debajo de la media se compensan. Matemáticamente, esto se escribe

$$\sum_{i=1}^{n}(x_i - \overline{x}) = 0.$$

Por su propia definición, la media es un valor comprendido entre el mínimo valor obtenido y el máximo valor obtenido en la muestra. Finalmente, la media no es necesariamente un valor posible de la variable, como por ejemplo ocurre en el caso anterior, en que la media es $103/35$, que no es un número entero.

Supongamos ahora que tenemos la tabla de frecuencias para la variable X. En ese caso, tenemos que X toma las modalidades $x_1, \ldots, x_k$ con frecuencias absolutas $n_1, \ldots, n_k$. Como hemos visto al tratar las tablas estadísticas, esto significa que x_1 aparece n_1 veces en la muestra, x_2 aparece n_2 veces en la muestra y así sucesivamente. Por lo tanto, la suma de todos los valores de la muestra se puede escribir como

$$\sum_{i=1}^{k} x_i n_i,$$

y por lo tanto la media se puede escribir como

$$\boxed{\overline{x} := \frac{\displaystyle\sum_{i=1}^{k} x_i n_i}{n}.}$$

Equivalentemente, si las frecuencias relativas son $f_1, \ldots, f_k$, y basándonos en que $f_i = \frac{n_i}{n}$, la media aritmética puede calcularse mediante la expresión

$$\boxed{\overline{x} = \sum_{i=1}^{k} x_i f_i.}$$

Ejemplo 28. *(Continuación del ejemplo 14)*
   Para nuestro ejemplo de las crías de conejo se tiene:

$$\overline{x} = \frac{1}{35}[0 \cdot 2 + 1 \cdot 3 + 2 \cdot 10 + 3 \cdot 10 + 4 \cdot 5 + 6 \cdot 5] = \frac{103}{35}.$$

Supongamos ahora que tenemos los datos agrupados en clases. Entonces, las modalidades son intervalos y no valores numéricos. Para poder utilizar la fórmula anterior, tomaremos un representante de clase; este representante será el punto medio del intervalo y se llama la **marca de clase**; denotaremos por c_i la marca de clase del intervalo (a_i, b_i). Entonces,

$$c_i = \frac{a_i + b_i}{2}.$$

La elección de este valor como representante de la clase viene motivada por el hecho de que se ha supuesto que los datos dentro de una clase se reparten uniformemente. Así, si por ejemplo en la clase [0,3] hay dos datos, se supone que serán aproximadamente 1 y 2, o 0.5 y 2.5; más concretamente, esta suposición hace que al sumarlos nos dará el valor 3, o sea, 2 veces la marca de clase, que es 1.5.

De esta manera, la media para una variable de datos agrupados viene dada por:

$$\boxed{\overline{x} := \frac{\displaystyle\sum_{i=1}^{k} c_i n_i}{n} = \sum_{i=1}^{k} c_i f_i.}$$

Ejemplo 29. *(Continuación del ejemplo 20)*
   Para el ejemplo de datos agrupados se tienen las marcas de clase de la tabla 3.11.
   Por lo tanto, la media viene dada por:

$a_i - b_i$	4-8	8-12	12-16	16-20	20-24
c_i	6	10	14	18	22
$a_i - b_i$	24-28	28-32	32-36	36-40	40-100
c_i	26	30	34	38	70

Tabla 3.11. Marcas de clase para la agrupación hecha en el ejemplo 20.

$$\overline{x} = \frac{1}{50}[6 \cdot 6 + 10 \cdot 13 + ... + 38 \cdot 1 + 70 \cdot 1] = 15{,}64.$$

Si no hubiésemos hecho el agrupamiento en clases, el valor de la media sería

$$\overline{x} = \frac{13{,}73 + 20{,}93 + ..,11{,}85 + 5{,}30}{50} = 16{,}56,$$

que es un valor diferente al que se obtuvo al aplicar la fórmula cuando los datos están agrupados en clases. Esta diferencia es debida a que los valores en realidad no se reparten uniformemente dentro de los distintos intervalos, y ese error se traduce en una diferencia entre los dos resultados. Sin embargo, es mucho más rápido hallar la media con los datos agrupados y usando las marcas de clase que utilizando los datos directamente. Esta es una de las razones por las que antes de la aparición de los ordenadores se agrupasen los datos en clases en muchas ocasiones.

Veamos ahora algunas propiedades de la media. En general, dada una constante $a \in \mathbb{R}$, se tienen las siguientes propiedades:

- Consideremos la aplicación $f : \mathbb{R} \mapsto \mathbb{R}$ definida por $f(x_i) = x_i + a$. Si aplicamos esta transformación a las modalidades de la v. estadística X, esto da lugar a una nueva variable, que denotamos por $X + a$, en la que a todos los valores de la muestra se les ha sumado el valor a, tal y como se ve en la tabla 3.12.

Entonces, para la nueva variable $X + a$ se tiene

$$\overline{x + a} = \overline{x} + a.$$

X	x_1	...	x_n
$X + a$	$x_1 + a$	...	$x_n + a$

Tabla 3.12. Resultados de la muestra de la variable $X + a$.

Por ejemplo, supongamos que estamos estudiando los sueldos en una empresa y nos sale un sueldo medio de 1500 euros mensuales. Si ahora se decide dar una bonificación extraordinaria a todos los trabajadores de 100 euros, el sueldo medio pasará a ser de 1600 euros, y no será necesario volver a realizar las cuentas con los nuevos ingresos.

- Consideremos la aplicación $f : \mathbb{R} \mapsto \mathbb{R}$ definida por $f(x_i) = a \cdot x_i$. Si aplicamos esta transformación a las modalidades de la v. estadística X, esto da lugar a una nueva variable, que denotamos por aX, en la que a todos los valores de la muestra se les ha multiplicado por el valor a, tal y como se ve en la tabla 3.13.

X	x_1	...	x_n
aX	$a \cdot x_1$	...	$a \cdot x_n$

Tabla 3.13. Resultados de la muestra de la variable aX.

Entonces, para la aX se tiene

$$\overline{ax} = a\overline{x}.$$

Por ejemplo, supongamos nuevamente que estamos estudiando los sueldos en una empresa y nos sale un sueldo medio de 1500 euros mensuales. Si ahora pasamos el sueldo a dólares y un euro equivale a 1.1 dólares, entonces el sueldo medio pasará a ser de $1,1 \times 1500$ dólares, y no será necesario aplicar esta transformación a todos los sueldos para luego volver a calcular la media.

- Consideremos la aplicación $g : \mathbb{R} \mapsto \mathbb{R}$. Si aplicamos esta transformación a las modalidades de la v. estadística X, esto da lugar a una nueva variable, que denotamos por $Y = g(X)$, en la que a cada valor x_i de la muestra ha sido sustituido por $g(x_i)$, tal y como se muestra en la tabla 3.14.

X	x_1	...	x_n
$g(X)$	$g(x_1)$	...	$g(x_n)$

Tabla 3.14. Resultados de la muestra de la variable $Y = g(X)$.

Entonces, para Y se tiene

$$\overline{y} = \sum_{i=1}^{k} g(x_i) f_i.$$

Es interesante notar que $\overline{y} \neq g(\overline{x})$. Solo para casos especiales como los de las dos propiedades anteriores se tendrá la igualdad.

Estas propiedades son también válidas aunque la variable esté agrupada en clases.

3.4.3. La mediana

Como hemos visto anteriormente, la media tiene muy buenas propiedades matemáticas. Sin embargo, tiene el inconveniente de que está muy afectada por valores extremos muy grandes o muy pequeños. Por ejemplo, si estamos estudiando los sueldos de una empresa que tiene 99 trabajadores que ganan 1 000 euros al mes y el empresario que gana 101 000 euros al mes, la media aritmética nos dice que el sueldo medio es de 2 000 euros al mes, y este valor no parece muy representativo de lo que está sucediendo realmente en la muestra. Esto es lo que ha ocurrido también con los datos del ejemplo 20, en el que hay un valor que es mucho mayor que los demás y arrastra el valor de la media hacia un valor más alto. Para evitar esta influencia de los valores extremos de la muestra definimos la mediana.

Para ello, tenemos que tener en cuenta que intuitivamente, el valor representativo debería ser un valor que esté más o menos en la mitad de la muestra si ordenamos los valores. Y el problema que ha ocurrido con la media en los ejemplos del párrafo anterior es que la media deja a casi toda la población por debajo del valor de la media. La idea de la mediana es considerar como valor representativo el valor que está en el medio de los valores de la muestra.

Se define la **mediana**, denotada me, como aquel valor que, supuestos los valores $x_1, ..., x_n$ (no las modalidades, puede haber valores repetidos) de la variable ordenados en forma creciente $x_{(1)} \leq ... \leq x_{(n)}$, deja *al menos* la mitad de los datos de la muestra *por debajo o iguales* que me y *al menos* la mitad de los datos *por encima o iguales* que me.

Aunque esta definición parece un tanto extraña, está intentando describir el dato en la posición central de la muestra. Así, si todos los datos son diferentes entre sí, y $n = 7$, entonces la mediana sería el cuarto dato más pequeño. Este dato dejaría con valor menor o igual a 4 datos (más de la mitad, que serían 3.5) y con valor mayor o igual a 4 datos. Y sería el único dato que cumpliese las dos condiciones.

Desde un punto de vista práctico, la mediana se calcula de manera diferente para datos agrupados y para datos sin agrupar, dependiendo en este último caso si tenemos la representación tabular o solo los datos de la muestra.

Comencemos con el caso de datos no agrupados y sin disponer de la representación tabular. Tenemos entonces la muestra de tamaño n dada por $x_1, ..., x_n$. Se calcula la mediana de la siguiente manera:

- En primer lugar, tenemos que ordenar los datos de menor a mayor. Denotaremos por $x_{(1)}$ el menor valor de la muestra, por $x_{(2)}$ el segundo valor más pequeño, y así sucesivamente. Entonces $x_{(n)}$ es el mayor valor de la muestra. Tenemos entonces la muestra ordenada que viene dada por

$$x_{(1)} \leq x_{(2)} \leq ... \leq x_{(n)}.$$

- Buscamos ahora el dato que está en la posición central. Se procede de la siguiente manera:

  - Si n es un número impar, entonces $n = 2p - 1$ y la mediana es el dato que en la muestra ordenada está en la posición p.

Por ejemplo, si $n = 7$, entonces $7 = 2 \times 4 - 1$, por lo que $p = 4$ y la mediana es $x_{(4)}$.

- Si n es un número par, entonces $n = 2p$ y la mediana es cualquier valor entre los de los datos que en la muestra ordenada están en las posiciones p y $p + 1$. Cualquier valor en este intervalo sirve como mediana, aunque muchas veces se toma la media de estos dos valores. Por ejemplo, si $n = 8$, entonces $8 = 2 \times 4$, por lo que $p = 4$ y la mediana es cualquier valor en el intervalo $[x_{(4)}, x_{(5)}]$.

Equivalentemente, podemos hallar la mediana siguiendo el procedimiento que se detalla a continuación. En primer lugar, calculamos el valor $n \times 0{,}5$.

- Si este valor es entero, la mediana es cualquier valor en el intervalo $[x_{(n \times 0{,}5)}, x_{(n \times 0{,}5)+1}]$.

- Si no es entero, entonces la mediana es el valor del dato en la posición del primer entero que supera a $n \times 0{,}5$, que denotaremos $\lceil n \times 0{,}5 \rceil$. Por ejemplo, si $n = 7$, entonces $n \times 0{,}5 = 3{,}5$ y $\lceil n \times 0{,}5 \rceil = 4$. Así, $me = x_{(\lceil n \times 0{,}5 \rceil)}$.

Esta última forma de proceder es la que usaremos para calcular las medidas de posición en la próxima sección en el caso de disponer de la muestra pero no de la tabla de frecuencias.

Ejemplo 30. *(Continuación del ejemplo 14)*
En nuestro ejemplo de las crías de conejo la muestra ordenada es

$$0, 0, 1, 1, 1, 2, 2, 2, 2, 2, 2, 2, 2, 2, 2, 2, 3, 3, 3,$$
$$3, 3, 3, 3, 3, 3, 3, 3, 4, 4, 4, 4, 4, 6, 6, 6, 6, 6$$

Como $n = 35$, se tiene que $p = 18$ y, por tanto, $me = x_{(18)} = 3$.

Veamos ahora cómo calcular la mediana si tenemos la representación tabular de los datos. En primer lugar buscamos las modalidades que dejan por debajo o con valor igual al menos el $50\,\%$ de los datos. Para ello, basta observar la columna de las frecuencias relativas acumuladas y buscar las modalidades cuya frecuencia relativa acumulada sea superior o igual a 0.5. Equivalentemente, podemos buscar las modalidades cuya frecuencia absoluta acumulada sea superior a $n/2$. Así, buscamos valores con frecuencia acumulada grande. Pasamos ahora a la segunda condición. Entonces debemos tener en cuenta que la proporción de valores mayores o iguales que una modalidad x_i viene dada por $1 - F_{i-1}$, es decir, 1 menos la proporción de valores menores que x_i. Entonces, tenemos que buscar las modalidades tales que 1 menos la frecuencia relativa acumulada es mayor o igual que 0.5. Equivalentemente, podemos buscar las modalidades tales que 1 menos la frecuencia absoluta acumulada sea superior a $n/2$. Así, buscamos valores con frecuencia acumulada pequeña.

Tenemos ahora dos situaciones:

- Si el valor 0.5 no aparece en la tabla en la columna de las frecuencias relativas acumuladas, entonces los valores con frecuencia relativa acumulada menores que 0.5 no cumplen la primera condición y se descartan. Para los valores que sí cumplen esta condición, el primero de ellos cumple también la segunda. Para los demás, ninguna de ellos cumple la segunda condición. Así, la mediana es la primera modalidad cuya correspondiente frecuencia relativa acumulada supera el valor 0.5.

- Si el valor 0.5 aparece en la taba en la columna de las frecuencias relativas acumuladas, entonces los valores con frecuencia relativa acumulada menores que 0.5 no cumplen la primera condición y se descartan. Para los valores que sí cumplen esta condición, el primero de ellos cumple también la segunda. El siguiente valor también cumple la segunda condición. Para los demás, ninguno de ellos cumple la segunda condición. Ahora bien, cualquier valor entre esas dos modalidades también cumple las dos condiciones (nótese que en ningún momento se pide que la mediana sea una modalidad). Así, la mediana es cualquier valor entre la modalidad que tiene 0.5 como frecuencia relativa acumulada y el valor de la siguiente modalidad.

Esto mismo puede hacerse con frecuencias absolutas acumuladas, cambiando 0.5 por $n/2$.

Ejemplo 31. *(Continuación del ejemplo 14)*

En nuestro ejemplo ya se había obtenido la representación tabular de los datos, que repetimos en la tabla 3.15.

x_i	n_i	f_i	N_i	F_i
0	2	$\frac{2}{35}$	2	$\frac{2}{35}$
1	3	$\frac{3}{35}$	5	$\frac{5}{35}$
2	10	$\frac{10}{35}$	15	$\frac{15}{35}$
3	10	$\frac{10}{35}$	25	$\frac{25}{35}$
4	5	$\frac{5}{35}$	30	$\frac{30}{35}$
6	5	$\frac{5}{35}$	35	$\frac{35}{35}$

Tabla 3.15. Representación tabular correspondiente a los datos del ejemplo 14.

Entonces, puede aplicarse el procedimiento anterior para comprobar que la mediana ha de ser 3.

En el caso de datos agrupados hemos perdido los valores reales de los datos, por lo que no puede procederse de la misma manera que con los datos sin agrupar. Para el cálculo de la mediana usaremos el polígono de frecuencias acumuladas. Como buscamos un valor que deje el 50 % de los datos por debajo o iguales, una vez dibujado el polígono de frecuencias acumuladas, se dibuja la recta horizontal

$$y = n\frac{50}{100}.$$

Esta recta tiene que cortar a la poligonal en algún momento, pues esta es una gráfica continua y las ordenadas pasan de 0 a 1. Una vez determinado el punto de corte, se mira la abscisa de este punto; esta abscisa es la mediana. Para determinar este valor usaremos semejanza de triángulos.

Ejemplo 32. *(Continuación del ejemplo 20)*
En este caso se tiene la gráfica de la figura 3.5.
De esta forma, la mediana es un valor en el intervalo 12-16 y viene dada, aplicando semejanza de triángulos, por:

$$\frac{BaseTriangGrande}{AlturaTriangGrande} = \frac{BaseTriangPeq}{AlturaTriangPeq}.$$

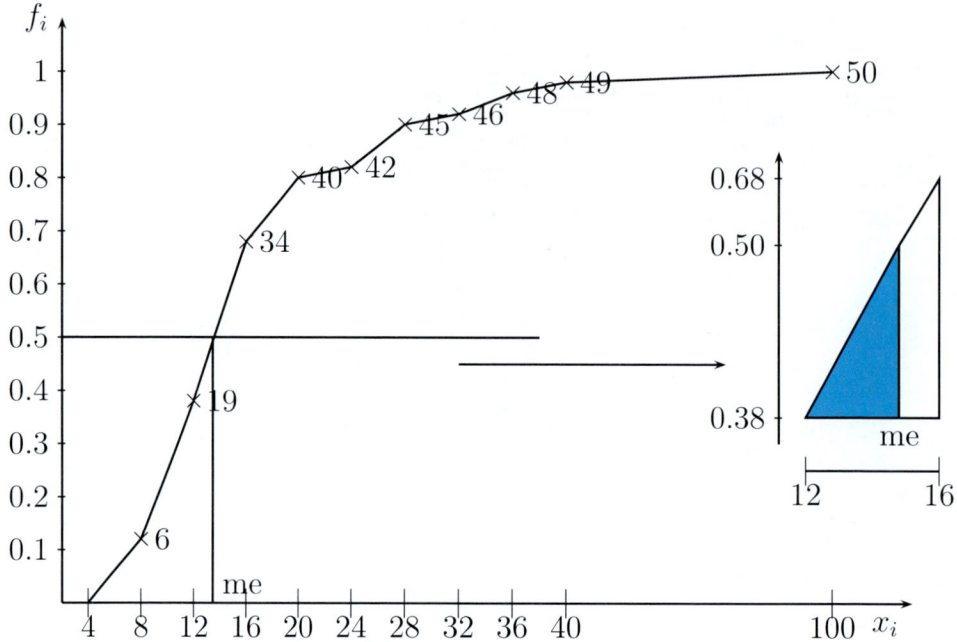

Figura 3.5. Procedimiento paso para hallar la mediana en una distribución agrupada en clases.

O equivalentemente,

$$\frac{BaseTriangGrande}{BaseTriangPeq} = \frac{AlturaTriangGrande}{AlturaTriangPeq}.$$

En nuestro caso,

$$\frac{0{,}68 - 0{,}38}{16 - 12} = \frac{0{,}50 - 0{,}38}{me - 12} \Rightarrow me = 13{,}8.$$

En definitiva, si la mediana está en el intervalo $[a_i, a_{i+1}]$ y la frecuencia de esta clase es F_i, la mediana viene dada por

$$me = a_i + \frac{0{,}5 - F_{i-1}}{F_i - F_{i-1}}(a_{i+1} - a_i).$$

Finalmente, al contrario que la media, que siempre necesita variables cuantitativas, la mediana, así como las medidas de posición que veremos a continuación, pueden calcularse para variables ordinales.

3.5. Medidas de posición

Análogamente a la mediana, se pueden definir otras medidas conocidas como **medidas de posición**. Las medidas de posición son generalizaciones de la mediana que nos sirven para dar un valor que divida la muestra en dos partes, una parte por encima de dicho valor y otra por debajo, de manera que el número o proporción de datos en cada parte verifique unas condiciones determinadas.

3.5.1. Cuartiles, deciles y percentiles

La primera medida de posición que veremos son los cuartiles, denotados $q_i, i = 1, 2, 3$. Se define el **cuartil** i como aquel valor que, supuestos los valores (no las modalidades) de la variable ordenados en forma creciente, deja al menos el $25 \cdot i\%$ de los datos de la muestra por debajo o iguales que ese valor y al menos el $(100 - 25 \cdot i)\%$ de los datos por encima o iguales que ese valor. En particular, la mediana coincide con q_2.

La forma de calcular los cuartiles a partir de una muestra es análoga a la vista para el cálculo de la mediana.

En el caso de tener los datos de la muestra, $x_1, ..., x_n$, tenemos primeramente que ordenar la muestra, de forma que tenemos

$$x_{(1)} \le x_{(2)} \le ... \le x_{(n)}.$$

Ahora, se busca el valor $n \times 0{,}25$, $n \times 0{,}5$ o $n \times 0{,}75$ para q_1, q_2 o q_3, respectivamente.

- Si este valor es entero, el primer cuartil es cualquier valor en el intervalo $[x_{(n \times 0{,}25)}, x_{(n \times 0{,}25)+1}]$. Lo mismo se haría para los otros cuartiles.

- Si no es entero, entonces el primer cuartil es el valor del dato en la posición del primer entero que supera a $n \times 0{,}25$, que denotaremos

$\lceil n \times 0{,}25 \rceil$. Por ejemplo, si $n = 7$, entonces $n \times 0{,}25 = 1{,}75$ y $\lceil n \times 0{,}5 \rceil = 2$. Así, $me = x_{(2)}$.

En el caso de variables sin agrupar y si disponemos de la tabla de frecuencias, podemos hallar los cuartiles sustituyendo el valor 0.5 (o $n \times 0{,}5$) por los valores 0.25 (q_1), 0.5 (q_2) o 0.75 (q_3).

Ejemplo 33. *(Continuación del ejemplo 14)*
En este ejemplo ya se había obtenido la representación tabular de los datos. Entonces:

$$q_1 = 2, q_2 = 3, q_3 = 4.$$

El cálculo para variables agrupadas en intervalos es similar al de la mediana y se calcula a partir del polígono de frecuencias acumuladas, sustituyendo la recta $y = n\frac{50}{100}$ por $y = n\frac{25}{100}$ (para q_1), $y = n\frac{50}{100}$ (para q_2) o $y = n\frac{75}{100}$ (para q_3).

Ejemplo 34. *(Continuación del ejemplo 20)*
En este caso se tienen las gráficas de las figuras 3.6 y 3.7.
Luego,
$$\frac{0{,}38 - 0{,}12}{12 - 8} = \frac{0{,}25 - 0{,}12}{q_1 - 8} \Rightarrow q_1 = 10.$$

Para hallar q_3 se procede de la misma manera.

$$\frac{0{,}80 - 0{,}68}{20 - 16} = \frac{0{,}75 - 0{,}68}{q_3 - 16} \Rightarrow q_3 = 18{,}33.$$

Se define el **decil** i, $i = 1, ..., 9$, denotado d_i, como aquel valor que, supuestos los valores de la muestra ordenados de forma creciente, deja al menos el $10 \cdot i \%$ de los datos de la muestra por debajo o iguales y al menos el $(100 - 10 \cdot i) \%$ de los datos por encima o iguales. En particular, la mediana coincide con d_5. Al igual que para los cuartiles, su cálculo es similar al de la mediana.

Ejemplo 35. *(Continuación del ejemplo 14)*
En este caso se tiene por ejemplo $d_4 = 2, d_7 = 3, d_9 = 6$.

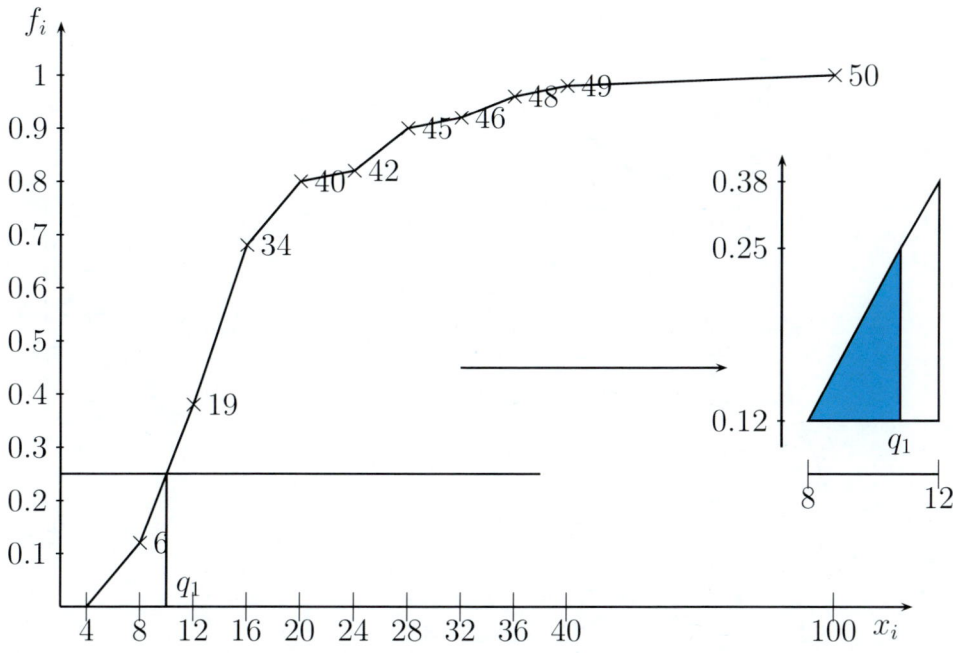

Figura 3.6. Ejemplo de cálculo del primer cuartil con datos agrupados en clases.

Finalmente, se define el **percentil** o **cuantil** i, $i = 1, ..., 99$, denotado p_i, como aquel valor que, supuestos los valores de la muestra ordenados en forma creciente, deja al menos el $i\%$ de los datos de la muestra por debajo o iguales y al menos el $(100 - i)\%$ de los datos por encima o iguales. En particular, la mediana coincide con p_{50}. El cálculo de los percentiles sigue las mismas pautas que el cálculo de la mediana.

Ejemplo 36. *(Continuación del ejemplo 14)*
    En este caso se tiene por ejemplo $p_{18} = 2, p_{94} = 6$.

3.5.2. Diagrama de cajas

A partir de las medidas de posición podemos dibujar una nueva representación gráfica llamada **diagrama de cajas**, que está pensada principalmente para distribuciones de datos no agrupadas y sin datos

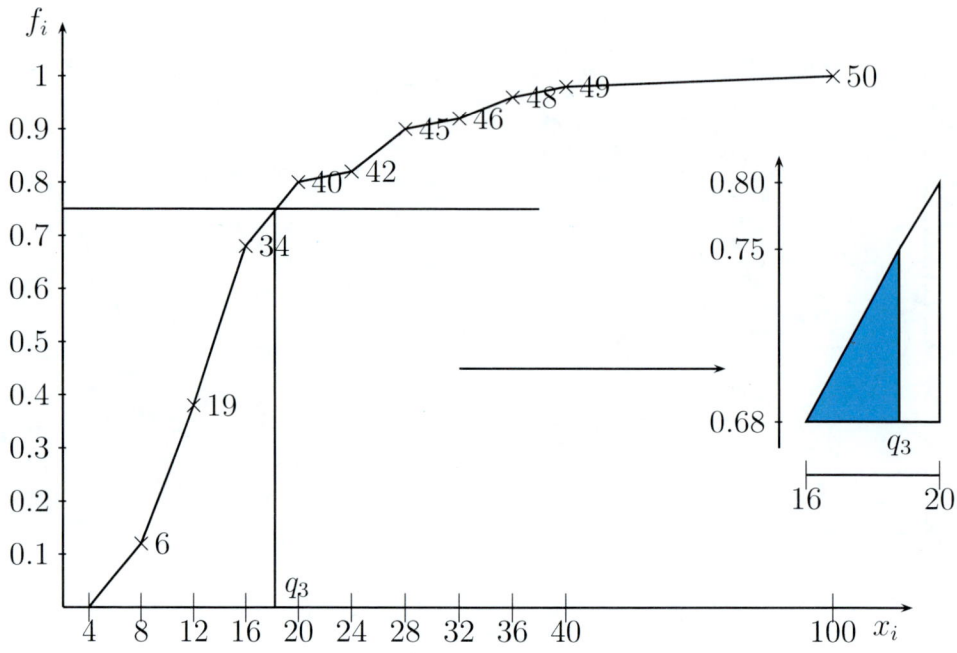

Figura 3.7. Ejemplo de cálculo del tercer cuartil con datos agrupados en clases.

repetidos. Esta representación hace hincapié en los valores que se alejan de los valores típicos de la variable. Veamos cómo construir esta gráfica. Tenemos en primer lugar que calcular los tres cuartiles. Los valores de q_1 y q_3 determinan los límites de una *caja*, en cuyo interior se tiene una línea con el valor de la mediana *me*. Los valores dentro de la caja son los valores considerados típicos para la variable.

De esta caja salen dos líneas (llamadas *bigotes*) que determinan los valores que se consideran normales (no típicos). Los límites de estas líneas son:

$$\text{máx}\{x_{(1)}, q_1 - 1{,}5 \cdot (q_3 - q_1)\} \quad \text{para la línea inferior,}$$

$$\text{máx}\{x_{(n)}, q_3 + 1{,}5 \cdot (q_3 - q_1)\} \quad \text{para la línea inferior.}$$

Si $x_{(1)} < q_1 - 1{,}5 \cdot (q_3 - q_1)$ todavía quedan valores que no están dentro de estas líneas. Estos valores se representan de dos formas distintas:

- Los datos entre $q_1 - 3 \cdot (q_3 - q_1)$ y $q_1 - 1{,}5 \cdot (q_3 - q_1)$ se dibujan con $*$. Estos son los valores considerados raros (por demasiado pequeños) para la muestra.

- Los datos menores que $q_1 - 3 \cdot (q_3 - q_1)$ se dibujan con $\circ$. Estos son valores considerados muy raros para la muestra.

Lo mismo se hace con los valores grandes. Así, si $x_{(n)} > q_3 + 1{,}5 \cdot (q_3 - q_1)$ todavía quedan valores que no están dentro de estas líneas. Estos valores se representan de dos formas distintas:

- Los datos entre $q_3 + 1{,}5 \cdot (q_3 - q_1)$ y $q_3 + 3 \cdot (q_3 - q_1)$ se dibujan con $*$. Estos son los valores considerados raros (por demasiado grandes) para la muestra.

- Los datos mayores que $q_3 + 3 \cdot (q_3 - q_1)$ se dibujan con $\circ$. Estos son valores considerados muy raros para la muestra.

Ejemplo 37. *(Continuación del ejemplo 20)*

Para el caso del gasto farmacéutico del ejemplo 20 sin agrupar en clases se puede ver que $me = 12{,}63$, (la media de los valores 25 y 26), $q_1 = 10{,}86$, (dato en posición 13) y $q_3 = 18{,}72$ (dato en posición 38). Luego $q_3 - q_1 = 7{,}86$. Entonces el diagrama de cajas sería el que aparece en la figura 3.8.

3.6. Medidas de dispersión

Las medidas de dispersión son medidas que nos permitirán estudiar lo diferentes que son los datos de la muestra. Esto nos sirve para darnos una idea de hasta qué punto las medidas de tendencia central son representativas o no. Así, si tenemos dos muestras de tamaño 2, una con los valores 0, 100 y otra con los valores 50, 50, se tendría que su media coincide; sin embargo, la media en el segundo caso es muy representativa pues todos los valores de la muestra coinciden con ella, mientras que en el primer caso la media es un valor alejado de todos los datos.

Figura 3.8. Ejemplo de diagrama de cajas para los datos del ejemplo 20 sin agrupar en clases. Para los valores pequeños, el límite está en el mínimo dato, mientras que para los valores grandes hay valores raros. Por ello, el bigote para valores pequeños es más corto que el de valores grandes. Hay tres datos que se consideran grandes porque superan el valor $q_3 + 1{,}5(q_3 - q_1) = 30{,}51$, pero no el valor $q_3 + 3(q_3 - q_1) = 42{,}73$ y un valor muy raro (el máximo) que supera este último valor.

Existen muchas medidas de dispersión y todas ellas siguen esta idea intuitiva: medir la separación entre los datos o equivalentemente, la distancia entre los datos y alguna medida de tendencia central. Aquí estudiaremos las más usuales, que son la varianza y la desviación típica.

3.6.1. La varianza

Supongamos que tenemos una muestra de valores $x_1, ..., x_n$. La **varianza** de la muestra, denotada $v(x_1, ..., x_n)$, v o $v(X)$, se define como el valor dado por

$$v(X) = \frac{\sum_{i=1}^{n}(x_i - \overline{x})^2}{n}.$$

Si tenemos una variable estadística que toma las modalidades $x_1, ..., x_k$ con frecuencias absolutas $n_1, ..., n_k$ podemos aplicar el mismo razonamiento que se hizo para la media y que nos permite calcular la varianza más rápidamente. La **varianza** de la muestra viene entonces dada por

$$v(X) = \frac{\sum_{i=1}^{k}(x_i - \overline{x})^2 n_i}{n},$$

o equivalentemente

$$v(X) = \sum_{i=1}^{n} (x_i - \overline{x})^2 f_i$$

si usamos las frecuencias relativas.

En el caso de tener la variable agrupada en clases, se sustituyen los intervalos por las correspondientes marcas de clase. Así, si tenemos las marcas de clase $c_1, ..., c_k$ con frecuencias absolutas $n_1, ..., n_k$, la varianza viene dada por

$$v(X) = \frac{\sum_{i=1}^{k} (c_i - \overline{x})^2 n_i}{n},$$

o equivalentemente

$$v(X) = \sum_{i=1}^{n} (c_i - \overline{x})^2 f_i$$

si usamos las frecuencias relativas.

Veamos una explicación intuitiva que permita justificar la varianza como medida de dispersión. Empecemos considerando el numerador. En primer lugar, nótese que está basado en las diferencias con la media. Si los datos son poco variables, estarán cerca de la media y por tanto estas diferencias serán pequeñas, mientras que si los datos son muy variables estarán lejos de la media y las diferencias serán grandes. El uso del cuadrado es necesario para que no se produzcan compensaciones entre diferencias positivas y negativas. Finalmente, todo se divide entre el tamaño de muestra; la razón está en conseguir una medida que no esté influida por el número de datos que tenemos. En otro caso, podría pasar que se tuviese una muestra poco variable pero de muchos datos y otra muy variable con pocos datos, ambas con la misma varianza.

La varianza es sin duda la medida de dispersión más utilizada. Para su cálculo, puede demostrarse que

$$v(X) = \overline{x^2} - \overline{x}^2,$$

donde si tenemos la muestra $(x_1, ..., x_n)$, entonces

$$\overline{x^2} = \frac{\displaystyle\sum_{i=1}^{n} x_i^2}{n},$$

si tenemos la tabla de frecuencias, entonces

$$\overline{x^2} = \frac{\displaystyle\sum_{i=1}^{k} x_i^2 n_i}{n} = \sum_{i=1}^{k} x_i^2 f_i,$$

y en el caso de tener la variable agrupada en clases se utiliza la misma expresión, pero sustituyendo las modalidades por las marcas de clase. Es decir

$$\overline{x^2} = \frac{\displaystyle\sum_{i=1}^{k} c_i^2 n_i}{n} = \sum_{i=1}^{k} c_i^2 f_i.$$

Esta expresión para la varianza reduce el número de operaciones necesarias para calcular la varianza.

Ejemplo 38. *(Continuación de los ejemplos 14 y 20)*
En el ejemplo 14:

$$\overline{x^2} = \frac{0^2 \cdot 2 + 1^2 \cdot 3 + 2^2 \cdot 10 + 3^2 \cdot 10 + 4^2 \cdot 5 + 6^2 \cdot 5}{35} = \frac{393}{35}.$$

Luego,

$$v(X) = \frac{393}{35} - \left(\frac{103}{35}\right)^2 = 2{,}57.$$

Para el ejemplo 20:

$$\overline{x^2} = \frac{6^2 \cdot 6 + 10^2 \cdot 13 + ... + 38^2 \cdot 1 + 70^2 \cdot 1}{50} = \frac{20814{,}8877}{50} = 416{,}30.$$

Luego,

$$v(X) = 416{,}30 - 15{,}64^2 = 171{,}69.$$

Veamos ahora algunas propiedades de la varianza, que son similares a las vistas para la media.

- Consideremos la aplicación $X + a : \{x_1, ..., x_n\} \mapsto \mathbb{R}$ definida por $(X + a)(x_i) = x_i + a$. Entonces, para la nueva variable $X + a$ se tiene

$$v(X + a) = v(X).$$

Nótese que este resultado es lógico, pues esta transformación traslada los datos, pero mantiene las diferencias.

- Consideremos la aplicación $aX : \{x_1, ..., x_n\} \mapsto \mathbb{R}$ definida por $(aX)(x_i) = ax_i$. Entonces, para la nueva variable aX se tiene

$$v(aX) = a^2 v(X).$$

En este caso se está estirando la población, por lo que las diferencias cambian y esto se refleja en la varianza.

- Consideremos la aplicación $g(X) : \{x_1, ..., x_n\} \mapsto \mathbb{R}$ definida por $g(X)(x_i) = g(x_i)$. Es interesante notar que, al igual que sucedía con la media, en general $v(g(X)) \neq g(v(X))$.

- La varianza vale 0 si y sólo si todos los valores de la muestra son iguales.

- Finalmente, nótese que la varianza nunca puede ser negativa, pues es una suma de cuadrados.

3.6.2. La desviación típica

La varianza tiene el problema de que sus unidades son las unidades de la variable elevadas al cuadrado. Es por ello que aparece el concepto de **desviación típica**, denotada por $d(x_1, ..., x_n)$, $d(X)$ o d, que se define como la raíz cuadrada positiva de la varianza, es decir,

$$\boxed{d(X) := \sqrt{v(X)}.}$$

La desviación típica está medida en las mismas unidades que la variable X.

Ejemplo 39. *(Continuación de los ejemplos 14 y 20)*
En el ejemplo 14, $d(X) = \sqrt{2{,}57} = 1{,}603$. Para el ejemplo 20, $d(X) = 13{,}10$.

Veamos ahora la traducción de las propiedades que se vieron para la varianza para el caso de la desviación típica.

- Consideremos la aplicación $X + a : \{x_1, ..., x_n\} \mapsto \mathbb{R}$ definida por $(X + a)(x_i) = x_i + a$. Entonces, para la nueva variable $X + a$ se tiene

$$d(X + a) = d(X).$$

- Consideremos la aplicación $aX : \{x_1, ..., x_n\} \mapsto \mathbb{R}$ definida por $(aX)(x_i) = a \cdot x_i$. Entonces, para la nueva variable aX se tiene

$$d(aX) = |a|d(X).$$

Es interesante notar que el valor de la constante a pasa a $|a|$.

- La desviación típica vale 0 si y solo si todos los valores de la muestra son iguales.

- La desviación típica no puede ser negativa.

3.6.3. El coeficiente de variación de Pearson

Finalmente, consideremos la situación en que queremos comparar las variaciones de dos muestras distintas. En principio, podría pensarse en comparar las varianzas o las desviaciones típicas. Sin embargo, ambas medidas tienen unidades y, por tanto, un cambio de escala llevaría a conclusiones erróneas. Para ilustrar esta situación, consideremos el caso de medir la altura de 15 personas. Supongamos que se ha obtenido una desviación típica de 1cm. Esto implica que la variable X ha sido medida en cm. Sin embargo, si hubiésemos medido X en metros, todos los valores de X aparecerían divididos por 100, con lo que tendríamos la variable $X/100$, y por las propiedades vistas anteriormente, también la desviación típica aparecería dividida por 100 y valdría 0.01m. Si queremos utilizar la desviación típica para comparar las dispersiones de las dos variables y obviamos las unidades de medida, se tendría que la variable X tendría una variación mayor que $X/100$, mientras que en realidad la dispersión es la misma, pero medida en unidades diferentes. En este caso todavía sería posible hacer una transformación entre las unidades de medida para así realizar una comparación efectiva; sin embargo, en muchos otros casos, esto no es posible.

Para evitar estos problemas sería muy útil tener un coeficiente que no dependiese de unidades (lo que se llama *adimensional*). Esto es lo que se consigue mediante el **coeficiente de variación de Pearson**, que se define como

$$\boxed{cv(X) = \frac{d(X)}{|\bar{x}|}.}$$

Obviamente, este coeficiente no está definido para variables con media nula. Así, una variable se considera más variable que otra si su coeficiente de variación de Pearson es mayor.

Ejemplo 40. *(Continuación de los ejemplos 14 y 20)*
En el ejemplo 14, $cv(X) = \frac{1,603}{2,94} = 0{,}545$. Para el ejemplo 20, $cv(X) = \frac{13,10}{15,64} = 0{,}838$.
Por tanto, los datos están más dispersos en el ejemplo 20.

3.7. Medidas de forma

En las secciones anteriores hemos estudiado las medidas de centralización, posición y dispersión. En esta sección estudiaremos otros dos tipos de medidas conocidas como *medidas de forma*. Como su propio nombre indica, las medidas de forma nos permitirán hacernos una idea de la forma (o la tendencia) que tiene la distribución de frecuencias.

Clasificaremos las medidas de forma en dos tipos: las medidas de asimetría y las medidas de curtosis.

3.7.1. Medidas de asimetría

El objetivo de las medidas de asimetría es medir hasta qué punto los datos se reparten de forma especular alrededor de un punto (que será la media) o si hay una tendencia a que los datos con valor superior a la media estén más (o menos) alejados que los datos con valor inferior. En el primer caso diremos que la distribución es *asimétrica por la derecha* y en el segundo caso que es *asimétrica por la izquierda*.

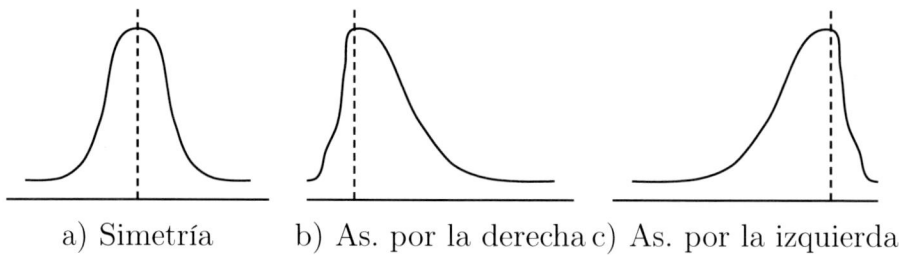

a) Simetría   b) As. por la derecha c) As. por la izquierda

Figura 3.9. Tipos de distribuciones en función de su asimetría.

Otra forma un poco más matemática de interpretar la asimetría es la siguiente: Dada una variable estadística, la variable será asimétrica por la derecha si $\overline{x} > me$ y será asimétrica por la izquierda si $\overline{x} < me$.

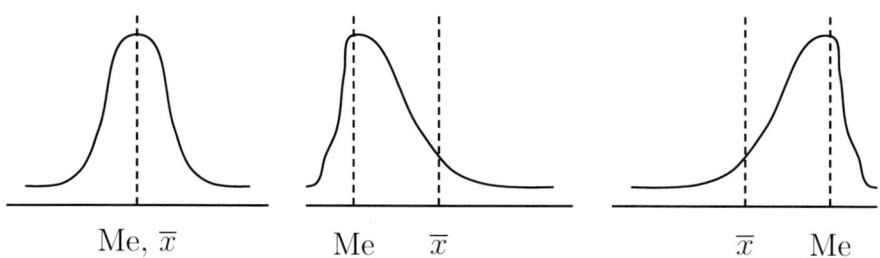

Me, $\overline{x}$ Me $\overline{x}$ $\overline{x}$ Me

Figura 3.10. Comparación media-mediana en función de la asimetría.

Las medidas de asimetría tratan de medir esta tendencia. Al igual que sucedía con las medidas de centralización y de dispersión, existen muchas medidas de asimetría, aunque todas tratan de reflejar el comportamiento anterior. Veremos a continuación una de ellas.

El **coeficiente de asimetría de Fisher** es sin duda la medida de asimetría más utilizada. Dada una variable estadística X, este coeficiente se define por

$$g_1(X) := \frac{\displaystyle\sum_{i=1}^{n}(x_i - \overline{x})^3}{d(X)^3} = \frac{\displaystyle\sum_{i=1}^{k}(x_i - \overline{x})^3 n_i}{d(X)^3} = \frac{\displaystyle\sum_{i=1}^{k}(x_i - \overline{x})^3 f_i}{d(X)^3}.$$

Hemos puesto la definición en el caso de tener la muestra (primera fórmula) o la tabla de frecuencia con datos no agrupados (segunda fórmula y tercera fórmula). Para distribuciones agrupadas en datos, sustituimos los valores de las modalidades x_i por los correspondientes valores de las marcas de clase. Es decir,

$$g_1(X) := \frac{\displaystyle\sum_{i=1}^{k}(c_i - \overline{x})^3 n_i}{d(X)^3} = \frac{\displaystyle\sum_{i=1}^{k}(c_i - \overline{x})^3 f_i}{d(X)^3}.$$

La idea de esta medida es la siguiente: Si la distribución es muy simétrica, es de esperar que las diferencias de los datos con la media que sean positivas y negativas se compensen; esto se traduciría en

$$\sum_{i=1}^{n}(x_i - \overline{x}) \approx 0.$$

Sin embargo, esto se tiene siempre (es una de las propiedades de la media). Por ello tenemos que buscar otra manera de representar nuestra idea. Si tomamos las diferencias al cuadrado obtenemos una suma de valores positivos, con lo que no podremos distinguir las diferencias positivas de las negativas. Así, pasamos a elevar al cubo, que ya tiene en cuenta el signo de las diferencias. De esta forma, si hay un dato mucho mayor que la media pero no hay como contrapartida un valor menor en esas condiciones, sino que hay varios valores menores pero cercanos a la media que compensen el dato anterior, entonces tendríamos una distribución asimétrica por la derecha. Al aplicar la fórmula de la asimetría, se tendría una diferencia muy grande de este dato especial con la media, y cuando se eleva al cubo será todavía más grande. Este valor no se compensa por las varias diferencias pequeñas y negativas cuando se elevan al cubo, con lo que obtendríamos un valor positivo para $g_1(X)$.

El denominador $d(X)^3$ es un término que sirve para relativizar el resultado. Así, si los datos tienen mucha dispersión podría ocurrir que el numerador fuese grande, no debido a diferencias significativas entre valores positivos y negativos, sino a que estos valores son grandes y se están elevando al cubo. Análogamente, si los datos están muy concentrados alrededor de la media, es de esperar que el numerador sea pequeño aunque haya una tendencia a la asimetría. Finalmente, $d(X)$ se eleva al cubo para obtener un coeficiente adimensional.

De esta manera, si $g_1(X) = 0$, concluiremos que la distribución es simétrica, si $g_1(X) > 0$ la distribución será asimétrica por la derecha y si $g_1(X) < 0$ la distribución será asimétrica por la izquierda. Cuanto mayor sea el valor de $g_1(X)$ en valor absoluto más pronunciada será la asimetría.

Ejemplo 41.

Consideremos la distribución X cuyos valores son 0, 1, 2 y 10, todos ellos con frecuencia $\frac{1}{4}$. Esta distribución es claramente asimétrica por la derecha, pues el valor 10 está muy alejado de los otros valores de la distribución. Si hallamos el coeficiente de asimetría de Fisher obtenemos:

$$\overline{x} = \frac{13}{4} = 3{,}25, v(X) = \frac{267}{16} \Rightarrow d(X) = \frac{\sqrt{267}}{4} = 4{,}08, g_1(X) = 1{,}545.$$

Ejemplo 42. *(Continuación de los ejemplos 14 y 20)*

Si consideramos el ejemplo 14 se obtiene $\overline{x} = \frac{103}{35} = 2{,}94, d(X) = \sqrt{2{,}57} = 1{,}603$. El numerador vale

$$\frac{\sum_{i=1}^{6}(x_i - \overline{x})^3 n_i}{n} = \frac{-31{,}36}{35} = -0{,}896.$$

Luego $g_1(X) = -0{,}21$, y concluimos que la distribución es un poco asimétrica por la izquierda.

Para el ejemplo 20 tenemos $\overline{x} = 15{,}64, d(X) = 13{,}10$. *El numerador vale*

$$\frac{\sum_{i=1}^{10}(c_i - \overline{x})^3 n_i}{n} = 3664{,}92.$$

Luego $g_1(X) = 1{,}63$, *y concluimos que la distribución es bastante asimétrica por la derecha.*

El estudio de la simetría resulta útil cuando ha de establecerse una variable que modele unos datos. En muchas ocasiones se presupone un modelo normal que veremos en el capítulo 6, y esta propiedad no se corresponde con la realidad en algunos casos. Las medidas de simetría, junto con las medidas de curtosis que veremos a continuación, juegan un papel muy importante para validar este modelo normal.

3.7.2. Medidas de curtosis o apuntamiento

Las medidas de curtosis miden el «aplastamiento» de la distribución. En otras palabras, miran si hay tendencia a que todas las modalidades tengan la misma frecuencia o si, por el contrario, hay una tendencia a que existan grandes diferencias entre ellas.

El aplastamiento se utiliza casi siempre para comparar los datos de la muestra con los valores teóricos de una normal estándar que estudiaremos en el capítulo 6. Por ello, se estudia la curtosis en distribuciones que son prácticamente simétricas y con una sola moda. Si el aplastamiento de los datos es similar al de la distribución normal estándar se dice que la distribución es *mesocúrtica*. Si es más aplastada diremos que la distribución es *platicúrtica* y si es más apuntada que es *leptocúrtica*.

Al igual que sucedía con otras medidas que hemos visto, existen muchas medidas de curtosis, todas ellas intentando reflejar en un valor este comportamiento, aunque la conocida como medida de curtosis de Pearson es con mucho la más utilizada.

Dada una variable estadística X, el **coeficiente de curtosis de Pearson** se define por

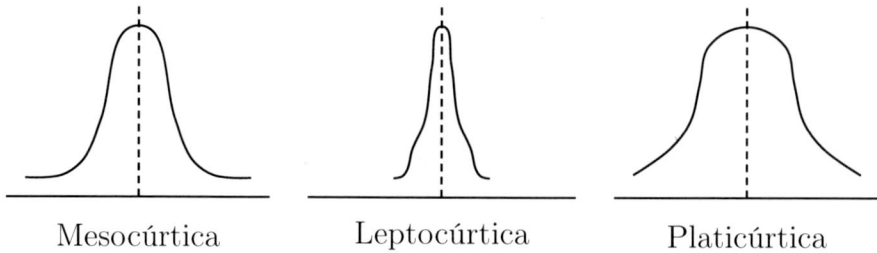

| Mesocúrtica | Leptocúrtica | Platicúrtica |

Figura 3.11. Interpretación gráfica de las distribuciones según su curtosis.

$$g_2(X) := \frac{\displaystyle\sum_{i=1}^{n}(x_i - \overline{x})^4}{n} \Big/ d(X)^4 - 3.$$

Nótese en primer lugar que, al igual que pasaba con el coeficiente de asimetría de Fisher, este coeficiente es adimensional.

Veamos ahora la idea de esta medida: Si tenemos en mente una distribución simétrica con una sola moda, es fácil ver que cuanto mayor sea el apuntamiento, mayor será la frecuencia de los datos cercanos a la media. Así, el valor del numerador será tanto más pequeño cuanto más apuntada sea la distribución. De la misma manera, el valor de $d(X)$ se hará más pequeño cuanto más apuntada sea la distribución. Sin embargo, puede demostrarse que el cociente entre el numerador y $d(X)^4$ aumenta y que esto sucede en general.

En una normal estándar, este cociente vale 3, lo que explica que se reste 3 en la expresión anterior.

Si la distribución es mesocúrtica, entonces tenemos el mismo apuntamiento que la normal estándar y $g_2(X)$ se anula. Si el apuntamiento es mayor que el de la normal estándar, $g_2(X)$ toma un valor positivo y si el apuntamiento es menor que el de la normal estándar, $g_2(X)$ toma un valor negativo. Cuanto mayor sea el valor de $g_2(X)$, mayor será el apuntamiento.

Para variables de las que tenemos la distribución de frecuencias y no están agrupadas en clases se tiene la expresión

$$g_2(X) := \frac{\sum\limits_{i=1}^{k}(x_i - \overline{x})^4 n_i}{d(X)^4} - 3 = \frac{\sum\limits_{i=1}^{k}(x_i - \overline{x})^4 f_i}{d(X)^4} - 3.$$

Y para distribuciones agrupadas en clases se tiene que

$$g_2(X) := \frac{\sum\limits_{i=1}^{k}(c_i - \overline{x})^4 n_i}{d(X)^4} - 3 = \frac{\sum\limits_{i=1}^{k}(c_i - \overline{x})^4 f_i}{d(X)^4} - 3.$$

Ejemplo 43.

Consideremos una variable cuya tabla de frecuencias es la de la tabla 3.16.

x_i	0	1	2	3	4
f_i	0.2	0.2	0.2	0.2	0.2

Tabla 3.16. Distribución del ejemplo 43.

Esta distribución es simétrica respecto a 2 y es claramente platicúrtica, pues su diagrama de barras da una figura completamente plana. Entonces,

$$\overline{x} = 2, \quad \sum_{i=1}^{k}(x_i - \overline{x})^4 f_i = \frac{34}{5}, \quad v(X) = 2, \quad d(X)^4 = 4.$$

Entonces,

$$g_2(X) = \frac{34}{20} - 3 = -\frac{26}{20} = -1{,}3,$$

concluyendo que efectivamente es una distribución platicúrtica.

4. Estadística descriptiva bidimensional. Regresión lineal

4.1. Tablas de doble entrada

De la misma manera que a partir de una población se puede tomar una muestra de tamaño n para observar una variable, es posible observar varias variables para cada individuo de la muestra. Si observamos r variables $(X_1, ..., X_r)$, obtendremos para cada individuo un vector de r valores correspondientes a los valores de cada una de las variables para ese individuo. A $\overrightarrow{X} := (X_1, ..., X_r)$ se le llama **vector** o **variable estadística r-dimensional**. A la variable (unidimensional) X_k se la denomina la **componente k-ésima** del vector. Así, nuestros datos ahora serán de la forma $(x_{11}, ..., x_{1r}), ..., (x_{n1}, ..., x_{nr})$, donde x_{ij} denota el valor de la variable X_j para el individuo i-ésimo de la muestra. Si tenemos solamente dos variables, es más usual la representación (X, Y) en lugar de (X_1, X_2). En este capítulo trataremos el caso bidimensional, pero el estudio para tres o más variables se realiza análogamente.

El interés de estudiar varias variables simultáneamente radica en que es posible que los valores de las variables estén relacionados entre sí, de forma que los valores de una variable nos den información sobre los valores de otra u otras variables.

Ejemplo 44.
Consideremos nuevamente el ejemplo de las crías de conejo del capítulo anterior. En dicho capítulo habíamos estudiado el número de crías de 35 camadas. Supongamos ahora que observamos también el número de crías vivas después de dos meses. En este caso tenemos dos variables: $X \equiv$ número de crías, e $Y \equiv$ número de crías vivas dos meses

https://dx.doi.org/10.5209/docm.003.04
Estadística Básica. Pedro Miranda Menéndez. © Ediciones Complutense, 2025.

después. Para la camada i-ésima tenemos entonces dos valores (x_i, y_i).
Supongamos que los valores que tenemos son los que aparecen en la tabla
4.1.

Camada	1	2	3	4	5	6	7	8	9	10	11	12
X	0	1	2	3	4	6	0	1	2	3	4	6
Y	0	0	1	2	4	4	0	1	1	3	3	5
Camada	13	14	15	16	17	18	19	20	21	22	23	24
X	1	2	3	4	6	2	3	4	6	2	3	4
Y	0	0	2	3	4	2	3	3	6	1	1	2
Camada	25	26	27	28	29	30	31	32	33	34	35	
X	6	2	3	2	3	2	3	2	3	2	3	
Y	4	1	3	1	2	0	3	1	2	0	3	

Tabla 4.1. Datos correspondientes al ejemplo 44.

Nótese que en el ejemplo anterior no tenemos 70 datos, sino que tenemos 35 pares de datos, que son los 35 datos correspondientes al número de crías inicialmente y los 35 datos correspondientes al número de crías vivas dos meses después; en definitiva, siempre el número de datos es n (número de individuos) y no $2n$.

El primer problema que nos planteamos es el de obtener una representación tabular de los datos. Podríamos considerar los distintos pares que aparecen y actuar como en el caso unidimensional, pero esto trae varios problemas:

- Las modalidades no pueden ordenarse de menor a mayor de manera natural y esto hace que la representación no sea tan clara, incluso aunque las dos componentes sean cuantitativas. Así, si tenemos los resultados $(0,1)$ y $(1,0)$, no tenemos ninguna razón para suponer que el primero de ellos es menor que el segundo. En consecuencia, habría que tratar la variable bidimensional como una variable cualitativa. Sin embargo, en muchas ocasiones nos va a interesar estudiar valores numéricos de cada componente, y esta forma de actuar complicaría el tratamiento.

- En muchas ocasiones, interesa estudiar las variables por separado, además de las relaciones que existen entre ellas, y esto no puede hacerse de forma eficaz a partir de la tabla de frecuencias.

Por ello, se plantea otra representación tabular más apropiada, la **tabla de doble entrada**. Esta tabla se construye de la siguiente manera: Se hace un cuadro en el que en la primera columna y la primera fila (que serán la columna y la fila 0) se dan las modalidades de las variables X e Y respectivamente, en orden creciente si es posible. Si la variable X tiene r modalidades diferentes y la variable Y tiene s modalidades diferentes, se obtiene una tabla de r filas y s columnas. En el cuadro intersección de cada fila y cada columna se da la frecuencia (absoluta o relativa) del par correspondiente; si es el valor correspondiente a la modalidad i-ésima de la variable X y la modalidad j-ésima de la variable Y, se denota este valor por n_{ij} en el caso de frecuencias absolutas y f_{ij} para las frecuencias relativas. Dicho de otra manera, el número o proporción de individuos de la muestra para los que simultáneamente X vale x_i e Y vale y_j aparece en la posición (i, j) de la tabla. Tendremos entonces $r \times s$ valores.

Una vez obtenida esta tabla, se añaden una última fila y una última columna. En ellas se dan los valores suma de todos los valores de la columna o fila correspondiente. Denotaremos esos valores por $n_{1.}, ..., n_{r.}$ para las filas y por $n_{.1}, ..., n_{.s}$ para las columnas. Por ejemplo, si consideramos frecuencias absolutas, en el primer valor de la última columna, se da el valor

$$n_{1.} = n_{11} + n_{12} + ... + n_{1s}.$$

De la misma manera, en el primer valor de la última fila aparece el valor

$$n_{.1} = n_{11} + n_{21} + ... + n_{r1}.$$

Si utilizamos frecuencias relativas en lugar de absolutas, los valores anteriores se denotan por $f_{1.}$ y $f_{.1}$, respectivamente. En la posición intersección de estas dos columnas se da el valor n (también denotado por $n_{..}$) si hemos utilizado frecuencias absolutas, o 1 si hemos utilizado frecuencias relativas. Nótese que

$$n = n_{1.} + ... + n_{r.} = n_{.1} + ... + n_{.s},$$

es decir, que este valor sigue el mismo criterio que se utilizó en la construcción de los otros valores de esta última fila y columna.

Ejemplo 45. *(Continuación del ejemplo 44)*

En nuestro caso, la tabla de doble entrada con frecuencias absolutas se da en la tabla 4.2.

$X\backslash Y$	0	1	2	3	4	5	6	
0	2	0	0	0	0	0	0	2
1	2	1	0	0	0	0	0	3
2	3	6	1	0	0	0	0	10
3	0	1	4	5	0	0	0	10
4	0	0	1	3	1	0	0	5
6	0	0	0	0	3	1	1	5
	7	8	6	8	4	1	1	35

Tabla 4.2. Tabla de doble entrada con frecuencias absolutas para los datos del ejemplo 44.

Con frecuencias relativas la tabla de doble entrada sería la dada en la tabla 4.3.

$X\backslash Y$	0	1	2	3	4	5	6	
0	2/35	0	0	0	0	0	0	2/35
1	2/35	1/35	0	0	0	0	0	3/35
2	3/35	6/35	1/35	0	0	0	0	10/35
3	0	1/35	4/35	5/35	0	0	0	10/35
4	0	0	1/35	3/35	1/35	0	0	5/35
6	0	0	0	0	3/35	1/35	1/35	5/35
	7/35	8/35	6/35	8/35	4/35	1/35	1/35	1

Tabla 4.3. Tabla de doble entrada con frecuencias relativas para los datos del ejemplo 44.

Como se ve en las tablas anteriores, tenemos casillas con valor 0. En las tablas de doble entrada no es extraño que esto suceda. Al contrario que en el caso unidimensional en el que intentábamos evitar esta situación, esta información sí es relevante para el caso bidimensional, puesto que nos indica combinaciones de modalidades de X e Y que aunque puedan haber aparecido por separado en la muestra, no han aparecido en un mismo dato.

Nótese también que a partir de esta tabla es posible obtener conclusiones sobre posibles relaciones entre las variables. Por ejemplo, parece que cuando X es grande, hay una tendencia a que Y sea grande, porque los valores más alejados de la diagonal son nulos y casi todos los datos se identifican con modalidades que están cerca de esa diagonal.

En el caso de que alguna de las componentes del par sea continua o tome muchos valores diferentes obtendríamos, como pasaba en el caso unidimensional, una tabla muy grande en la que la mayor parte de los valores serían cero. Al igual que en el caso unidimensional, esto resta visibilidad a la tabla. Para evitar este problema, las modalidades de estas componentes se agrupan en clases, de la misma manera que en el caso unidimensional y tratando cada una de ellas por separado. Las distintas clases se tratan como si fuesen las modalidades de la variable.

Ejemplo 46.

Supongamos que estamos estudiando los individuos de una población de estudiantes. Se han seleccionado al azar 16 estudiantes sobre los que se ha medido el peso (X) y la altura (Y), obteniéndose los datos que aparecen en la tabla 4.4.

Individuo	1	2	3	4	5	6	7	8
X	68	72	69	83	60	63	90	86
Y	1.7	1.8	1.75	1.84	1.65	1.64	1.86	1.94
Individuo	9	10	11	12	13	14	15	16
X	60	67	76	74	73	86	80	63
Y	1.6	1.70	1.76	1.72	1.81	1.92	1.95	1.61

Tabla 4.4. Datos correspondientes al ejemplo 46.

En este caso, agrupando X en las clases

$$[1{,}6, 1{,}7), [1{,}7, 1{,}8), [1{,}8, 1{,}9), [1{,}9, 2)$$

e Y en las clases

$$[59{,}5, 69{,}5), [69{,}5, 79{,}5), [19{,}5, 89{,}5), [89{,}5, 99{,}5),$$

se obtiene la tabla de doble entrada dada en la tabla 4.5.

$X\backslash Y$	$[1{,}60, 1{,}70)$	$[1{,}70, 1{,}80)$	$[1{,}80, 1{,}90)$	$[1{,}90, 2{,}00)$	
$[59{,}5, 69{,}5)$	4	3	0	0	7
$[69{,}5, 79{,}5)$	0	2	2	0	4
$[79{,}5, 89{,}5)$	0	0	1	3	4
$[89{,}5, 99{,}5)$	0	0	1	0	1
	4	5	4	3	16

Tabla 4.5. Tabla de doble entrada con datos agrupados para ambas variables de los datos del ejemplo 46.

Nótese que se han tomado cuatro clases para cada componente y no dos clases para cada una de forma que en total haya cuatro clases. Esto es debido a que tenemos 16 datos para cada componente.

4.2. Diagramas de dispersión

Pasemos ahora a las representaciones gráficas de una variable bidimensional. De entre todas las representaciones de distribuciones bidimensionales que existen, nosotros trataremos solo los **diagramas de dispersión**, que nos serán de utilidad en la segunda parte del tema, la dedicada a regresión lineal.

Esta representación necesita que las dos componentes del par sean cuantitativas. Está especialmente pensada para cuando ambas componentes son continuas o, al menos, no haya pares repetidos. Consiste en situar en dos ejes coordenados los distintos puntos de la muestra; es decir, la observación muestral (x_i, y_i) se representa por el punto (x_i, y_i). Si tenemos muchos datos esta representación adopta la forma de una nube, de ahí que se llame también *nube de puntos*.

Ejemplo 47.

Consideremos la situación en la que se está estudiando la eficacia de dos métodos para medir el rendimiento de un medicamentos, los métodos X e Y. Para ello se selecciona al azar un grupo de individuos que están tomando el medicamento, y se mide con ambos métodos el rendimiento. Las mediciones obtenidas vienen dadas en la tabla 4.6.

Individuo	1	2	3	4	5	6	7	8	9	10
X	1.9	0.8	1.1	0.1	-0.1	4.4	4.6	1.6	5.5	3.4
Y	0.7	-1.0	-0.2	-1.2	-0.1	3.4	0.0	0.8	3.7	2

Tabla 4.6. Mediciones del rendimiento de un medicamento según los métodos X e Y para 10 individuos.

El correspondiente diagrama de dispersión viene dado en la figura 4.1.

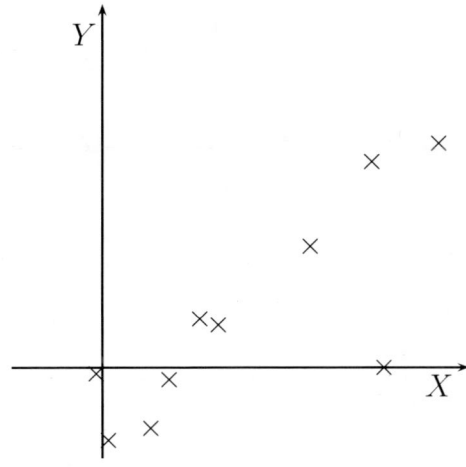

Figura 4.1. Diagrama de dispersión correspondiente a los datos del ejemplo 47.

Esta representación no solo indica el comportamiento de cada componente (sin más que ver sus valores en los ejes coordenados), sino que da una idea de posibles relaciones entre las mismas.

Ejemplo 48. *(Continuación del ejemplo 47)*

En este ejemplo, la disposición de los puntos en el diagrama de dispersión parecen indicar que hay una tendencia a que valores grandes de X conduzcan a valores grandes de Y.

Aunque es raro que aparezcan puntos repetidos, en el caso de que la observación (x, y) se repita p veces, junto al punto (x, y) se escribe en ocasiones el valor p.

Queda la situación en que alguna variable o ambas están agrupadas en clases. Supongamos en particular que ambas variables están agrupadas en clases. Entonces, si solo tenemos la tabla de doble entrada, no conocemos los valores de cada dato, sino que sabemos en qué intervalo está el valor de X y en qué intervalo está el correspondiente valor de Y. Si representamos cada combinación de clases, entonces tendremos una serie de rectángulos. Consideremos la clase i de la variable X, que viene dada por el intervalo (a, b) y la clase j de la variable Y, que vendrá dada por otro intervalo (c, d). La tabla de doble entrada nos indicará entonces que en el rectángulo de vértices $(a, c), (a, d), (b, c), (b, d)$ (esto se suele escribir matemáticamente como el rectángulo $(a, b) \times (c, d)$) hay n_{ij} datos, pero no sabemos exactamente dónde se sitúan esos puntos. Como al agrupar en clases asumimos que los valores se distribuyen de forma uniforme en cada clase, lo que se hace en esta situación es dibujar n_{ij} puntos en el rectángulo, procurando que dichos puntos estén uniformemente distribuidos en toda la superficie.

Ejemplo 49. *(Continuación del ejemplo 46)*

En este caso, el diagrama de dispersión sería el que aparece en la figura 4.2.

4.3. Distribuciones marginales y condicionadas

En muchas ocasiones no nos interesa toda la información que nos da el vector estadístico, sino solamente una parte del mismo. En esta sección veremos dos distribuciones unidimensionales que tienen gran importancia derivadas de la distribución bidimensional.

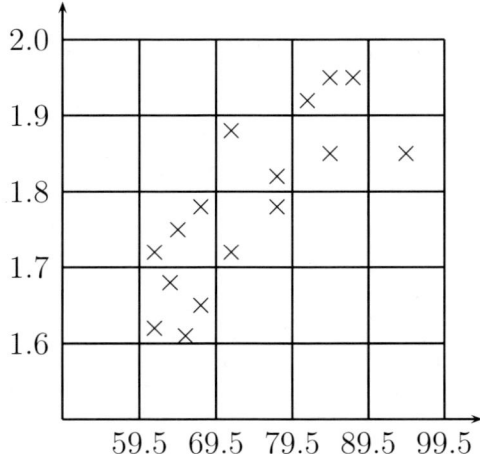

Figura 4.2. Diagrama de dispersión correspondiente a la distribución agrupada del ejemplo 46.

4.3.1. Distribuciones marginales

En este caso, suponemos que no nos interesa el resultado de una de las variables del vector, sino que solo nos interesan los resultados de uno de ellos. Por ejemplo, en el caso del número de las crías de conejo, puede interesarnos estudiar el número de crías inicialmente; en este caso, solo nos interesa la información proporcionada por la primera componente del par. Por tanto, podríamos obviar los datos referentes a la segunda componente y trabajar solamente con los datos muestrales correspondientes a la primera. Así, tendríamos la situación

$$(x_1, y_1) \rightarrow x_1, \quad (x_2, y_2) \rightarrow x_2, \ldots$$

Ejemplo 50. *(Continuación del ejemplo 44)*

En el caso de las crías de conejo, tenemos la situación de la tabla 4.7.

Así, tenemos la muestra

(0,0)	(1,0)	(2,1)	...
↓	↓	↓	...
0	1	2	...

Tabla 4.7. Obtención de datos cuando solo interesan los datos de X para los datos del ejemplo 44.

$$
\begin{array}{cccccccccccccccccc}
0 & 1 & 2 & 3 & 4 & 6 & 0 & 1 & 2 & 3 & 4 & 6 & 1 & 2 & 3 & 4 & 6 & 2 \\
3 & 4 & 6 & 2 & 3 & 4 & 6 & 2 & 3 & 2 & 3 & 2 & 3 & 2 & 3 & 2 & 3 &
\end{array}
$$

que corresponde a los valores muestrales de la primera componente.

Tendremos entonces una variable unidimensional, que se llama **distribución marginal**. En el caso de una distribución bidimensional tendremos dos distribuciones marginales (una para cada componente).

Como las distribuciones marginales son variables unidimensionales, podemos realizar el mismo estudio que se había realizado en el tema anterior. Por ejemplo, podemos construir la tabla de frecuencias. Esto puede hacerse directamente, considerando los datos muestrales, pero también puede hacerse más rápidamente a partir de la tabla de doble entrada. Consideremos la distribución marginal de X. Sea la modalidad x_i; el número de veces que X toma el valor x_i será el número de veces que X toma el valor x_i e Y toma el valor y_1, que es n_{i1}, más el número de veces que X toma el valor x_i e Y toma el valor y_2, que es n_{i2}, y seguir añadiendo las correspondientes cantidades para todas las modalidades de Y. En otras palabras, la frecuencia marginal de la modalidad x_i viene dada por

$$
n_{i1} + ... + n_{is} = \sum_{j=1}^{s} n_{ij},
$$

y precisamente este era el valor $n_{i.}$ que aparecía en la última columna de la tabla de doble entrada. Por tanto, esta columna nos da los valores de las frecuencias marginales de la primera componente. De la misma manera, los valores de la distribución marginal de Y vienen dados en la última fila de la tabla de doble entrada.

Ejemplo 51. *(Continuación del ejemplo 44)*

En nuestro ejemplo de las crías de conejo, las dos distribuciones marginales vienen dadas en las tablas 4.8 y 4.9.

x_i	0	1	2	3	4	6
$n_{i.}$	2	3	10	10	5	5

Tabla 4.8. Distribución marginal de X para los datos del ejemplo 44.

y_j	0	1	2	3	4	5	6
$n_{.j}$	7	8	6	8	4	1	1

Tabla 4.9. Distribución marginal de Y para los datos del ejemplo 44.

Análogamente, para cada componente se puede calcular su media, varianza... Por ejemplo, en términos de las frecuencias marginales, las fórmulas de las medias marginales vienen dadas por:

$$\overline{x} = \frac{\sum_{i=1}^{r} x_i n_{i.}}{n}, \qquad \overline{y} = \frac{\sum_{j=1}^{s} y_j n_{.j}}{n}.$$

Ejemplo 52. *(Continuación del ejemplo 47)*

En el caso del ejemplo de las mediciones de la eficacia de un medicamento se tiene

$$\overline{x} = \frac{1{,}9 + ... + 3{,}4}{10} = 2{,}33, \qquad \overline{y} = \frac{0{,}7 + ... + 2}{10} = 0{,}81.$$

$$\overline{x^2} = \frac{3{,}61 + ... + 11{,}56}{10} = 9{,}037. \Rightarrow v(X) = 9{,}037 - 2{,}33^2 = 3{,}6081,$$

$$\overline{y^2} = \frac{0{,}49 + ... + 4}{10} = 3{,}287 \Rightarrow v(Y) = 3{,}287 - 0{,}81^2 = 2{,}6309.$$

Este mismo estudio puede hacerse en el caso de que alguna de las componentes del par esté agrupada en intervalos.

4.3.2. Distribuciones condicionadas

Supongamos ahora que lo que nos interesa es cómo se comporta una de las componentes cuando el valor que toma la otra componente está fijado; por ejemplo, supongamos que lo que nos interesa es ver cómo se comporta la evolución de las crías de la camada cuando la camada inicial era de dos crías.

En situaciones como esta, no nos interesan todos los datos, sino solo aquellos que verifican la condición; en nuestro caso, solo nos interesan los datos en los que $X = 2$; es decir, los datos que nos interesan son los pares en que $x_i = 2$. Estos pares son los que aparecen en la tabla 4.10.

Camada	3	9	14	18	22	26	28	30	32	34
X	2	2	2	2	2	2	2	2	2	2
Y	1	1	0	2	1	1	1	0	1	0

Tabla 4.10. Datos que se utilizan para el ejemplo 44 cuando $X = 2$.

Más aún, lo que en realidad nos interesa de los datos seleccionados es el valor de la componente cuyo valor no está fijado (aquella que no condiciona), puesto que los valores de la otra variable ya están fijados. Nótese que entonces esta distribución es una distribución unidimensional.

Ejemplo 53. *(Continuación del ejemplo 44)*

En nuestro caso, si condicionamos por $X = 2$, tenemos que considerar solo los datos que verifican esta condición. Como el valor de X queda fijado, observamos solamente los valores de la segunda componente, con lo que la nueva muestra sería

$$1, 1, 0, 2, 1, 1, 1, 0, 1, 0.$$

Si queremos estudiar la distribución de X cuando $Y = y_j$ se dice que queremos hallar la **distribución condicionada de X por $Y = y_j$**. De la misma forma podemos tratar el caso de la distribución condicionada de Y por $X = x_i$, que es la que se consideró en el ejemplo anterior. Para determinar la distribución del primer caso, basta considerar la primera componente de los datos en que $Y = y_j$. Esto, como en el caso de las distribuciones marginales, puede hacerse directamente a partir de los datos, tal y como se hizo en el ejemplo anterior, pero también puede hacerse a partir de la tabla de doble entrada. Para ello basta notar que los datos que consideramos ahora (en los que $Y = y_j$) son exactamente los datos que están en la columna j-ésima. Así, la distribución condicionada toma las mismas modalidades que X y tiene como frecuencia de x_i el valor n_{ij}. Nótese que en este caso el tamaño de muestra es $n_{.j}$. En el caso de tener frecuencias relativas, el problema es ligeramente más complicado; en este caso la frecuencia relativa no es f_{ij} sino $\frac{f_{ij}}{f_{.j}}$, pues es necesario que la suma de frecuencias relativas de la distribución condicionada sea 1. De esta manera puede construirse la tabla de frecuencias y a partir de ella podemos realizar todos los cálculos realizados en el capítulo anterior.

Ejemplo 54. *(Continuación del ejemplo 44)*

Para el ejemplo anterior, la distribución condicionada por $X = 2$ en términos de frecuencias absolutas viene dada en la tabla 4.11.

$y_{j/3}$	0	1	2	
$n_{j/3}$	3	6	1	10

Tabla 4.11. Distribución condicionada por $X = 2$ para la distribución bidimensional del ejemplo 44 en términos de frecuencias absolutas.

La distribución condicionada, en términos de frecuencias relativas viene dada en la tabla 4.12.

$y_{j/3}$	0	1	2
$f_{j/3}$	$\frac{3}{10} = 0.3$	$\frac{6}{10} = 0.6$	$\frac{1}{10} = 0.1$

Tabla 4.12. Distribución condicionada por $X = 2$ para la distribución bidimensional del ejemplo 44 en términos de frecuencias relativas.

En el caso en que la variable que condiciona esté agrupada en clases, se condiciona por una clase y se hace análogamente al caso anterior.

Ejemplo 55. *(Continuación del ejemplo 46)*

En el ejemplo de las alturas y pesos de los alumnos, supongamos que solo estamos interesados en estudiar las alturas de los alumnos con peso en el intervalo [59,5, 69,5)*. En este caso estamos condicionando por* $X \in [59,5, 69,5)$*, y se obtendría la distribución de alturas que aparece en la tabla 4.13.*

$y_{j/1}$	$[1,6, 1,7)$	$[1,7, 1,8)$
$n_{j/1}$	4	3

Tabla 4.13. Distribución condicionada por $Y \in [59,5, 69,5]$ para la distribución bidimensional del ejemplo 46.

Finalmente, no es necesario condicionar por un solo valor de la variable, sino que puede considerarse cualquier condición. Por ejemplo, para el ejemplo 44 podemos considerar que X sea al menos 2, o que X tome valores entre 2 y 4, ambos incluidos. En estos casos el procedimiento es igual: Se consideran los datos en los que esta condición es cierta, que serán una o varias filas de la tabla de doble entrada, y luego nos quedamos solamente con los valores de esos datos correspondientes a la segunda variable.

4.4. La covarianza

Pasemos ahora a dar un valor que mida la relación entre las componentes. La covarianza es uno de los llamados *momentos bidimensionales*. Este momento se aplicará en la parte de regresión lineal. Solo tiene sentido su aplicación en el caso de que ambas componentes del par sean cuantitativas.

Sea la variable bidimensional (X, Y). Se define la **covarianza** entre X e Y, y se denota $cov(X, Y)$ como el valor

$$\boxed{cov(X, Y) := \overline{(x - \overline{x})(y - \overline{y})},}$$

donde $\overline{x}$ e $\overline{y}$ se refieren a las medias marginales de cada componente. Veamos cómo se desarrolla esta expresión en cada caso.

Si tenemos la muestra $(x_1, y_1), ..., (x_n, y_n)$, se tiene que

$$cov(X, Y) = \frac{\displaystyle\sum_{i=1}^{n}(x_i - \overline{x})(y_i - \overline{y})}{n}$$
$$= \frac{(x_1 - \overline{x})(y_1 - \overline{y}) + ... + (x_n - \overline{x})(y_n - \overline{y})}{n}.$$

Esta es la expresión que usaremos con más frecuencia, puesto que es la que se usa casi siempre en regresión lineal.

Supongamos que X toma los valores $x_1, ..., x_r$ e Y toma los valores $y_1, ..., y_s$, y tal que la frecuencia absoluta del par (x_i, y_j) es n_{ij}. Es decir, supongamos que tenemos la tabla de doble entrada. Entonces, la fórmula anterior se puede escribir como

$$cov(X, Y) = \frac{\displaystyle\sum_{i=1}^{r}\sum_{j=1}^{s}(x_i - \overline{x})(y_j - \overline{y})n_{ij}}{n}$$
$$= \frac{(x_1 - \overline{x})(y_1 - \overline{y})n_{11} + ... + (x_r - \overline{x})(y_s - \overline{y})n_{rs}}{n}.$$

Si utilizamos las frecuencias relativas f_{ij} de cada par, entonces la expresión anterior se escribe como

$$cov(X, Y) = \sum_{i=1}^{r}\sum_{j=1}^{s}(x_i - \overline{x})(y_j - \overline{y})f_{ij}$$
$$= (x_1 - \overline{x})(y_1 - \overline{y})f_{11} + ... + (x_r - \overline{x})(y_s - \overline{y})f_{rs}.$$

Al contrario de lo que pasaba con la varianza, es interesante notar que la covarianza puede ser negativa.

Al igual que la varianza, la covarianza puede calcularse alternativamente como

$$cov(X, Y) = \overline{xy} - \overline{x} \times \overline{y},$$

donde

$$\overline{xy} = \frac{x_1 y_1 + ... + x_n y_n}{n},$$

si tenemos los datos en forma de muestra $(x_1, y_1), ..., (x_n, y_n)$,

$$\overline{xy} = \frac{x_1 y_1 n_{11} + x_1 y_2 n_{12} + ... + x_2 y_1 n_{21} + x_2 y_2 n_{22} + ... + x_r y_s n_{rs}}{n},$$

si tenemos los datos en forma de tabla de doble entrada con frecuencias absolutas o si utilizamos frecuencias relativas,

$$\overline{xy} = x_1 y_1 f_{11} + x_1 y_2 f_{12} + ... + x_2 y_1 f_{21} + x_2 y_2 f_{22} + ... + x_r y_s f_{rs}.$$

Ejemplo 56. *(Continuación del ejemplo 47)*

En el ejemplo de las dos formas de medir la eficacia de un medicamento, se tendrían los siguientes resultados: $\overline{x} = 2{,}33, \overline{y} = 0{,}81$, que ya fueron hallados anteriormente en el ejemplo 52. Entonces, ahora se tiene

$$\overline{xy} = \frac{1{,}9 \cdot 0{,}7 + ... + 3{,}4 \cdot 2}{10} = \frac{43{,}59}{10} = 4{,}359.$$

Luego la covarianza vale

$$cov(x, y) = 4{,}359 - 2{,}33 \cdot 0{,}81 = 2{,}4717.$$

En el caso de que alguna de las componentes esté agrupada en clases, se utilizan las marcas de clase.

Ejemplo 57. *(Continuación del ejemplo 46)*

En este ejemplo, se tendrían los siguientes resultados:

$$\overline{x} = \frac{64{,}5 \times 7 + 74{,}5 \times 4 + 84{,}5 \times 4 + 94{,}5 \times 1}{16} = 73{,}875,$$

$$\overline{y} = \frac{1{,}65 \times 4 + 1{,}75 \times 5 + 1{,}85 \times 4 + 1{,}95 \times 3}{16} = 1{,}7875.$$

Entonces, ahora se tiene

$$\overline{xy} = \frac{64{,}5 \cdot 1{,}65 \cdot 4 + ... + 94{,}5 \cdot 1{,}85 \cdot 1}{16} = \frac{2126{,}2}{16} = 132{,}89.$$

Luego la covarianza vale

$$cov(X, Y) = 132{,}89 - 73{,}875 \cdot 1{,}7875 = 0{,}84.$$

La covarianza da una medida de la relación entre los valores de las componentes del par. Supongamos que existe una cierta tendencia a que valores grandes (consideramos grandes si son superiores a la media marginal) de la primera variable aparecen en pares en que los valores de la segunda componente son también grandes; y recíprocamente, existe una tendencia a que valores pequeños de la primera variable (menores que la media marginal) aparezcan en pares en que los valores de la segunda componente sean también pequeños; en este caso decimos que existe una **relación directa** entre las dos componentes. En este caso, si observamos la expresión de la covarianza, veremos que hay una tendencia a términos de valor positivo, en el sentido de que cuando tenemos el par (x_i, y_i) tal que x_i sea grande, el valor $(x_i - \overline{x})$ será positivo, y también lo será casi siempre $(y_i - \overline{y})$ por lo que el producto será positivo. De la misma manera, si en el par (x_i, y_i) tenemos que x_i es pequeño, el valor $(x_i - \overline{x})$ será negativo, y también lo será casi siempre $(y_i - \overline{y})$ por lo que el producto será positivo. De esta forma, casi todos los términos de la covarianza serán positivos y entonces la covarianza tomará un valor positivo.

Análogamente, si hay tendencia a que valores grandes de la primera variable aparezcan en pares en que los valores de la segunda componente son pequeños; y valores pequeños de la primera variable en pares en que los valores de la segunda componente son grandes, decimos que existe una **relación inversa** entre las dos componentes. Si observamos la expresión de la covarianza, veremos que en este caso la covarianza toma un valor negativo. Los diagramas de dispersión de las relaciones directa e inversa se pueden ver en la figura 4.3.

Ejemplo 58. *(Continuación del ejemplo 47)*

En el ejemplo de la medida de la eficacia de los medicamentos, ya habíamos visto en el diagrama de dispersión del ejemplo 47 que parecía haber una tendencia a que valores grandes de X se correspondían con valores grandes de Y. Es decir, parece existir una relación directa. Esto se comprueba con el valor de la covarianza que hemos hallado en el ejemplo 57, que es positivo.

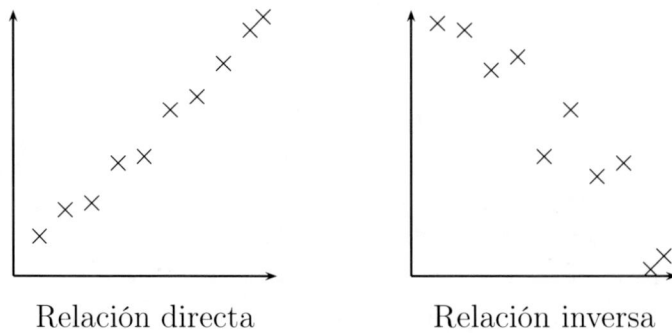

Relación directa   Relación inversa

Figura 4.3. Representación gráfica de relaciones directas e inversas.

Es importante notar que si las variables no están relacionadas entre sí (son *independientes*), entonces la covarianza se anula. Sin embargo, si la covarianza se anula, esto no significa que las variables no estén relacionadas, tal y como se puede ver gráficamente en la figura 4.4.

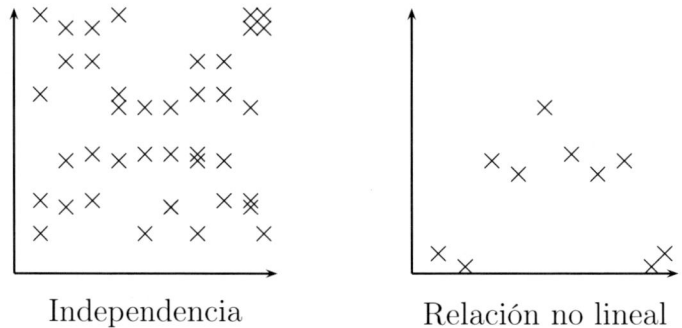

Independencia   Relación no lineal

Figura 4.4. Ejemplos en los que la covarianza se anula.

4.5. Regresión lineal

Veamos ahora el modelo más sencillo de regresión. La regresión es una de las técnicas más importantes de la estadística. Se aplica en multitud de situaciones prácticas y por ello es importante tener claro su funcionamiento general.

Supongamos que tenemos una población en la que se están estudiando dos características cuantitativas. Entonces nosotros tendremos una muestra de tamaño n dada por (x_1, y_1), ..., (x_n, y_n). Supongamos ahora que nosotros creemos que estas dos características pueden estar relacionadas. Por ejemplo, parece lógico suponer que una persona alta va a tener más peso que una persona baja. El objetivo de la regresión es estudiar esta relación y poder luego hacer predicciones sobre otros valores. Así, en nuestro ejemplo, podemos preguntarnos cuál sería el peso normal de una persona de 1.80 m sin tener que buscar una persona en estas condiciones. Lógicamente, estas predicciones estarán sujetas a error, ya que no todas las personas de la misma altura tienen exactamente el mismo peso. En general, en nuestras predicciones tenemos que tener en cuenta que habrá un error debido a la aleatoriedad o por deficiencias del modelo, y el valor predicho será una aproximación del valor lógico o esperado.

Ejemplo 59. *(Continuación del ejemplo 47)*

Consideremos el ejemplo de las mediciones de la eficacia de un medicamento. Parece lógico que exista una relación entre las variables X e Y, ya que si un individuo tiene una medida alta para uno de los métodos de medición, es de esperar que también tenga una medición alta para el otro método.

Hay dos aspectos que es importante tener en cuenta cuando se considera un modelo de regresión:

- *A priori* se espera que exista una relación entre las componentes, es decir, nosotros pensamos que el conocer el valor de una de las variables nos da una información sobre cómo es el valor para la otra variable. No estamos pensando en que el modelo siempre obtenga el valor correcto, pero sí a que haya una cierta tendencia. Por ejemplo, no todos los individuos altos pesan mucho, pero pensamos que hay una tendencia a que pesen más que los individuos bajos.

  Sin embargo, desde un punto de vista numérico, nosotros estamos hallando una fórmula numérica entre las dos variables. Esto significa que se pueden encontrar relaciones muy buenas matemáticamente entre variables que no tengan ninguna relación real, simplemente porque sus valores numéricos están ordenados de manera lineal por puro azar o porque exista una tercera variable que influya sobre ambas. Por ejemplo, se puede comprobar que hay una relación numérica casi perfecta entre el número de asnos salvajes y el presupuesto del Ministerio de Educación y Ciencia, mientras que lo que ocurre realmente es que es la variable tiempo la que influye sobre el número de asnos (cada vez hay menos) y sobre el presupuesto del Ministerio de Educación y Ciencia (cada vez es mayor).

- Supongamos que hemos hallado un modelo de regresión que nos da predicciones para Y conocido el valor de X. Hay que tener en cuenta que las predicciones que se pueden realizar sobre Y deben corresponder a valores de X entre el mínimo y el máximo valor de X en la muestra. Si nos salimos de este intervalo las predicciones ya no son fiables pues es posible que la relación cambie fuera del intervalo y esto conduciría a conclusiones erróneas. Por ejemplo, si estudiamos la cantidad de luz en el mar en función de la profundidad y tenemos profundidades pequeñas, es posible que al intentar predecir la luminosidad de una profundidad grande se obtenga un valor negativo, que es imposible.

Si creemos que existe una relación entre las variables, el siguiente paso es buscar un modelo para encontrar dicha relación. Nosotros buscamos una relación matemática entre X e Y del tipo $Y \approx f(X)$. En general no vamos a tener una igualdad porque esto implicaría que hay una relación total entre las variables y entonces no tendríamos dos variables, sino solamente una escrita de dos formas diferentes. De esta forma, lo que tenemos nosotros es una fórmula del tipo

$$Y = h(X) + \epsilon(X),$$

donde ϵ se llama *error aleatorio* y es una función que mide el error que puede aparece debido a que tenemos fenómenos aleatorios. Es lo que ocurre por ejemplo entre altura y peso, donde individuos con la misma altura no tienen exactamente el mismo peso.

Hallar la función h en las condiciones anteriores no es sencillo. Por ello, lo que se hace es fijar *a priori* qué tipo de función es h. Por ejemplo, podemos suponer que h sea un polinomio de grado 3, o que h sea una función exponencial. En el caso en que tengamos dos variables, una forma gráfica de ver el tipo de relación es a partir del diagrama de dispersión.

Ejemplo 60. *(Continuación del ejemplo 47)*

Observando el diagrama de dispersión, parece que el modelo lineal, es decir, una función del tipo

$$f(X) = aX + b,$$

aproxima bastante bien esta relación.

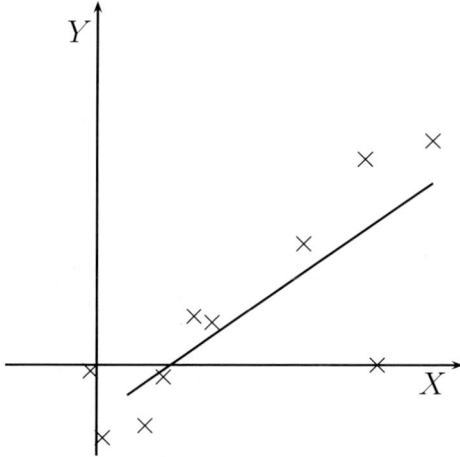

Figura 4.5. Determinación gráfica del tipo de relación entre las dos variables del ejemplo 47.

Entonces, si llamamos f a esa función del tipo fijado, esperamos que se tenga una relación del tipo

$$Y = f(X) + e(X).$$

Debe tenerse en cuenta que en general f no coincide con h ni e coincide con ϵ y, por supuesto, es posible que escojamos un modelo que no sea el adecuado, en el sentido de que los errores que se cometen al aplicarlo sean muy grandes. En la próxima sección veremos cómo decidir si un modelo es bueno o, por el contrario, no aproxima bien la relación.

Por otra parte, es posible que tengamos varios modelos que funcionen bien para los datos que tenemos. Por ejemplo, puede ser que las relaciones

$$Y = lnX + X^{15} - tgX - e^X, \quad Y = X^4 - 2X^3 + 3X^2 + 10X - 4,$$

sean buenas aproximaciones de la relación entre X e Y. En general, nosotros queremos encontrar la relación más sencilla que nos dé buenos resultados.

En esta sección, nosotros tomaremos un modelo lineal

$$Y = aX + b,$$

que es el más sencillo y además es fácilmente interpretable. Sin embargo, todos los desarrollos que haremos a continuación valen para cualquier otro modelo, y la dificultad de otros modelos radicará en resolver los sistemas de ecuaciones que determinan el modelo.

Consideremos entonces una variable bidimensional (X, Y) de la que se tiene una muestra aleatoria simple de tamaño n que viene dada por $(x_1, y_1), ..., (x_n, y_n)$. Nosotros queremos encontrar la recta que mejor se aproxime a estos datos, es decir, la recta

$$Y^* = aX + b,$$

de forma que Y^* sea «lo más próxima posible» a Y para los elementos de la muestra. Tenemos entonces que decidir cuáles son los valores de a y b en la expresión anterior. Una vez fijados esos valores de a y b, por ejemplo $a = 3, b = 1$ podemos hacer predicciones sobre el valor de Y. Por ejemplo, si sabemos que $X = 4$, entonces nuestro modelo predice que el valor de Y será $3 \times 4 + 1 = 13$. Ahora bien, si cogemos un par de la muestra (x_i, y_i), nuestro modelo hace una predicción

$$y_i^* = ax_i + b,$$

y en realidad sabemos que para ese valor x_i el correspondiente valor de la variable Y es y_i. Entonces nosotros consideraremos que el modelo es bueno, es decir, que hemos escogido unos buenos valores para a y b si y_i^* e y_i son valores parecidos. Aunque hay diversos criterios para medir esta proximidad entre Y e Y^*, el criterio más habitual es el conocido como «criterio de mínimos cuadrados», que consiste en medir la distancia mediante $(Y - Y^*)^2$. Una representación gráfica del criterio de mínimos cuadrados se puede ver en la figura 4.6.

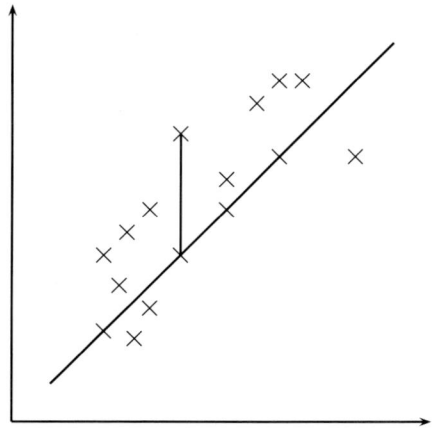

Figura 4.6. Interpretación gráfica del criterio de mínimos cuadrados.

Nótese que podríamos pensar en otros criterios alternativos a hallar las distancias en vertical, como por ejemplo considerar las distancias desde los puntos a la recta. La razón de considerar distancias entre la predicción y el valor real estriba una vez más en que nosotros no queremos que los valores de Y estén próximos a la recta del modelo, sino que la predicción sea buena, o sea, que Y e Y^* estén próximos. Y esto lo vamos a hacer para todos los puntos de la muestra. Nótese además que esta proximidad se mide con las diferencias al cuadrado para evitar compensaciones de diferencias positivas y negativas (lo mismo que ocurría por ejemplo con la definición de varianza). En definitiva, buscamos valores a, b de forma que se minimice la expresión

$$\sum_{i=1}^{n}(y_i - ax_i - b)^2.$$

Queremos entonces resolver el problema

$$\min_{a,b} \sum_{i=1}^{n}(y_i - ax_i - b)^2.$$

Si resolvemos este problema de minimización, se obtiene que la solución es

$$\boxed{a = \frac{cov(X,Y)}{v(X)}, \quad b = \overline{y} - \frac{cov(X,Y)}{v(X)}\overline{x}.}$$

Sustituyendo, la mejor recta viene dada por

$$\boxed{Y^* - \overline{y} = \frac{cov(X,Y)}{v(X)}(X - \overline{x}).}$$

Para que esta fórmula pueda aplicarse es necesario que $v(X) \neq 0$; nótese que si $v(X) = 0$, esto implica que X toma siempre el mismo valor y no tiene sentido ver cómo se comportan los valores de Y a partir de los valores de X, pues la componente X no aporta ninguna información.

Esta recta se conoce con el nombre de recta de **regresión de Y sobre** X. Análogamente, se puede calcular la recta de regresión de X sobre Y, en la que se intenta hacer predicciones sobre X conocido el valor de Y. En este caso tenemos que hallar los valores a, b tales que

$$\min_{a,b} \sum_{i=1}^{n}(x_i - ay_i - b)^2.$$

Ahora estamos midiendo las distancias entre x_i^* y x_i. Entonces, gráficamente estamos considerando las distancias en horizontal. Esto significa que no vamos a obtener los mismos valores que antes, puesto que la función a minimizar es diferente. Pero para hallar los valores de a, b no hace falta rehacer las cuentas, ya que basta intercambiar los valores de X e Y. De esta forma, esta recta viene dada por

$$\boxed{X^* - \overline{x} = \frac{cov(X,Y)}{v(Y)}(Y - \overline{y}).}$$

Hay que insistir, nuevamente, en que estas dos rectas no coinciden en general, pues en el primer caso estamos midiendo las diferencias «en vertical», mientras que en el segundo caso estamos midiendo las diferencias «en horizontal». La elección de una u otra recta dependerá de si deseamos predecir valores de la primera componente o de la segunda componente.

Ejemplo 61. *(Continuación del ejemplo 47)*

En el ejemplo de las medidas por dos métodos de la eficacia de un medicamento ya habíamos calculado en los ejemplos 47 y 57

$$\overline{x} = 2{,}33, \ \overline{y} = 0{,}81, \ \overline{x^2} = 9{,}064, \ v(X) = 3{,}6081,$$

$$\overline{xy} = 4{,}359, \ cov(X,Y) = 2{,}495.$$

Luego, la recta de regresión de Y sobre X es

$$Y^* - 0{,}81 = \frac{2{,}495}{3{,}6081}(X - 2{,}33) \Rightarrow Y^* - 0{,}81 = 0{,}69(X - 2{,}33).$$

4.6. Correlación

Una vez obtenidos los valores (a, b) para nuestro modelo lineal, es interesante tener una medida de lo bueno que es dicho modelo, pues no nos interesa un modelo sencillo si sus predicciones no se aproximan a la realidad. Para estudiar la bondad del modelo, hay que tener en cuenta que los errores de predicción vienen dados para los pares de la muestra por

$$(y_i - y_i^*)^2 = (y_i - ax_i - b)^2, i = 1, ..., n,$$

y entonces tiene sentido considerar como medida del error que se comete el valor

$$\sum_{i=1}^{n}(y_i - y_i^*)^2.$$

Entonces, si la expresión anterior es grande, tendremos que el modelo no es bueno, mientras que si ese valor es pequeño concluiremos que el modelo es bueno. Queda sin embargo determinar los límites para los que el valor de la expresión anterior puede considerarse grande.

Para estudiar si el modelo es bueno, utilizamos el siguiente argumento: Consideremos la variable que tiene que ser explicada (Y); los datos de la muestra de Y tienen una variación. Y las causas de esta variación son dos:

- Por una parte, existe variación porque X tiene variación, y como X influye sobre Y, esto se traduce en una variación de Y.

- Por otra parte, Y proviene de un experimento aleatorio, por lo que Y tiene una variación propia que no proviene del modelo de regresión, ya que este modelo no explica perfectamente el funcionamiento de Y; por ello, dado X no podemos predecir con exactitud el valor de Y, sino que entre Y e Y^* hay diferencias.

La variación total de Y se puede medir por

$$\sum_{i=1}^{n}(y_i - \overline{y})^2,$$

término que se conoce como **suma de cuadrados del total** (SCT). Nótese que este valor es n veces la varianza de la distribución marginal de Y. Puede demostrarse que

$$\sum_{i=1}^{n}(y_i - \overline{y})^2 = \sum_{i=1}^{n}(y_i - y_i^*)^2 + \sum_{i=1}^{n}(y_i^* - \overline{y})^2.$$

El término $\sum_{i=1}^{n}(y_i - y_i^*)^2$ mide la importancia de los errores y se llama **suma de cuadrados del error** (SCE). El término $\sum_{i=1}^{n}(y_i^* - \overline{y})^2$

se llama **suma de cuadrados de la regresión** (SCR) y es debida tanto a variaciones provocadas por el modelo (puesto que es n veces la varianza de las predicciones) como a errores aleatorios (puesto que X proviene de un fenómeno aleatorio). De esta forma, si dividimos la expresión anterior por $\sum_{i=1}^{n}(y_i - \overline{y})^2$, obtenemos

$$1 = \frac{\sum_{i=1}^{n}(y_i - y_i^*)^2}{\sum_{i=1}^{n}(y_i - \overline{y})^2} + \frac{\sum_{i=1}^{n}(y_i^* - \overline{y})^2}{\sum_{i=1}^{n}(y_i - \overline{y})^2}.$$

Entonces, como los dos términos suman 1, el término

$$\frac{\sum_{i=1}^{n}(y_i - y_i^*)^2}{\sum_{i=1}^{n}(y_i - \overline{y})^2}$$

representa la proporción de variación de Y que no explica el modelo, y de las misma manera, el término

$$\frac{\sum_{i=1}^{n}(y_i^* - \overline{y})^2}{\sum_{i=1}^{n}(y_i - \overline{y})^2}$$

representa la proporción de variación de Y que sí explica el modelo.

Este último valor se llama el **coeficiente de determinación**, denotado r^2, y puede demostrarse que puede calcularse alternativamente en el caso lineal por

$$\boxed{r^2 = \frac{cov(X,Y)^2}{v(X)v(Y)}.}$$

Puesto que es una proporción, este coeficiente toma valores entre 0 y 1. Veamos cómo se interpreta este coeficiente.

- Si r^2 es pequeño (cercano a 0), entonces la proporción de variación de Y que explica el modelo lineal es muy pequeña y concluimos que el modelo no explica bien la relación entre las variables. En particular, para que valga 0 es necesario que la covarianza se anule y, por tanto, la recta de regresión será una constante. Esto es lo que pasa cuando las variables son independientes (conocer una de ellas no nos da información sobre el posible valor de la otra), tal y como vimos al estudiar la covarianza, pero recordemos que hay otras situaciones en que también obtenemos $r^2 = 0$ sin que lo sean, puesto que tal y como hemos visto anteriormente, la covarianza también se puede anular aunque las variables estén relacionadas.

- Si r^2 es grande (cercano a 1), entonces la proporción de variación de Y que explica el modelo lineal es muy grande y concluimos que este modelo explica bien la relación entre las variables. En particular, cuando el coeficiente de determinación vale 1 el ajuste es perfecto y no se está cometiendo ningún error en las predicciones; esto no implica que en las predicciones para otros individuos no se cometa ningún error, pero sí es de esperar que estos errores sean muy reducidos.

En general se considera que el ajuste es bueno cuando supera el valor 0.5, aunque depende del número de datos de la muestra. Si el coeficiente de determinación vale 1, entonces puede demostrarse que las dos rectas de regresión coinciden.

Supongamos que r^2 es grande y concluimos que el modelo lineal es bueno. El coeficiente de determinación tiene el problema de que no nos da ninguna información sobre si la relación lineal entre las componentes (que ahora sabemos que existe) es directa o inversa. Puesto que es el signo de la covarianza lo que nos indica si la relación es directa o inversa, definimos el llamado **coeficiente de correlación** por

$$\boxed{r = \frac{cov(X,Y)}{d(X)d(Y)}.}$$

En realidad, el coeficiente de correlación es la raíz cuadrada del coeficiente de determinación con el signo de la covarianza. Por lo tanto toma valores entre -1 y 1. Entonces este coeficiente se interpreta de la siguiente manera:

- Un valor cercano a 0 implica una relación lineal muy mala.

- Un valor por debajo de -0.7 o por encima de 0.7 implica una relación lineal buena.

  - Si el valor es positivo, la relación entre las componentes es directa.

  - Si el valor es negativo tenemos una relación inversa.

Ejemplo 62. *(Continuación del ejemplo 47)*
En nuestro ejemplo, el coeficiente de determinación vale

$$r^2 = \frac{cov(X,Y)^2}{v(X)v(Y)} = 0{,}66.$$

Por tanto, la aproximación lineal es regular y hay que desconfiar algo de las predicciones.

4.7. Modelos derivados del modelo lineal

Todo lo visto hasta ahora se basa en que consideramos que el modelo lineal es el adecuado para modelar la relación entre las dos variables. Si suponemos otra relación funcional, como una relación de tipo cuadrático $Y = aX^2 + bX + c$, entonces las fórmulas para los coeficientes del modelo lineal ya no son válidas y es necesario volver a plantear el problema de minimización y resolver el correspondiente sistema de ecuaciones. Esto puede ser complicado para algunos modelos, incluso es posible que no haya fórmulas y tengamos que resolver el sistema a partir de los datos concretos de la muestra.

Sin embargo, hay situaciones en las que es posible aprovechar los cálculos de la parte de regresión lineal. En esta sección plantearemos otros modelos que se derivan del modelo lineal y que permiten establecer otros modelos alternativos al lineal sin tener que volver a desarrollar las fórmulas. Se resuelven mediante un proceso llamado *linealización*, que consiste en hacer una transformación que pase el modelo que nos interesa a un modelo lineal; esto se consigue haciendo un cambio de variable sobre X, Y o ambas variables. Veremos dos ejemplos de este proceso.

4.7.1. Modelo logarítmico

En este caso, el modelo que se considera adecuado es de la forma

$$Y^* = a \ln X + b.$$

Entonces tenemos que hallar los coeficientes a, b de forma que Y^* se acerque lo más posible a Y. En lugar de reproducir todo el procedimiento de mínimos cuadrados para este caso, podemos hacer $Z = \ln X$. Entonces el modelo a resolver sería $Y = aZ + b$, que es un modelo lineal para el que conocemos los valores de a y b. En definitiva, basta hallar la recta de regresión a partir de los pares

$$(\ln x_1, y_1), ..., (\ln x_n, y_n).$$

Entonces, según el modelo lineal,

$$a = \frac{cov(Y, Z)}{v(Z)} = \frac{cov(Y, lnX)}{v(lnX)}, \quad b = \overline{y} - \frac{cov(Y, lnX)}{v(lnX)}\overline{x}.$$

4.7.2. Modelo exponencial

El modelo que se considera adecuado es de la forma

$$Y^* = b \exp(aX).$$

Se trata de hallar los coeficientes a, b de forma que Y^* se acerque lo más posible a Y. Para resolver este modelo basta con tomar logaritmos de forma que se obtiene

$$\ln Y = \ln b + aX = b' + aX.$$

Y ahora basta hallar la recta que mejor explica $\ln Y$ en función de X, es decir, la recta de regresión a partir de los pares

$$(x_1, \ln y_1), ..., (x_n, \ln y_n).$$

Entonces, según el modelo lineal,

$$a = \frac{cov(lnY, X)}{v(X)}, \quad b' = \overline{lny} - \frac{cov(lnY, X)}{v(X)}\overline{x}.$$

Una vez hallados los coeficientes a, b', basta tomar $b = \exp b'$.

Ejemplo 63.

Consideremos la muestra bidimensional de la tabla 4.14.

x_i	-6	-3	0	3	6	9	12	15	20	25
y_i	2	2.8	3.9	4.2	5.8	6.2	7.5	8.2	9.3	10.9

Tabla 4.14. Datos originales para el ejemplo 63.

Vamos a hallar los coeficientes del modelo exponencial. Para ello, por lo visto anteriormente, tenemos que considerar las variables X y $\ln Y$, con lo que los datos que tenemos que trabajar son los que aparecen en la tabla 4.15.

x_i	-6	-3	0	3	6	9	12	15	20	25
$\ln y_i$	0.69	1.03	1.36	1.44	1.76	1.83	2.02	2.10	2.23	2.39

Tabla 4.15. Datos transformados para el ejemplo 63.

Entonces tenemos que calcular la recta de regresión que explica $\ln Y$ con X. Operando,

$$\overline{x} = 8,1, \quad \overline{\ln y} = 1,684, \quad cov(X, \ln Y) = 4,7696, \quad v(X) = 90,89,$$

luego $a = 0,0525, \ln b = 1,259$ y los coeficientes que buscamos son

$$a = 0,0525, b = 3,522,$$

con lo que nuestro modelo final será

$$y = 3,522 e^{0,0525x}.$$

5. Probabilidad

5.1. Espacio de probabilidad

Para comenzar, es necesario establecer la diferencia entre estadística descriptiva y probabilidad. En ambos casos se está tratando con fenómenos aleatorios, pero en E. descriptiva se estudian los resultados *después* de realizar el experimento, mientras que en probabilidad se estudia el experimento *antes* de realizarlo. Así, en E. descriptiva estamos utilizando los valores que hemos obtenido al realizar el experimento n veces, mientras que en probabilidad trataremos los posibles resultados a los que puede conducir el experimento. Por ejemplo, en el caso de las crías del capítulo 3, no hay ningún ejemplo en el que haya 5 crías, mientras que en probabilidad hay que tener en cuenta esta posibilidad.

5.1.1. Espacio muestral

Consideremos el experimento que consiste en el lanzamiento de un dado; este es un experimento aleatorio. En este tema vamos a utilizar este ejemplo para ilustrar los resultados que se irán obteniendo.

El conjunto de posibles resultados de un experimento aleatorio se llama **espacio muestral** y lo denotaremos por Ω.

Ejemplo 64.
En nuestro ejemplo del dado, el espacio muestral sería

$$\Omega = \{1, 2, 3, 4, 5, 6\}.$$

Hay que tener en cuenta que, al contrario de lo que pasa en estadística descriptiva, en probabilidad el espacio muestral puede ser un

https://dx.doi.org/10.5209/docm.003.05
Estadística Básica. Pedro Miranda Menéndez. © Ediciones Complutense, 2025.

conjunto infinito. Por ejemplo, si consideramos el número de veces que hay que lanzar un dado para obtener el valor 5, entonces

$$\Omega = \{1, 2, ...\}.$$

Dado un conjunto de resultados, la probabilidad nos dará un valor de lo *lógico* que es que la próxima vez que se realice el experimento el resultado sea uno de los resultados del conjunto.

5.1.2. Sucesos

Definiremos un **suceso** como un enunciado relativo al experimento, de modo que tras realizar el experimento podemos afirmar si el enunciado se ha cumplido o no. Denotaremos los sucesos por letras mayúsculas $A, B, ...$

Ejemplo 65. *(Continuación del ejemplo 64)*
   En nuestro caso, un posible suceso es $A \equiv$ salió 5. Pero también es un suceso $B \equiv$ salió par, $C \equiv$ salió 2 o 3, etc.

Nótese que un suceso no es necesariamente un resultado posible del experimento, sino que nos sirven como sucesos grupos de resultados posibles. Esto podría parecernos extraño si lo comparamos con estadística descriptiva, donode solo nos preocupábamos por las modalidades. Esta diferencia es una consecuencia de que el espacio muestral pueda ser un conjunto infinito, lo que nos impide hacer una lista del estilo de la tabla de frecuencias. Aunque esto parece una complicación y una gran diferencia respecto a estadística descriptiva, en realidad no es así. De hecho, en estadística descriptiva podíamos responder a preguntas sobre la frecuencia con que aparecía algún grupo de resultados. Para calcular esta frecuencia bastaba sumar las frecuencias de cada uno de las modalidades. Esto no será posible siempre en probabilidad porque el espacio muestral puede ser infinito; sin embargo, si es finito, veremos que el funcionamiento es idéntico al que se realizó en estadística descriptiva.
   Dado un suceso, este puede identificarse con un subconjunto del espacio muestral; este subconjunto es el formado por aquellos resultados que harían que el suceso fuese cierto.

Ejemplo 66. *(Continuación del ejemplo 64)*

En nuestro caso, un posible suceso es $A \equiv$ salió 5, que se identifica con $A = \{5\}$. Análogamente, $B \equiv$ salió par, se identifica con $B = \{2, 4, 6\}$.

El conjunto de sucesos se denota por $\mathcal{A}$. Aunque en general no es así, en este manual se identificará el conjunto de sucesos con el conjunto de todos los subconjuntos de Ω, que se denota por $\mathcal{P}(\Omega)$. Por tanto, podemos reducirnos a estudiar lo que pasa con subconjuntos de Ω en lugar de utilizar frases. Esto nos dará una visión más clara de los sucesos y nos permitirá representarlos mediante diagramas de Venn, como veremos más adelante.

Dado un suceso, puede ocurrir que no se pueda descomponer en sucesos más simples. Los sucesos más simples, que no se pueden descomponer en otros más pequeños, reciben el nombre de **sucesos elementales** y coinciden con los resultados del experimento. Son el equivalente de las modalidades que teníamos en estadística descriptiva.

Ejemplo 67. *(Continuación del ejemplo 64)*
   En nuestro caso, $A = \{5\}$ es un suceso elemental.

Se define el **suceso imposible** como aquel que no puede ocurrir. Cualquier suceso imposible se identifica con el subconjunto que no tiene elementos, puesto que ningún resultado posible del experimento hace que se verifique; este subconjunto que no tiene elementos es llamado **subconjunto vacío** y se denota por $\emptyset$.

Ejemplo 68. *(Continuación del ejemplo 64)*
   En nuestro caso, $A \equiv$ salió 7, es un suceso imposible.

Se define el **suceso seguro** como aquel que ocurre siempre. Cualquier suceso seguro se identifica con el subconjunto de todos los elementos, llamado **subconjunto total** y denotado por Ω.

Ejemplo 69. *(Continuación del ejemplo 64)*
   En nuestro caso, $A \equiv$ salió algo menor que 7, es un suceso seguro.

Dados dos sucesos, A, B, diremos que A **implica** B si siempre que ocurre A ocurre B. En el caso de la identificación con subconjuntos, esto quiere decir que A está contenido en B, denotado $A \subseteq B$.

Ejemplo 70. *(Continuación del ejemplo 64)*

Si $A \equiv$ salió 2 y $B \equiv$ salió par, entonces A implica B. En términos de subconjuntos $A = \{2\} \subseteq B = \{2, 4, 6\}$.

Dados dos sucesos, A, B, diremos que A y B son **equivalentes** si A implica B y B implica A. En el caso de la identificación con subconjuntos, esto quiere decir que $A = B$. En realidad, la equivalencia quiere decir que estamos diciendo lo mismo de dos formas diferentes.

Ejemplo 71. *(Continuación del ejemplo 64)*

En nuestro caso, $A \equiv$ salió par y $B \equiv$ salió 2, 4 o 6, son sucesos equivalentes.

Dados dos sucesos, A, B, diremos que A y B son **incompatibles** si siempre que ocurre A no ocurre B y viceversa, es decir, no pueden ocurrir simultáneamente. En el caso de la identificación con subconjuntos, esto quiere decir que A y B no tienen ningún elemento en común. Nótese que esto no significa que si A no ocurre, necesariamente tenga que ocurrir B; es posible que no ocurra ninguno de los dos.

Ejemplo 72. *(Continuación del ejemplo 64)*

Si $A \equiv$ salió 5, y $B \equiv$ salió par, entonces A y B son incompatibles. En términos de subconjuntos $A = \{5\}$ y $B = \{2, 4, 6\}$, que no tienen ningún elemento en común.

Como los sucesos se pueden identificar con subconjuntos del espacio muestral, pueden representarse mediante *diagramas de Venn*. Esta representación puede ser muy útil a la hora de resolver problemas. Los diagramas de Venn consisten en un rectángulo que representa el espacio muestral; ahora cada suceso es una región del rectángulo, dentro de la cual están los resultados que hacen que el suceso sea cierto.

Ejemplo 73. *(Continuación del ejemplo 64)*

Si $A = \{2, 4, 6\}$ y $B = \{1, 2, 3\}$ entonces estos sucesos pueden representarse como aparece en la figura 5.1.

5.1.3. Operaciones entre sucesos

Dentro del conjunto de todos los sucesos $\mathcal{A}$ podemos definir tres operaciones básicas: negación, conjunción y disyunción.

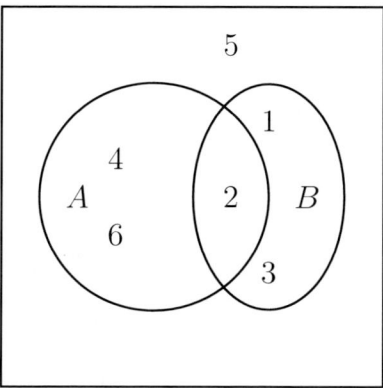

Figura 5.1. Representación de sucesos mediante diagramas de Venn.

Dado un suceso A, se define el suceso **negación** de A como el suceso que ocurre siempre que no ocurre A. En términos de operaciones de conjuntos, la negación se corresponde con el *complementario*, es decir, con el subconjunto de los elementos que no están en A. Lo denotaremos por A^c. Se corresponde con el «no» de la lógica proposicional en términos de frases.

Ejemplo 74. *(Continuación del ejemplo 64)*

En nuestro caso, $A \equiv$ salió par, tiene como complementario $A^c \equiv$ no salió par, es decir, salió impar. En términos de subconjuntos $A = \{2, 4, 6\}$ y $A^c = \{1, 3, 5\}$.

En particular, el complementario de Ω es $\emptyset$ y viceversa.

Nótese que A^c es incompatible con A y que siempre que no ocurre A ocurre A^c. Además, puede comprobarse que el complementario del complementario es el subconjunto inicial, es decir, $(A^c)^c = A$.

Dados dos sucesos A y B, se define la **conjunción** de A y B como el suceso que ocurre siempre que ocurran A y B simultáneamente. En términos de conjuntos se corresponde con la *intersección*, es decir, con el subconjunto de elementos que están tanto en A como en B. Lo denotaremos por $A \cap B$. Se corresponde con el «y» de la lógica proposicional en términos de frases.

Ejemplo 75. *(Continuación del ejemplo 64)*

   En nuestro caso, $A = \{2,3\}, B = \{3,5\}$ entonces $A \cap B = \{3\}$.

Nótese que en particular $A \cap A^c = \emptyset$ y, en general, si A y B son incompatibles, $A \cap B = \emptyset$, ya que no pueden ocurrir simultáneamente. Por otra parte, se cumple que $\Omega \cap A = A, \quad A \cap \emptyset = \emptyset$, cualquiera que sea el suceso A.

Dados dos sucesos A y B, se define la **disyunción** de A y B como el suceso que ocurre siempre que ocurre A, ocurre B, u ocurren A y B simultáneamente. En términos de conjuntos se corresponde con la *unión*, es decir, con el subconjunto de elementos que están en A, en B, o en ambos. Lo denotaremos por $A \cup B$. Se corresponde con la «o» de la lógica proposicional en términos de frases. Es importante tener en cuenta que no es una «o» de tipo excluyente, en el sentido de que consideramos dentro de la disyunción los resultados en que tanto A como B son ciertos. Es decir, que nos sirven los resultados para los que A se cumple y B no, los resultados para los que B se cumple y A no, y los resultados en que ambos se cumplen.

Ejemplo 76. *(Continuación del ejemplo 64)*

   En nuestro caso, $A = \{2,3\}, B = \{3,5\}$ entonces $A \cup B = \{2,3,5\}$.

Nótese que en particular $A \cup A^c = \Omega$. Por otra parte, se cumple que $\Omega \cup A = \Omega, \quad A \cap \emptyset = A$, cualquiera que sea el suceso A.

Las operaciones entre sucesos pueden representarse de forma muy sencilla mediante diagramas de Venn.

Ejemplo 77. *(Continuación del ejemplo 64)*

   Si $A = \{2,4,6\}$ y $B = \{1,2,3\}$ entonces se puede ver por ejemplo en la figura 5.2 que $A \cap B = \{2\}$.

A $(\Omega, \mathcal{A}, \cup, \cap,^c)$ se le llama **espacio probabilizable**.

5.1.4. Probabilidad

Ya estamos en condiciones de dar la definición axiomática de probabilidad. En este sentido, es muy útil considerar la probabilidad de un suceso como la proporción de veces que pasa ese suceso.

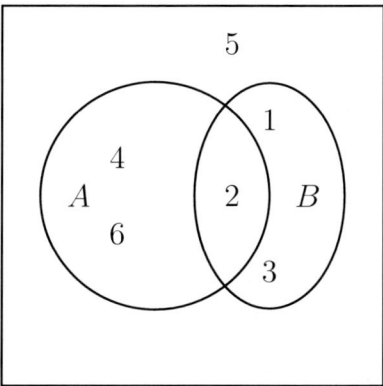

Figura 5.2. Representación de la intersección de sucesos mediante diagramas de Venn.

Dado un experimento aleatorio con un espacio muestral Ω y un conjunto de sucesos $\mathcal{A}$, se define la **probabilidad** como una aplicación

$$P : \mathcal{A} \to [0,1]$$

que satisface las siguientes propiedades:

1. $P(A) \geq 0$ cualquiera que sea el suceso A.

2. $P(\Omega) = 1$.

3. Si $A_1 \cap A_2 = \emptyset$, entonces $P(A_1 \cup A_2) = P(A_1) + P(A_2)$.

Aunque esta definición parece muy abstracta, en realidad está reflejando algunas de las propiedades que de manera intuitiva debería verificar la probabilidad:

Si tenemos en mente la idea de la proporción, el primer axioma no dice más que dado un suceso, su probabilidad nunca es negativa, y esto es lógico, pues la proporción de veces que pasa algo nunca es negativa; podría pasar que el suceso no pasase nunca, pero en este caso la proporción valdría cero.

El segundo axioma nos dice que la proporción de veces que pasa el suceso seguro es 1, lo que vuelve a ser lógico, porque el suceso seguro pasa siempre.

Finalmente, el tercer axioma nos dice que si cogemos dos sucesos que no pueden aparecer al mismo tiempo, la proporción de veces que aparece el suceso unión es la suma de las proporciones de cada suceso.

Ejemplo 78. *(Continuación del ejemplo 64)*

Como veremos posteriormente, la probabilidad en nuestro ejemplo viene dada por

$$P(A) = \frac{|A|}{6},$$

donde $|A|$ denota el cardinal de A, es decir, el número de elementos que tiene A. Nótese que intuitivamente es lo que esperábamos, en el sentido de que la probabilidad de cualquier valor posible al lanzar el dado debería ser $\frac{1}{6}$ (debería aparecer idealmente una de cada seis vees que se lance el dado).

Hay que tener en cuenta que si lanzamos el dado 6 veces, no necesariamente nos saldrá un valor cada vez; tal vez el valor 2 salga 2 veces y 6 no salga nunca. Esto no implica que $P(2) = \frac{2}{6}$ y $P(6) = 0$. Esto es debido a que la probabilidad presupone la frecuencia ideal, o visto de otra forma, cuando lanzamos el dado infinitas veces.

Si consideramos $A = \{2\}, B = \{4, 6\}$, entonces $P(A) = \frac{1}{6}, P(B) = \frac{2}{6}$. Por otra parte, $A \cup B = \{2, 4, 6\}$ y, por tanto, $P(A \cup B) = \frac{3}{6}$.

Nótese que si los sucesos no son incompatibles, la probabilidad de la unión no es necesariamente la suma de probabilidades, pues la probabilidad de la intersección se estaría considerando por duplicado.

Ejemplo 79. *(Continuación del ejemplo 64)*

Si consideramos $A = \{2, 4\}, B = \{4, 6\}$, entonces $P(A) = \frac{2}{6}, P(B) = \frac{2}{6}$. Por otra parte, $A \cup B = \{2, 4, 6\}$ y, por tanto, $P(A \cup B) = \frac{3}{6} \neq \frac{4}{6}$.

A la terna $(\Omega, \mathcal{A}, P)$ se le llama **espacio de probabilidad**. La probabilidad, desde un punto de vista matemático, es un caso particular de lo que se llama una *medida*. Son medidas cualquier cosa que sea susceptible de ser medida, como la altura, el peso... Nótese que para todas estas situaciones, el primer y el tercer axioma de probabilidad se cumplen. La probabilidad es una medida especial, que nunca supera el valor 1. Como consecuencia, las propiedades de la probabilidad son muy similares a las propiedades de las áreas, y esto permite pensar en probabilidades como áreas de regiones en un rectángulo de área 1 (el espacio muestral). Por ello, los diagramas de Venn son my útiles para representar sucesos y sus probabilidades.

5.2. Propiedades de la probabilidad

Veamos ahora algunas otras propiedades que verifican las medidas de probabilidad. Para ellos nos basaremos en este ejemplo:

Ejemplo 80.

Consideremos de nuevo el número de crías de conejo en una camada del capítulo 3, donde $\Omega = \{0, 1, 2, 3, 4, 5, 6\}$, pero ahora supongamos que estudios anteriores han permitido obtener las probabilidades para cada uno de los sucesos elementales que aparecen en la tabla 5.1.

x_i	0	1	2	3	4	5	6
p_i	0.04	0.06	0.30	0.30	0.15	0.05	0.10

Tabla 5.1. Probabilidades de los sucesos elementales del ejemplo 80.

Se podría argumentar que la probabilidad debería ser definida sobre cualquier subconjunto de Ω y no solo sobre los sucesos elementales. Sin embargo, veremos a continuación que en este caso es posible obtener estos valores a partir de las probabilidades sobre los sucesos elementales y, por tanto, no es necesario explicitarlas.

Por otra parte, nótese que los valores obtenidos no coinciden con las frecuencias obtenidas en el capítulo de estadística descriptiva unidimensional para los datos muestrales obtenidos, aunque son valores similares.

Vamos ahora a ir enumerando las distintas propiedades:

- **Propiedad 1.** Si tenemos varios sucesos $A_1, ..., A_k$ incompatibles dos a dos (es decir, $A_i \cap A_j = \emptyset$ si $i \neq j$), entonces

$$P(A_1 \cup A_2 \cup ... \cup A_k) = P(A_1) + P(A_2) + ... + P(A_k).$$

En particular, si Ω es **finito**, este resultado nos dice que para hallar la probabilidad de cualquier subconjunto basta conocer las probabilidades de los subconjuntos unipuntuales (los sucesos elementales) y sumar luego las probabilidades de los elementos que están en el subconjunto considerado. Esta misma propiedad se tenía también en estadística descriptiva. En el caso de referenciales infinitos, en ocasiones bastará con conocer la probabilidad de los sucesos elementales, pero en otros casos deberemos utilizar otras técnicas para determinar las probabilidades. Esto se tratará en el próximo capítulo.

Ejemplo 81. *(Continuación del ejemplo 80)*
    Si $A = \{0,1\}$, $B = \{2,3\}$, entonces es fácil comprobar que $P(A) = 0,1$, $P(B) = 0,6$, por lo que la propiedad anterior nos dice que $P(A \cup B) = 0,7$. Compruébese que este valor coincide con $P(\{0,1,2,3\})$.

Nótese que este resultado es lógico, pues si tenemos $A_1, ..., A_k$, incompatibles dos a dos, la probabilidad de la unión de todos ellos podría hacerse de la siguiente manera: en primer lugar se unen los dos primeros $A_1 \cup A_2 = B_1$ y se aplica el tercer axioma de probabilidad; entonces, $P(B_1) = P(A_1) + P(A_2)$. A continuación se unen B_1 y A_3 (que también son incompatibles), y nuevamente por el tercer axioma obtenemos $P(B_1 \cup A_3) = P(B_1) + P(A_3)$, es decir, $P(A_1) + P(A_2) + P(A_3)$. Y así sucesivamente hasta que terminemos nuestros k subconjuntos. Este proceso se llama en matemáticas *proceso de inducción*.

Si pensamos en términos de proporciones, el resultado nos dice que la proporción de veces que pasa alguno de los sucesos incompatibles entre sí considerados es la suma de las correspondientes proporciones, como era de esperar.

La condición de que sean incompatibles dos a dos es necesaria, como se ve en la próxima propiedad.

- **Propiedad 2.** Dados A, B dos sucesos cualesquiera,

$$\boxed{P(A \cup B) = P(A) + P(B) - P(A \cap B).}$$

Ejemplo 82. *(Continuación del ejemplo 80)*
    Si $A = \{0,1\}, B = \{1,2\}$, entonces se tiene que $P(A) = 0,1, P(B) = 0,36$ y además $P(A \cap B) = 0,06$; así, la propiedad anterior nos dice que

$P(A \cup B) = P(A) + P(B) - P(A \cap B) = 0,4.$ *Compruébese que esta es la probabilidad de* $P(\{0, 1, 2\}).$

Para entender esta propiedad es muy útil recurrir a los diagramas de Venn y pensar las propiedades en términos de áreas. En este caso, en nuestro ejemplo tendríamos una situación como la dada en la figura 5.3.

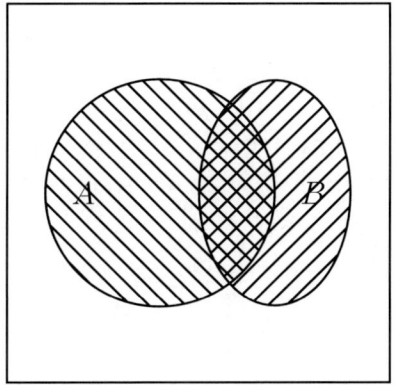

Figura 5.3. Representación gráfica de la propiedad 2.

Entonces puede verse que al unir A y B, hay una región que se cuenta dos veces y que, por tanto, es necesario eliminar una vez; esta región coincide con lo que tienen en común las regiones A y B, que viene dado por su intersección $A \cap B$.

- **Propiedad 3.** Sean los sucesos $A_1, ..., A_n$; entonces

$$P(A_1 \cup ... \cup A_n) = \sum_{i=1}^{n} P(A_i)$$
$$- \sum_{i<j} P(A_i \cap A_j)$$
$$+ \sum_{i<j<k} P(A_i \cap A_j \cap A_k)$$
$$- ...$$
$$+ (-1)^{n-1} P(A_1 \cap ... \cap A_n).$$

El resultado anterior se llama *principio de inclusión-exclusión* y es una generalización de la propiedad 2 que se obtiene aplicando el proceso de inducción. Por ejemplo, si tuviésemos tres sucesos, A_1, A_2, A_3, el principio de inclusión-exclusión establece que

$$\begin{aligned} P(A_1 \cup A_2 \cup A_3) = & \ P(A_1) + P(A_2) + P(A_3) \\ & -P(A_1 \cap A_2) - P(A_1 \cap A_3) - P(A_2 \cap A_3) \\ & +P(A_1 \cap A_2 \cap A_3). \end{aligned}$$

- **Propiedad 4.** Dado cualquier suceso A, se tiene

$$\boxed{P(A^c) = 1 - P(A).}$$

Ejemplo 83. *(Continuación del ejemplo 80)*
  Si $A = \{0, 1\}$, se tiene que

$$P(A^c) = P(\{2, 3, 4, 5, 6\}) = 1 - P(A) = 1 - 0{,}1 = 0{,}9.$$

Desde el punto de vista de proporciones, este resultado es lógico pues no dice más que la proporción de veces que no pasa algo es 1 menos la proporción de veces que pasa ese suceso o, dicho de otra forma, la proporción de veces que no se gana es 1 menos la proporción de veces que se gana. O sea, que dado cualquier resultado del experimento siempre podemos decir si pasa o no pasa.

- **Propiedad 5.** Siempre se cumple

$$\boxed{P(\emptyset) = 0.}$$

Esta propiedad nos dice que la probabilidad de que pase algo imposible es cero, o sea, que lo que no puede pasar no pasa nunca.

- **Propiedad 6.** Dado cualquier suceso A, se tiene

$$\boxed{0 \le P(A) \le 1.}$$

Esta propiedad nos dice que la proporción de veces que pasa algo está entre 0 y 1.

- **Propiedad 7.** Dados A y B tales que $A \subseteq B$, entonces

$$\boxed{P(A) \le P(B).}$$

Ejemplo 84. *(Continuación del ejemplo 80)*
   Si $A = \{0,1\}$ y $B = \{0,1,2\}$, entonces puede verse que $P(A) = 0,1 < P(B) = 0,4$.
   Nótese sin embargo que si $C = \{0,1,7\}$, entonces $P(A) = P(C)$.

Esta propiedad no dice más que si un suceso A implica otro B, este último aparecerá al menos con la misma frecuencia. Esto es lógico, pues siempre que aparece A aparece B. En otras palabras, si podemos apostar por más resultados que otro jugador, tenemos al menos la misma probabilidad de ganar.

Aunque en este ejemplo la forma de conseguir la igualdad es añadiendo al subconjunto más grande resultados que no pueden ocurrir, veremos en el siguiente capítulo situaciones en que añadiendo resultados posibles también se da la igualdad (serán casos en los que el espacio muestral tenga cardinal infinito).

Nótese finalmente que estas propiedades son tan lógicas como los tres axiomas de la definición de probabilidad; entonces, ¿por qué no incluirlas en la definición? En primer lugar, hay una razón práctica: se haría extraordinariamente pesado dar la definición enumerando todas las propiedades lógicas que se verifican. Sin embargo, la razón de fondo está en las propiedades matemáticas de los axiomas; desde un punto de vista matemático, todas estas propiedades pueden demostrarse a partir de los axiomas; en realidad, las axiomáticas tratan de dar el menor número de propiedades posibles (y no siempre las más lógicas) mediante las cuales se puedan deducir los otros resultados (que tampoco tienen que ser tan evidentes como los que hemos visto en esta sección).

5.3. Regla de Laplace

Hasta ahora hemos visto las propiedades que tiene que verificar una probabilidad; sin embargo, dado un problema real, ¿cómo hallamos la probabilidad que modela el fenómeno aleatorio? A continuación vamos a ver una posibilidad para asignar probabilidades a sucesos conocida como **regla de Laplace**.

La regla de Laplace se basa en el llamado **postulado de indiferencia**:

Si un fenómeno aleatorio cualquiera puede dar lugar a k sucesos elementales distintos y no se conoce razón alguna que favorezca la aparición de un resultado respecto de los otros, debe admitirse que todos tienen igual probabilidad (igual a $\frac{1}{k}$).

Ejemplo 85. *(Continuación del ejemplo 64)*

En este caso estamos en las condiciones del postulado de indiferencia. Por tanto, podemos asignar probabilidad $\frac{1}{6}$ a todos los posibles resultados.

Nótese que se está suponiendo que el número de posibles resultados es finito. En caso de haber infinitos resultados posibles, no puede aplicarse el postulado de indiferencia incluso aunque todos los resultados parezcan igualmente lógicos, pues ∞ no es un número entero.

Aplicando ahora los resultados de la sección anterior, sabemos que la probabilidad de cualquier suceso se puede hallar sumando las probabilidades de los sucesos elementales contenidos en él. Esto es lo que nos dice la regla de Laplace, que se enuncia de la siguiente manera:

> *Si el postulado de indiferencia es aplicable, la probabilidad de un suceso es el cociente entre el número de casos favorables y el número de casos posibles. Es decir,*
>
> $$P(A) = \frac{cantidad\ de\ resultados\ favorables\ al\ suceso\ A}{cantidad\ de\ resultados\ posibles\ del\ experimento}.$$

Ejemplo 86. *(Continuación del ejemplo 64)*
En nuestro caso del dado,

$$P(\{1,2,3\}) = \frac{3}{6},\ P(par) = \frac{3}{6},\ P(\{1,2,3,4\}) = \frac{4}{6}.$$

El problema ahora se reduce a contar el número de casos posibles de un experimento y el número de casos favorables de un suceso. Por ejemplo, si escogemos ordenadamente cuatro cartas de una baraja de 40, ¿cuántos resultados posibles tiene el experimento? Para resolver este problema, se usan técnicas de combinatoria; en nuestro caso, usaremos las técnicas más básicas: permutaciones, combinaciones y variaciones. Un resumen del funcionamiento de estas técnicas se incluye en el apéndice A.

La regla de Laplace solo puede aplicarse en aquellas situaciones en que el postulado de indiferencia es cierto. Así, en el ejemplo 80 del número de crías por camada, no parecen igualmente lógicos los resultados 2 y 6. Otro ejemplo en el que no se puede aplicar la regla de Laplace es para hallar la probabilidad de las notas de un examen, pues tampoco parece igualmente probable el valor 5 que el valor 10 (o 0).

5.4. Probabilidad condicionada. Independencia

5.4.1. Probabilidad condicionada

Supongamos ahora un experimento aleatorio. En principio, nosotros no sabemos cuál es el resultado del experimento; sin embargo, es posible que sepamos que ha ocurrido un suceso A, aunque no sepamos qué resultado dentro de A ha ocurrido. Esta información limita el número de posibles resultados del experimento; de hecho, ahora todos los resultados que no están en el suceso A pasan a ser imposibles. Lo mismo va a ocurrir con los sucesos en general; así, la probabilidad de cada suceso puede cambiar con la nueva información (diremos que se *actualiza*).

Ejemplo 87. *(Continuación del ejemplo 64)*

Supongamos nuevamente el experimento de lanzar un dado; la distribución de probabilidad de cada suceso $P(A)$ ya se halló mediante la regla de Laplace. Si tenemos la información adicional de que el resultado del experimento ha sido par (suceso B), entonces los posibles resultados del experimento pasan a ser 2, 4, 6; nuevamente estamos en las condiciones del postulado de indiferencia, pero ahora sobre un nuevo referencial $\Omega' = \{2, 4, 6\}$ y, por tanto, deducimos que $P'(2) = P'(4) = P'(6) = \frac{1}{3}$. A partir de estos valores podemos definir las probabilidades de cualquier suceso. Por ejemplo, si $A = \{1, 3, 4\}$, se tiene $P'(A) = \frac{1}{3}$ pues 1 y 3 son resultados imposibles; nótese que antes se tenía $P(A) = \frac{3}{6}$.

Es importante tener en cuenta que en este ejemplo se tiene

$$P'(A) = \frac{P(A \cap B)}{P(B)}.$$

Esta igualdad se va a tener en general.

En realidad, lo que nos lleva definir la probabilidad condicionada es lo siguiente: En principio nosotros tenemos una probabilidad para cada suceso. Sin embargo, si tenemos una información adicional, lo lógico es que utilicemos esta información, y lo haremos corrigiendo la probabilidad inicial de cada suceso. Así, hay resultados que ya no pueden ocurrir, de forma que los únicos resultados posibles de A son los que están también en B, es decir, solo es posible $A \cap B$. Pero por otra parte, estos resultados son más lógicos de lo que eran antes porque se ha reducido el número de opciones posibles para el experimento. Este factor de corrección es el denominador $P(B)$. Y es este valor porque ahora, con la información nueva, $P(B)$ pasa a ser 1 porque es seguro.

Basándonos en la igualdad que aparece en el ejemplo anterior, se define para un suceso B, con $P(B) > 0$, y para cualquier otro suceso A la **probabilidad de A condicionada por** B y se denota $P(A/B)$ al valor

$$P(A/B) = \frac{P(A \cap B)}{P(B)}.$$

Una interpretación gráfica del funcionamiento de la definición de probabilidad condicionada se da en la figura 5.4.

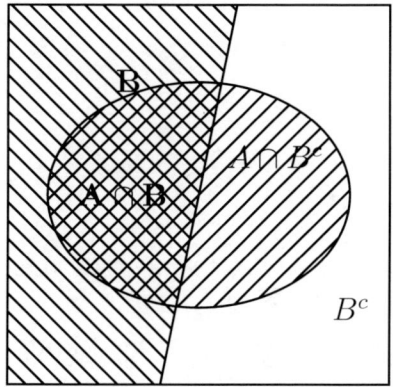

Figura 5.4. Interpretación gráfica de la definición de probabilidad condicionada a partir de diagramas de Venn.

Nótese que por la propia definición de probabilidad condicionada, es necesario que $P(B) > 0$, pues no puede dividirse por 0. Desde un punto de vista intuitivo esto es razonable, pues si sabemos que ha ocurrido algo, necesariamente ese suceso tiene que poder ocurrir (aunque, como veremos posteriormente, hay sucesos con probabilidad 0 y que pueden ocurrir).

Ejemplo 88. *(Continuación del ejemplo 64)*

Sea $B \equiv$ salió par. Entonces, si $A_1 = \{1\}, A_2 = \{1, 2\}, A_3 = \{2\}$ se tiene que $P(A_1) = 1/6, P(A_2) = 2/6, P(A_3) = 1/6$, mientras que $P(A_1/B) = 0, P(A_2/B) = 1/3, P(A_3/B) = 1/3$. Es decir, la probabilidad condicionada implica una actualización de la probabilidad de los sucesos que puede hacer que esta probabilidad disminuya, aumente o permanezca igual.

5.4.2. Independencia entre sucesos

Como se ha visto anteriormente, la nueva probabilidad condicionada no tiene que ser necesariamente diferente de la probabilidad inicial.

Consideremos el siguiente ejemplo, que nos va servir para introducir la noción de independencia entre sucesos.

Ejemplo 89.

Se lanzan simultáneamente un dado y una moneda. En este caso, el espacio muestral viene dado por

$$\Omega = \{(C,1),(C,2),(C,3),(C,4),(C,5),(C,6),$$
$$(X,1),(X,2),(X,3),(X,4),(X,5),(X,6)\}$$

y por el postulado de indiferencia, todos estos sucesos elementales tienen la misma probabilidad, que será 1/12.

Ahora, la probabilidad de obtener un número par es, por la regla de Laplace, $P(Par) = \frac{6}{12} = \frac{1}{2}$. Por otra parte, si nos diesen la información de que se ha obtenido cara en el lanzamiento de la moneda, se tendría que ahora solo los seis primeros resultados son posibles, y $P(Par/cara) = \frac{3}{6} = \frac{1}{2}$. Hemos obtenido entonces el mismo resultado que cuando no teníamos ninguna información sobre el resultado de la moneda. Y esto parece lógico, pues el conocimiento del resultado del lanzamiento de la moneda no debería afectar a nuestro sistema de probabilidades sobre el dado; es decir, conocer que ha pasado B no influye en lo lógico que es que haya pasado A.

Basándonos en el ejemplo anterior, decimos que A **es independiente de** B si

$$P(A/B) = P(A).$$

Ahora bien, si A es independiente de B entonces

$$P(A) = P(A/B) = \frac{P(A \cap B)}{P(B)},$$

de donde se obtiene

$$P(A)P(B) = P(A \cap B).$$

Por tanto, si $P(A) > 0$, se tiene $P(B) = \frac{P(A \cap B)}{P(A)} = P(B/A)$. Así, si A es independiente de B, también B es independiente de A. Esto significa que tenemos una simetría. Así, en lo que sigue diremos que A y B son **independientes** cuando se cumpla

$$\boxed{P(A \cap B) = P(A) \cdot P(B).}$$

Nótese que en este caso ya no tenemos probabilidades condicionadas ni hay ninguna probabilidad que divida, por lo que esta fórmula es válida aunque alguno de los sucesos tenga probabilidad 0. De hecho, si $P(A) = 0$, siempre se tendrá que A es independiente de cualquier otro suceso. Esto es lógico desde un punto de vista intuitivo, pues si A es imposible, la información de que ha ocurrido otro suceso no lo hace posible.

Se puede comprobar que si A y B son independientes, también lo son A y B^c, A^c y B, y también A^c y B^c. Y esto es lógico, pues si el conocimiento de que ha pasado B no cambia la probabilidad de A, tampoco debe cambiar la probabilidad de A^c.

Ejemplo 90. *(Continuación del ejemplo 64)*

En nuestro caso, $A = \{2, 3\}$ y $B = \{2, 4, 6\}$ son independientes pues $P A) \cdot P(B) = \frac{1}{3} \cdot \frac{1}{2} = \frac{1}{6} = P(A \cap B)$. Esto implica que también se cumple $P(A^c/B) = P(A^c) = \frac{2}{3}$, como puede comprobarse fácilmente.

Cuando tenemos n sucesos, la definición de independencia es que sean independientes dos a dos, tres a tres, etc. Matemáticamente, $A_1, ..., A_n$ son independientes si y solo si

$$P(A_i \cap A_j) = P(A_i)P(A_j) \quad \forall i \neq j \quad \text{(indep. dos a dos)}$$
$$P(A_i \cap A_j \cap A_k) = P(A_i)P(A_j)P(A_k) \quad \forall i \neq j \neq k \quad \text{(indep. tres a tres)}$$
$$... \qquad ... \qquad ...$$

5.5. Teoremas de la probabilidad total y de Bayes

En esta sección veremos dos resultados muy importantes: los teoremas de la probabilidad total y de Bayes. Estos dos resultados son muy útiles para resolver problemas de probabilidad.

5.5.1. Particiones

Antes de enunciar estos resultados, necesitamos introducir el concepto de partición. Dado un conjunto Ω, se dice que una serie de subconjuntos $\{A_1, ..., A_k\}$ de Ω determinan una **partición** si se verifican las dos condiciones siguientes:

- $A_1 \cup ... \cup A_k = \Omega$.

- $A_i \cap A_j = \emptyset$, $\forall i \neq j$.

En realidad, lo que estamos haciendo con una partición es dividir el conjunto Ω en trozos más pequeños. La primera condición establece que si volviésemos a unir todos los trozos se volvería a recuperar el conjunto total; dicho de otra manera, dado cualquier elemento de Ω, siempre existirá un conjunto A_i en el cual esté. La segunda condición establece que solo existe un A_i que contenga a este elemento.

Por ejemplo, el conjunto de las notas puede particionarse en

$\{$suspensos, aprobados, notables, sobresalientes, matrículas de honor$\}$,

ya que dada una nota, esta nota está en alguna de las categorías anteriores y solo en una de ellas.

Ejemplo 91. *(Continuación del ejemplo 64)*

Dado el ejemplo del dado, podemos particionar el espacio muestral Ω en $\{A, B\}$ donde $A \equiv pares = \{2, 4, 6\}$ y $B \equiv impares = \{1, 3, 5\}$.

No es una partición $A = \{2, 4, 6\}$ y $C = \{3, 5\}$ pues 1 no está en ni en A ni en B.

Tampoco es partición $A = \{2, 4, 6\}$ y $D = \{1, 2, 3, 5\}$ pues 2 aparece en los dos.

5.5.2. Teorema de la probabilidad total

Supongamos ahora que tenemos que hallar la probabilidad de un suceso B. En muchas ocasiones, este es un problema complicado. Sin embargo, es posible que podamos hallar fácilmente las probabilidades de la parte de B que esté en unas determinadas partes de Ω. Si estas partes determinan una partición, entonces podemos hallar la probabilidad de B como suma de las probabilidades en cada parte, como se ve en la figura 5.5.

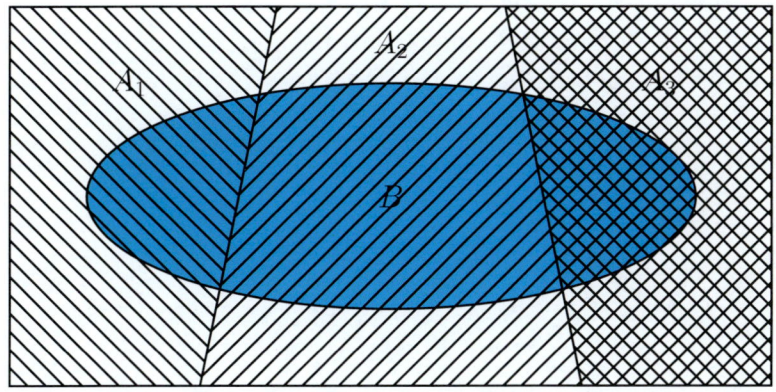

Figura 5.5. Descomposición de $P(B)$ (en color) como suma de las probabilidades dadas por $P(B \cap A_1), P(B \cap A_2), P(B \cap A_3)$ (en color y rayadas). Los conjuntos A_1, A_2, A_3 determinan una partición del espacio muestral.

Téngase en cuenta que si la partición es $\{A_1, ..., A_k\}$, la probabilidad de B en la parte A_i es $P(B \cap A_i)$.

El teorema de la probabilidad total establece que si $\{A_1, ..., A_k\}$ determina una partición de Ω y B es un suceso, entonces

$$P(B) = P(B \cap A_1) + ... + P(B \cap A_k).$$

Esto es en realidad una consecuencia de las propiedades de la probabilidad que se vieron anteriormente.

Ejemplo 92. *(Continuación del ejemplo 64)*

Consideremos el ejemplo del dado y la partición {pares, impares}, sea el suceso $B \equiv$ sale menor que tres. Es fácil comprobar que $P(B) = \frac{2}{6}$ aplicando la regla de Laplace. Por otra parte, si $A_1 \equiv$ sale par y $A_2 \equiv$ sale impar, entonces $B \cap A_1 = \{2\}$, luego $P(B \cap A_1) = \frac{1}{6}$. Análogamente, $P(B \cap A_2) = P(\{1\}) = \frac{1}{6}$, con lo que se obtiene el resultado establecido en el teorema de la probabilidad total.

En la situación anterior, ha sido sencillo calcular las probabilidades de cada una de las intersecciones. Y además podíamos obtener la probabilidad que nos interesaba directamente. Así, no parece que tenga mucho sentido usar este resultado. En situaciones más complicadas, tampoco es sencillo calcular directamente las probabilidades de cada intersección.

El teorema de la probabilidad total es interesante cuando sea posible claclular de forma sencilla las probabilidades de cada uno de los subconjuntos que determinan la partición y la probabilidad del suceso del que queremos hallar la probabilidad, condicionado a cada elemento de la partición. En ese caso, aplicando la definición de probabilidad condicionada, se tiene

$$P(B/A_i) = \frac{P(B \cap A_i)}{P(A_i)} \Rightarrow P(B \cap A_i) = P(A_i)P(B/A_i).$$

Por tanto, si es posible sencillo las probabilidades condicionadas, entonces podemos calcular la probabilidad de cada una de las intersecciones, y finalmente calcular la probabilidad que nos interesaba. Esto es lo que nos dice el teorema de la probabilidad total, que puede escribirse

$$
\begin{aligned}
P(B) &= P(B \cap A_1) + ... + P(B \cap A_k) \\
&= P(A_1)P(B/A_1) + ... + P(A_k)P(B/A_k).
\end{aligned}
$$

Esta última expresión es la más utilizada en la práctica.

Ejemplo 93.

Se lanza un dado 3 veces. En cada lanzamiento, si sale par se introduce una bola blanca en una urna, mientras que si sale impar, se introduce una bola negra. A continuación, se saca una bola de la urna, ¿cuál es la probabilidad de que sea blanca?

Denotemos B ≡ Sale una bola blanca. En este caso el problema es que no sabemos cuál es la composición de la urna en el momento de la extracción. Si lo supiésemos (por ejemplo, si hubiese dos bolas blancas y una negra), sí seríamos capaces de resolver el problema (en el caso *anterior sería $\frac{2}{3}$). Entonces, es sencillo calcular la probabilidad de B condicionada (si conocemos) cada una de las posibles composiciones de la urna antes de la extracción.*

Por otra parte, tenemos que todas las posibles composiciones nos determinan una partición, en el sentido de que la urna tiene una composición y solo una. Si consideramos entonces como partición las posibles composiciones de la urna tenemos {tres bolas blancas, dos bolas blancas y una negra, una bola blanca y dos negras, tres bolas negras}. Denotemos $A_1 \equiv$ Salen tres impares, $A_2 \equiv$ Salen dos impares y un par, $A_3 \equiv$ Sale un impar y dos pares, $A_4 \equiv$ Salen tres pares. Entonces primeramente tenemos que hallar $P(B/A_i), i = 1, ..., 4$. En este caso tenemos la ventaja de que en cada situación ya sabemos la composición de la urna; luego aplicando la regla de Laplace (cada una de las tres bolas tiene la misma probabilidad de salir), se obtiene:

$$P(B/A_1) = 0, \; P(B/A_2) = \frac{1}{3}, \; P(B/A_3) = \frac{2}{3}, \; P(B/A_4) = 1.$$

Nos falta hallar, para poder aplicar el teorema de la probabilidad total, las probabilidades de cada uno de los elementos de la partición. Para ello, nótese en primer lugar que no es igualmente probable que salgan tres pares y que salgan dos pares y un impar, pues en el segundo caso tenemos la libertad de determinar en qué lanzamiento salió el número impar. Los posibles resultados del experimento son

$$\Omega = \{PPP, PPI, PIP, IPP, PII, IPI, IIP, III\},$$

donde $I \equiv$ sale impar y $P \equiv$ sale par. En este caso sí tenemos que los ocho resultados posibles son equiprobables, luego aplicando la regla de Laplace obtenemos

$$P(A_1) = \frac{1}{8}, \; P(A_2) = \frac{3}{8}, \; P(A_3) = \frac{3}{8}, \; P(A_4) = \frac{1}{8}.$$

Entonces, la probabilidad que nos piden es

$$P(B) = \frac{1}{8} \times 1 + \frac{3}{8} \times \frac{2}{3} + \frac{3}{8} \times \frac{1}{3} + \frac{1}{8} \times 0 = \frac{1}{2}.$$

El teorema de la probabilidad total es muy útil en problemas en los que se puede utilizar diagramas de árbol para modelar el experimento.

Esto es lo que pasa por ejemplo en la situación anterior, en la que el experimento se realiza en dos etapas. En este caso el diagrama de árbol sería el que aparece en la figura 5.6.

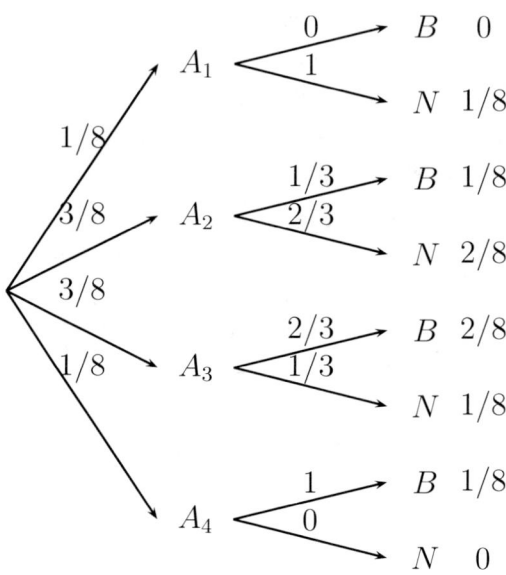

Figura 5.6. Representación de la situación del ejemplo 93 mediante una diagrama de árbol.

Entonces $P(B)$ se puede calcular sumando las probabilidades de los caminos que terminan en B. La probabilidad de cada camino se halla multiplicando las probabilidades de cada uno de sus tramos. Así,

$$P(B) = 0 + \frac{1}{8} + \frac{2}{8} + \frac{1}{8} = \frac{1}{2},$$

que es lo mismo que se había obtenido anteriormente.

Para saber si es adecuado aplicar el teorema de la probabilidad total en un problema concreto es útil plantearse la siguiente pregunta: ¿por qué no se puede dar una respuesta directa a la probabilidad que quiero hallar? Así, en el problema del ejemplo 93, no podemos contestar directamente a la pregunta porque no sabemos cuál es la composición de la urna. A continuación debemos preguntarnos: si tuviese la información que me falta, ¿podría contestar? En el ejemplo anterior, si conocemos la composición, podemos hallar la probabilidad, y esto es así sea cual sea la composición de la urna. Si la respuesta es afirmativa, es muy probable que el teorema de la probabilidad total permita resolver el problema.

5.5.3. Teorema de Bayes

Supongamos ahora la siguiente situación:

Ejemplo 94. *(Continuación del ejemplo 93)*
Supongamos ahora que hemos extraído una bola la urna y ha sido blanca, ¿cuál es la probabilidad de que las tres bolas de la urna sean blancas?

En este ejemplo, nos piden la probabilidad de haber sacado tres números pares, pero teniendo en cuenta la información adicional de que al extraer una bola ha salido blanca. Esta información influye en el resultado, pues nos indica que al menos en un lanzamiento del dado ha salido par. Por ejemplo, si nos hubiesen preguntado la probabilidad de haber obtenido tres números impares, con la información que tenemos ya sabríamos que es imposible, mientras que sin esa información la probabilidad era 1/8.

En muchas situaciones, es necesario calcular probabilidades condicionadas y *a priori* no es sencillo calcularlas directamente.

Supongamos que tenemos que calcular $P(A/B)$ y que el término que no condiciona (es decir, A) puede ser considerado como un elemento de una partición del conjunto de resultados.

Ejemplo 95. *(Continuación del ejemplo 93)*
En el ejemplo anterior, nos piden la probabilidad de obtener tres números pares, y es un elemento de la partición del conjunto de resultados del experimento como habíamos visto al usar el teorema de la probabilidad total. En nuestro caso, nos piden $P(A_4/B)$.

En este caso, nuestro problema se puede modelar por calcular $P(A_i/B)$, donde A_i es un elemento de la partición. Supongamos que nosotros pudiésemos calcular la probabilidad condicionada al revés, es decir, $P(B/A_i)$. Esto suele ser más sencillo, tal y como vimos en el teorema de la probabilidad total. En este caso se tiene aplicando la definición de probabilidad condicionada

$$P(A_i/B) = \frac{P(A_i \cap B)}{P(B)} = \frac{P(A_i)P(B/A_i)}{P(B)}.$$

Por otra parte, es muy posible que $P(B)$ no sea sencillo de calcular; sin embargo, para calcular este valor podemos aplicar el teorema de la probabilidad total, obteniendo

$$\boxed{P(A_i/B) = \frac{P(A_i)P(B/A_i)}{P(A_1)P(B/A_1) + ... + P(A_k)P(B/A_k)},}$$

expresión que se conoce como teorema de Bayes.

Ejemplo 96. *(Continuación del ejemplo 93)*

En nuestro caso podemos calcular fácilmente $P(B/A_4) = 1$, pues si solo salen pares, las tres bolas son blancas y B es seguro.

Ahora debemos calcular todos los demás términos de la fórmula de Bayes. Ya sabemos que

$$P(A_1) = \frac{1}{8}, \; P(A_2) = \frac{3}{8}, \; P(A_3) = \frac{3}{8}, \; P(A_4) = \frac{1}{8}.$$

Por otra parte,

$$P(B/A_1) = 0, \; P(B/A_2) = \frac{1}{3}, \; P(B/A_3) = \frac{2}{3}, \; P(B/A_4) = 1.$$

Finalmente, aplicando la fórmula del teorema de Bayes

$$P(A_4/B) = \frac{\frac{1}{8} \times 1}{\frac{1}{8} \times 0 + \frac{3}{8} \times \frac{1}{3} + \frac{3}{8} \times \frac{2}{3} + \frac{1}{8} \times 1} = \frac{\frac{1}{8}}{\frac{1}{2}} = \frac{1}{4}.$$

El valor del denominador es $\frac{1}{2}$, precisamente el valor que habíamos obtenido al usar el teorema de la probabilidad total. Nótese que con la información muestral, la probabilidad de obtener 3 números pares pasa de ser $\frac{1}{8}$ a ser $\frac{1}{4}$.

Al igual que para el teorema de la probabilidad total, el teorema de Bayes es muy útil en problemas en los que se puede utilizar diagramas

de árbol. En estas situaciones nos suelen pedir la probabilidad de que
en algún paso intermedio haya ocurrido algo conociendo el resultado
final del experimento. En el ejemplo anterior tenemos cuatro formas
de llegar al resultado final B y queremos saber la probabilidad de que
hayamos llegado por el cuarto camino. Así, la probabilidad pedida es
el cociente entre la probabilidad del camino que nos interesa dividido
entre la suma de todos los caminos que llevan a ese resultado final. En
nuestro ejemplo,

$$P(A_4/B) = \frac{1/8}{0 + 1/8 + 2/8 + 1/8} = \frac{1}{4},$$

que coincide con lo que se ha obtenido al aplicar el teorema de Bayes.

6. Variables aleatorias

6.1. Variables aleatorias

Cuando en el tema anterior se definió la noción de probabilidad, el espacio muestral podía ser cualquier conjunto. Así, el espacio muestral del lanzamiento de un dado es $\Omega_1 = \{1, 2, 3, 4, 5, 6\}$, mientras que el espacio muestral del lanzamiento de una moneda es $\Omega_2 = \{cara, cruz\}$.

En principio, no hay ninguna diferencia a la hora de definir y calcular probabilidades, de la misma forma que se pueden calcular frecuencias para cualquier tipo de variable estadística, sea cualitativa o cuantitativa. Sin embargo, si queremos extender los conceptos de media, varianza, etc. que se habían definido en la parte de estadística descriptiva para variables cuantitativas, es necesario que los posibles resultados del experimento sean números. Las variables aleatorias son el equivalente para la probabilidad de las variables cuantitativas para la estadística descriptiva.

Que el espacio muestral sea un conjunto de números es muy habitual, pues muchos experimentos aleatorios dan lugar a resultados numéricos. Así, podemos medir la altura, el número de hermanos, ... que son experimentos que dan lugar a resultados numéricos. Por otra parte, en muchos experimentos aleatorios nos interesa, más que el resultado del experimento, una función real de los resultados.

Ejemplo 97.
Supongamos que tenemos el experimento en el que se lanza una moneda y un dado. Entonces tenemos 12 resultados posibles, y el espacio muestral es

$$\Omega = \{(cara, i), (cruz, i) : i = 1, ..., 6\}.$$

https://dx.doi.org/10.5209/docm.003.06
Estadística Básica. Pedro Miranda Menéndez. © Ediciones Complutense, 2025.

Ahora bien, supongamos que recibiremos un pago de 5 euros si sale cara más el resultado del dado. En este caso, lo que realmente nos interesa es el premio (que es un valor numérico) y no el resultado del experimento. Así, ganamos 6 euros si sale el resultado $(cruz, 6)$ o si sale el resultado $(cara, 1)$, pero en la práctica no nos preocupa cuál de los dos ha ocurrido, sino que hemos ganado 6 euros.

La definición de variable aleatoria intenta unir estas dos formas de obtener resultados numéricos en un experimento aleatorio. Una **variable aleatoria** X es una aplicación que a cualquier elemento del espacio muestral le asigna un valor numérico. Matemáticamente, esto se escribe

$$X : \Omega \to \mathbb{R}.$$

Ejemplo 98.

Consideremos el experimento que consiste en lanzar dos monedas. Nuestro espacio muestral es

$$\Omega = \{(cara, cruz), (cruz, cara), (cara, cara), (cruz, cruz)\}.$$

Una posible variable aleatoria para este experimento sería $X \equiv$ número de caras, que viene definida por

$$X((cara, cruz)) = 1, \quad X((cruz, cara)) = 1,$$
$$X((cruz, cruz)) = 0, \quad X((cara, cara)) = 2.$$

Nótese que podríamos definir muchas otras variables aleatorias a partir de este experimento aleatorio; por ejemplo, otra posible variable aleatoria Y sería la definida por

$$Y((cara, cruz)) = 10, \quad Y((cruz, cara)) = 1,$$
$$Y((cruz, cruz)) = 0, \quad Y((cara, cara)) = 11.$$

La variable aleatoria que nos interesa en cada caso viene determinada por lo que queremos hallar.

En realidad, una variable aleatoria nos permite pasar de unos valores cualesquiera a unos nuevos valores que ahora son numéricos. Sobre el nuevo espacio muestral que nos proporciona la variable aleatoria, que ahora es el conjunto de los números reales $\mathbb{R}$, podemos plantearnos calcular probabilidades de sucesos, que serán subconjuntos de $\mathbb{R}$. Esta probabilidad, que denotaremos por P, se construirá a partir de la probabilidad P^* que teníamos sobre Ω y que nos proporciona el experimento inicial, que no era necesariamente numérico. Dado $A \subseteq \mathbb{R}$ un suceso del nuevo espacio muestral, su probabilidad será:

$$P(A) = P^*(\{\omega \in \Omega \text{ tal que } X(\omega) \in A\}).$$

Esto nos da un nuevo sistema de probabilidades sobre los números reales y nos permite olvidar el experimento inicial del que derivan. Esta nueva probabilidad P se llama **probabilidad inducida** por la variable aleatoria X.

Ejemplo 99. *(Continuación del ejemplo 98)*

La probabilidad asociada al experimento que consiste en lanzar dos monedas se puede obtener a partir de la regla de Laplace. Por lo tanto, se tiene

$$P^*(cruz, cruz) = \tfrac{1}{4}, \quad P^*(cruz, cara) = \tfrac{1}{4},$$
$$P^*(cara, cruz) = \tfrac{1}{4}, \quad P^*(cara, cara) = \tfrac{1}{4}.$$

Para la variable X definida anteriormente, se tiene:

$$P(X = 0) = P^*((cruz, cruz)) = \frac{1}{4}, \quad P(X = 2) = P^*((cara, cara)) = \frac{1}{4}.$$

Sin embargo,

$$P(X = 1) = P^*(\{(cara, cruz), (cruz, cara)\}) = \frac{2}{4}.$$

Y también,

$$P(X < 1) = P^*(\{(cruz, cruz), (cara, cruz), (cruz, cara)\}) = \frac{3}{4}.$$

Para la variable Y se tiene por ejemplo:

$$P(Y = 10) = P^*((cara, cruz)) = \frac{1}{4}, \quad P(Y = 1) = P^*((cruz, cara)) = \frac{1}{4},$$

$$P(Y = 0) = P^*((cruz, cruz)) = \frac{1}{4}, \quad P(Y = 11) = P^*((cara, cara)) = \frac{1}{4}.$$

6.2. Función de distribución

Nótese que para determinar una probabilidad es necesario conocer la probabilidad de cada suceso. Esto nos obligaba a definir los valores $P^*(A), \forall A \subseteq \Omega$. Al definir una variable aleatoria, el nuevo espacio muestral es $\mathbb{R}$; por tanto, para definir la probabilidad deberíamos definir la probabilidad $P(B), \forall B \subseteq \mathbb{R}^1$. El número de subconjuntos de $\mathbb{R}$ es infinito. Esto hace imposible escribir la probabilidad de cualquier suceso por enumeración, es decir, haciendo una lista. Sin embargo, es posible dar una definición equivalente de la probabilidad a partir de una función real y que nos permitirá calcular la probabilidad de cualquier suceso. Esta función real se llama la función de distribución y es un equivalente de la frecuencia relativa acumulada en estadística descriptiva.

Dada una variable aleatoria X, la función $F : \mathbb{R} \to \mathbb{R}$ definida por

$$\boxed{F(x) = P^*(\{\omega \in \Omega \text{ tal que X}(\omega) \le \text{x}\}),}$$

se denomina **función de distribución**.

En general, denotaremos la expresión anterior de manera abreviada por

$$F(x) = P(X \le x).$$

Ejemplo 100. *(Continuación del ejemplo 98)*

Consideremos el ejemplo del lanzamiento de dos monedas y la variable aleatoria $X \equiv$ número de caras obtenido. Ya habíamos hallado anteriormente la probabilidad de cada uno de los posibles valores (0, 1, 2) de la variable X. En este caso, la función de distribución viene dada por

$$F(x) = \begin{cases} 0 & \text{si x} < 0 \\ \frac{1}{4} & \text{si } 0 \le \text{x} < 1 \\ \frac{3}{4} & \text{si } 1 \le \text{x} < 2 \\ 1 & \text{si } 2 \le \text{x} \end{cases}$$

---

[1]Aunque no es el objetivo de este curso y no nos dará ningún problema en la práctica, desde un punto de vista matemático, cuando el referencial es $\mathbb{R}$, no podemos considerar como conjunto de sucesos el conjunto de todos los subconjuntos de $\mathbb{R}$. En ese caso debemos considerar como conjunto de sucesos lo que se conoce como σ-álgebra de Borel, que se denota por $\mathfrak{B}_{\mathbb{R}}$. Dentro de este conjunto están todos los intervalos, abiertos, cerrados y semiabiertos, los puntos y prácticamente cualquier conjunto de los números reales que nos podamos imaginar.

La gráfica de esta función de distribución viene dada en la figura 6.1.

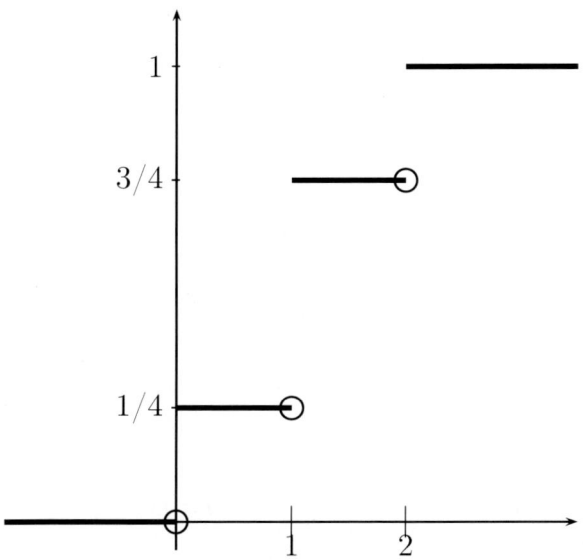

Figura 6.1. Representación gráfica de la función de distribución correspondiente a la variable aleatoria del ejemplo 98.

Por ejemplo,

$$F(1,4) = P^*(\{\omega \in \Omega | X(\omega) \leq 1,4\}) = P^*(\{(C,X),(X,C),(X,X)\}) = \frac{3}{4}.$$

Es interesante notar la posición de $\leq$ y $<$ en cada una de las partes. Esta posición no es un azar, sino que siempre es así. Nótese que en los puntos de discontinuidad el valor de la función se toma en el trozo de arriba. Esto es lo que representan los círculos en los segmentos inferiores.

A partir del gráfico anterior puede verse que la función de distribución de una variable aleatoria tiene las siguientes propiedades:

1. F es no decreciente.

2. $\lim\limits_{x \to \infty} F(x) = 1$.

3. $\lim\limits_{x \to -\infty} F(x) = 0$.

4. F es continua por la derecha.

Sin embargo, aunque en este ejemplo la función de distribución es escalonada, esto no es necesario en todos los casos, como veremos más adelante.

Estas cuatro propiedades caracterizan la función de distribución, es decir, dada cualquier función F que verifique estas propiedades, podremos encontrar una variable aleatoria cuya función de distribución sea F; y viceversa, cualquier variable aleatoria tiene una función de distribución que cumple las condiciones anteriores.

A partir de F podemos calcular la probabilidad de cualquier subconjunto real, de la misma forma que con la frecuecia relativa acumulada se podían calcular las frecuencias relativas. Por ejemplo,

$$P(X \in (a, b]) = P(X \leq b) - P(X \leq a) = F(b) - F(a).$$

Ejemplo 101. *(Continuación del ejemplo 98)*
En este caso,

$$P(X \in (1{,}5, 3{,}5]) = F(3{,}5) - F(1{,}5) = 1 - \frac{3}{4} = \frac{1}{4}.$$

Finalmente, nótese que

$$P(X < a) = \lim\limits_{x \to a^-} F(x),$$

valor que se denota por $F(a^-)$. Con esto ya podemos hallar la probabilidad de cualquier intervalo a partir de la función de distribución.

Parece que la función de distribución nos complica la teoría, pues en el ejemplo de las monedas nos basta con dar tres valores para conocer la probabilidad de cualquier intervalo. Así, teniendo en cuenta que

$$P(X = 0) = \frac{1}{4}, P(X = 1) = \frac{2}{4}, P(X = 2) = \frac{1}{4},$$

podemos calcular por ejemplo que

$$P(X \in (0{,}5, 3{,}5]) = P(X = 1) + P(X = 2) = \frac{3}{4},$$

ya que X solo está dentro de ese intervalo si toma los valores 1 o 2. Todos los demás valores del intervalo son imposibles por la definición de la variable X y entonces no los tenemos en cuenta. Y ahora podemos aplicar las propiedades de la probabilidad para calcular el resultado final.

Sin embargo, como ya hemos indicado, en general deberíamos dar la probabilidad de cualquier suceso, y con experimentos que dan lugar a infinitos resultados podemos tener problemas al aplicar el procedimiento anterior.

En definitiva, la probabilidad es una función de conjunto y, por tanto, difícil de manejar. La función de distribución es, sin embargo, una función real, que es susceptible de ser representada[2]. En otras palabras, la función de distribución simplifica la expresión de la probabilidad. A pesar de ello, como nosotros trataremos solo con tipos especiales de variables aleatorias, no haremos mucho uso de la función de distribución.

6.3. Variables discretas y continuas

Las variables aleatorias se dividen en dos grupos: discretas y continuas (nótese la similitud con la clasificación de las variables estadísticas cuantitativas). Sin embargo, aunque no trataremos ese caso, esta clasificación no es exhaustiva, es decir, pueden construirse variables que no sean ni discretas ni continuas.

---

[2]Sin entrar en mucho detalle pues no es el objetivo del curso, el cardinal o número de elementos que tiene un conjunto puede ser finito o infinito. En el caso finito tenemos un número natural que nos da el número de elementos del conjunto. En el caso infinito, hay varias clasificaciones en función de lo «grande» que es el infinito. Desde un punto de vista matemático, se puede ver que el cardinal de los subconjuntos de $\mathbb{R}$ es más grande que el cardinal de $\mathbb{R}$, aunque ambos son infinitos.

6.3.1. Variables aleatorias discretas

Una variable se dice **discreta** cuando solo toma un número finito o infinito numerable[3] de valores.

El conjunto de valores que toma la variable se llama **soporte** de la variable aleatoria y se denota por Ω. El soporte jugará el mismo papel que el conjunto de modalidades en estadística descriptiva.

Ejemplo 102. *(Continuación del ejemplo 98)*

El ejemplo del lanzamiento de las dos monedas contando el número de caras que aparecen es una variable discreta cuyo soporte es $\Omega = \{0, 1, 2\}$.

Ejemplo 103.

El número de veces que es necesario lanzar una moneda hasta obtener por primera vez cara es una variable discreta que toma infinitos valores. En concreto, su soporte es

$$\Omega = \{1, 2, 3, ...\}.$$

Veremos más adelante otros ejemplos de variables discretas que toman infinitos valores.

Entonces, tal y como se vio con la función de distribución, esta es una función escalonada con saltos en los valores del soporte de la variable y con valor de salto el valor de probabilidad del punto correspondiente. Por lo tanto, para conocer (es decir, para poder dibujar) la función de distribución solo se necesita conocer los puntos del soporte (donde F es discontinua) y los valores de probabilidad en esos puntos (que son la altura del salto en ese valor).

Entendemos por **función masa de probabilidad** la función

$$P : \Omega \to [0, 1],$$

que a cada punto del soporte le asigna el valor de su probabilidad

$$P(\{\omega \in \Omega | X(\omega) = x\}).$$

---

[3] En el caso de cardinales infinitos, hay varias clasificaciones en función de lo «grande» que es el infinito, aunque la más habitual es dividir los cardinales en numerables y no numerables o continuos. Los infinitos numerables son los cardinales de los números naturales, enteros o racionales entre otros. Los cardinales no numerables son por ejemplo el de los números reales.

Denotaremos esta probabilidad de forma abreviada por $P(X = x)$. La función masa de proababilidad es el equivalente de la frecuencia relativa en estadística descriptiva.

Nótese que cualquier función masa de probabilidad verifica las siguientes propiedades:

- $P(x) > 0$, $\forall x \in \Omega$.

- $\displaystyle\sum_{x \in \Omega} P(x) = 1$.

Estas dos propiedades caracterizan las funciones masa de probabilidad. Nótese que son las mismas propiedades que teníamos en estadística descriptiva para frecuencias relativas. Y en la práctica, la función masa de probabilidad se aplica igual que se haría con las frecuencias relativas.

Como habíamos dicho antes, conocida la función masa de probabilidad se puede conocer la probabilidad de cualquier suceso A sin más que aplicar la fórmula

$$\boxed{P(X \in A) = \sum_{x \in A} P(X = x),}$$

que proviene de la propiedad de aditividad de la probabilidad. En particular, la función de distribución se puede calcular a partir de P de la siguiente manera:

$$F(x) = P(X \le x) = \sum_{x_i \le x} P(X = x_i).$$

Ejemplo 104. *(Continuación del ejemplo 98)*

Consideremos nuevamente el ejemplo del lanzamiento de dos monedas y la variable $X \equiv$ número de caras. Ya habíamos visto anteriormente que X es una variable discreta pues solo toma los valores $\{0, 1, 2\}$. La función masa de probabilidad viene dada por:

$$P(X = 0) = \frac{1}{4}, P(X = 1) = \frac{2}{4}, P(X = 2) = \frac{1}{4}.$$

De esta forma se tiene, por ejemplo,

$$P(X \in \{0, 1\}) = P(X = 0) + P(X = 1) = \frac{3}{4},$$

$$P(X \geq 1) = P(X = 1) + P(X = 2) = \frac{3}{4}.$$

6.3.2. Variables aleatorias continuas

Básicamente, una variable aleatoria **continua** es la que toma una cantidad no numerable de valores[4]. Dicho de otra manera, es una variable que no toma valores aislados, o centrándonos más en nuestro caso, aquellas variables que pueden tomar cualquier valor dentro de un intervalo. Por ejemplo, la altura de los humanos adultos puede tomar cualquier valor en [1.5, 2.5] y es, por tanto, una variable continua; el hecho de que aproximemos las alturas a dos cifras decimales no quiere decir que tome un número finito de valores, sino que se está aproximando; en realidad, todos los valores serían posibles si la precisión fuese suficientemente grande.

Desde un punto de vista matemático, la definición es bastante más abstracta: se dice que una variable aleatoria X con función de distribución F es **absolutamente continua** (o simplemente continua) si existe una función no negativa $f : \mathbb{R} \to \mathbb{R}$ tal que para todo número real x, se cumple que

$$F(x) = \int_{-\infty}^{x} f(t)dt.$$

A la función f se la denomina **función de densidad** de la variable X.

Conocida F, es posible calcular f mediante el teorema fundamental del cálculo integral, que establece que

$$F'(x) = f(x).$$

Nótese que por las propiedades de la función de distribución, se tiene

$$1 = \lim_{x \to \infty} F(x) = \lim_{x \to \infty} \int_{-\infty}^{x} f(t)dt = \int_{-\infty}^{\infty} f(t)dt.$$

---

[4]Esta definición de variable continua no es exacta, pero intuitivamente es más sencilla de comprender. Más adelante en esta sección daremos la definición matemática.

Esta propiedad, junto a la no negatividad de f, serán las propiedades que nos servirán para comprobar que una función f es función de densidad de una variable aleatoria. Es decir, para comprobar que una función f es función de densidad tiene que cumplirse

- $f(x) \geq 0$, $\forall x \in \mathbb{R}$.

- $\displaystyle\int_{\mathbb{R}} f(x)dx = 1$.

Una diferencia con la función masa de probabilidad es que la función de densidad puede superar el valor 1 en algunos valores reales, lo que no es posible para la probabilidad.

La función de densidad intenta reproducir las propiedades de la función masa de probabilidad para cardinales no numerables. Tiene prácticamente las mismas propiedades, pero ahora sustituimos la suma por la integral. La función de densidad nos indica lo lógico que es que la variable tome un valor (nótese que no hablamos de la probabilidad que toma ese valor); así, si un valor es más lógico que otro, la función de densidad sobre el primero será mayor que sobre el segundo.

Ejemplo 105.

Sea X la variable aleatoria que consiste en escoger un número al azar en el intervalo $(0,1)$. En este caso, X puede tomar cualquier valor en el intervalo $(0,1)$ y es una variable continua. Veamos cuál es la función de densidad de esta variable. Puesto que escogemos un punto al azar, no tenemos ninguna información que haga más probable un punto sobre otro. Esto se debe traducir en que $f(t) = k$, donde k es una constante k sobre todo el intervalo $(0,1)$. Por otra parte, los valores fuera de este intervalo son imposibles, por lo que $f(t) = 0$ fuera de $(0,1)$. Como además $\int_0^1 f(t)dt = 1$ y

$$\int_0^1 k\,dt = k,$$

se tiene $k = 1$, y la función de densidad es

$$f(t) = \begin{cases} 1 & t \in (0,1) \\ 0 & \text{en otro caso} \end{cases}$$

La gráfica de esta función de densidad viene dada en la figura 6.2.

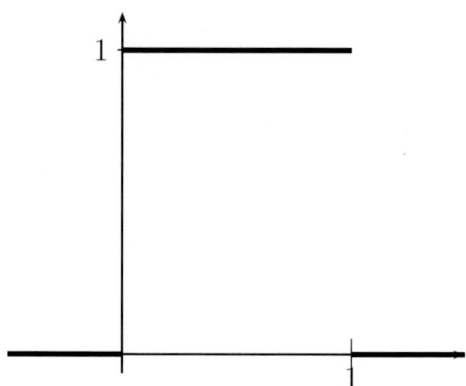

Figura 6.2. Representación gráfica de la función de densidad correspondiente al ejemplo 105.

Si ahora consideramos un intervalo $(a, b]$, se tiene que

$$
\begin{aligned}
P(X \in (a, b]) &= P(X \leq b) - P(X \leq a) = F(b) - F(a) \\
&= \int_{-\infty}^{b} f(t)dt - \int_{-\infty}^{a} f(t)dt = \int_{a}^{b} f(t)dt.
\end{aligned}
$$

Esto puede extenderse a cualquier suceso A :

$$
\boxed{P(X \in A) = \int_{A} f(t)dt.}
$$

Por tanto, aplicando las propiedades de la integral, la probabilidad de un suceso es el área bajo la curva f y limitada por el eje de abscisas.

Como consecuencia de este resultado, si conocemos la función de densidad de una variable continua estaremos en condiciones de hallar la probabilidad de cualquier suceso.

Ejemplo 106. *(Continuación del ejemplo 105)*
  Ahora, se tiene por ejemplo:

$$
P\left(X \in \left(\frac{1}{2}, \frac{3}{4}\right)\right) = \int_{\frac{1}{2}}^{\frac{3}{4}} 1dt = \frac{3}{4} - \frac{1}{2} = \frac{1}{4}.
$$

Nótese que para una variable continua, la probabilidad

$$P(X = x) = \int_x^x f(t)dt = 0.$$

Por tanto, la probabilidad de que se tome un valor aislado es 0, a pesar de que este valor es posible. Esto significa que aunque $P(\emptyset) = 0$, pueden existir otros sucesos con probabilidad 0 pero posibles. Este resultado parece que va en contra de toda lógica y que tergiversa completamente el sentido de la probabilidad. En realidad, puede justificarse de la siguiente manera: aunque x sea una valor posible de la variable, si la variable es continua, hay infinitos valores posibles, y como la probabilidad de todos ellos juntos es 1, al repartir punto a punto, esto hace que toquen a probabilidad 0 cada uno de ellos. En realidad, F es como una rampa y el salto entre dos «puntos consecutivos» de la rampa es 0.

Ejemplo 107. *(Continuación del ejemplo 105)*

Para este ejemplo, la figura 6.3 muestra la función de distribución de la variable aleatoria.

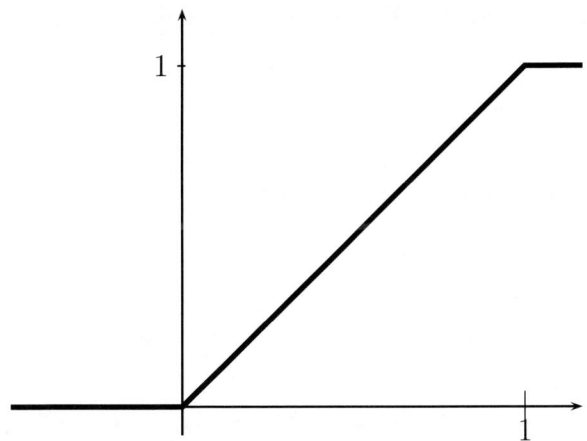

Figura 6.3. Representación gráfica de la función de distribución correspondiente a la variable aleatoria del ejemplo 105.

Como consecuencia del resultado anterior, se tiene que para variables continuas

$$P((a,b]) = P([a,b]) = P((a,b)) = P([a,b)).$$

Nótese que esto no es cierto para las variables discretas.

A modo de conclusión, incluimos en la tabla 6.1 una comparativa de las propiedades de la función masa de probabilidad y de la función de densidad. Como se ha dicho anteriormente y puede verse en esa tabla, la función masa de probabilidad y la función de densidad funcionan de forma muy similar, y la diferencia entre ellas radica en que en las expresiones para la función masa de probabilidad aparecen sumas mientras que para las correspondientes expresiones de la función de densidad aparecen integrales.

	Discretas	Continuas
Condiciones	$P(x_i) > 0$ $$\sum_{x \in \Omega} P(x) = 1$$	$f(x) \geq 0$ $$\int_{\mathbb{R}} f(x)dx = 1$$
$F(x)$	$$F(x) = \sum_{x_i \leq x} P(X = x_i)$$	$$F(x) = \int_{-\infty}^{x} f(t)dt$$
$P(A)$	$$P(X \in A) = \sum_{x \in A} P(X = x)$$	$$P(X \in A) = \int_{A} f(t)dt$$

Tabla 6.1. Comparativa de las propiedades de la función masa de probabilidad y de la función de densidad: propiedades de caracterización, cálculo de la función de distribución y cálculo de probabilidades.

6.4. Esperanza y varianza de una variable aleatoria

Como se dijo en la introducción de este tema, el uso de variables aleatorias nos permite pasar de espacios muestrales generales a espacios muestrales reales, y esto permite definir muchos de los conceptos de estadística descriptiva. Recuérdese que en la parte dedicada a la estadística descriptiva habíamos estudiado distintas medidas que nos daban información del comportamiento de la variable; sin embargo, para casi todas ellas era necesario que la variable fuese cuantitativa. Entre todas las medidas estudiadas, habíamos visto que las más importantes eran la media como medida de centralización y la varianza (y desviación típica) como medida de dispersión. Pasemos ahora a ver las expresiones de la media y la varianza de una variable aleatoria, aunque este proceso se puede repetir para extender cualquiera de las medidas que se definieron en el capítulo 3. Haremos el estudio por separado para variables discretas y continuas.

6.4.1. Esperanza matemática

Dada una variable aleatoria discreta X con función masa de probabilidad P se define su **media** o **esperanza matemática** como el valor (si existe),

$$\mu = E(X) = \begin{cases} \displaystyle\sum_{i=1}^{k} x_i P(X = x_i) & \text{si Soporte(X)} = \{x_1, ..., x_k\} \\ \displaystyle\sum_{i=1}^{\infty} x_i P(X = x_i) & \text{si Soporte(X)} = \{x_1, ..., x_n, ...\} \end{cases}$$

En realidad, esta expresión recuerda mucho a la expresión de la media en variables estadísticas, especialmente si la variable solo toma un número finito de valores. La diferencia radica en cambiar la frecuencia relativa por la probabilidad. Y esto es lógico, puesto que la probabilidad puede verse como el límite de las frecuencias relativas cuando el tamaño de la muestra tiende a infinito. Es por ello que se llama esperanza, pues es lo que se *espera* que pase si pudiésemos realizar el experimento infinitas veces. El caso no finito no es más que la extensión natural del caso finito cuando el soporte tiene cardinal infinito.

La **media** de una variable aleatoria continua X con función de densidad f viene dada por

$$\mu = E(X) = \int_{-\infty}^{\infty} x f(x) dx.$$

Esta expresión es la misma que para el caso discreto, sin más que sustituir la suma por la integral y la función masa de probabilidad por la función de densidad.

Ejemplo 108. *(Continuación del ejemplo 98)*
Sea la variable aleatoria del lanzamiento de las dos monedas. En este caso,

$$E(X) = 0\frac{1}{4} + 1\frac{1}{2} + 2\frac{1}{4} = 1.$$

Ejemplo 109. *(Continuación del ejemplo 105)*
Sea la variable aleatoria continua considerada en la sección anterior. En este caso,

$$E(X) = \int_0^1 x dx = \left[\frac{x^2}{2}\right]_0^1 = \frac{1}{2}.$$

La esperanza tiene la misma interpretación que la media aritmética en estadística descriptiva, esto es, un valor en mitad de los valores posibles que compensa diferencias por encima y por debajo. Así, en el caso de la variable continua, la esperanza es $\frac{1}{2}$, pues en caso de que todos los valores sean igualmente lógicos, el valor medio debería estar en la mitad del intervalo.

Cabe mencionar, finalmente, que la esperanza de una variable aleatoria tiene las mismas propiedades que habíamos visto para la media aritmética.

6.4.2. Varianza

La **varianza** de una variable aleatoria discreta X con función masa de probabilidad P viene dada por

$$V(X) = \sigma^2 = E((X - \mu)^2) = \sum_{x_i \in Soporte(X)} (x_i - \mu)^2 P(X = x_i).$$

La **varianza** de una variable aleatoria continua viene dada por

$$V(X) = \sigma^2 = E((X - \mu)^2) = \int_{-\infty}^{\infty} (x - \mu)^2 f(x)dx.$$

En ambos casos y al igual que para variables estadísticas, la varianza puede ser calculada por

$$\sigma^2 = E(X^2) - E(X)^2,$$

donde

$$E(X^2) = \begin{cases} \sum_{x \in Soporte(X)} x^2 P(X = x) & \text{si X discreta} \\ \int_{-\infty}^{\infty} x^2 f(x)dx & \text{si X continua} \end{cases}$$

Ejemplo 110. *(Continuación del ejemplo 98)*
Para nuestra variable discreta,

$$E(X^2) = \sum_{x_i} x_i^2 P(X = x_i) = 0\frac{1}{4} + 1\frac{1}{2} + 4\frac{1}{4} = 1,5.$$

Luego,

$$V(X) = \sigma^2 = E(X^2) - E(X)^2 = 0,5.$$

Ejemplo 111. *(Continuación del ejemplo 105)*
Para nuestra variable continua,

$$E(X^2) = \int_0^1 x^2 dx = \frac{1}{3}.$$

Luego,

$$V(X) = \sigma^2 = E(X^2) - E(X)^2 = \frac{1}{3} - \frac{1}{4} = \frac{1}{12}.$$

Finalmente, dada una variable aleatoria X, se define la **desviación típica** (denotada por σ o $D(X)$) como la raíz cuadrada positiva de la varianza. Esta medida aparece para tener una medida de la dispersión que tenga las mismas unidades que X. Las propiedades que habíamos visto para la varianza y la desviación típica para variables estadísticas se cumplen también en el caso de tratar con variables aleatorias.

En la tabla 6.2, se ve una comparativa de las distintas fórmulas para cada situación. Nótese nuevamente el comportamiento similar de la frecuencia relativa en estadística descriptiva, la función masa de probabilidad para variables discretas y la función de densidad para variables continuas.

	$\overline{X}$ o $E(X)$	$\overline{X^2}$ o $E(X^2)$
Descriptiva	$\sum_{i=1}^{k} x_i f_i$	$\sum_{i=1}^{k} x_i^2 f_i$
Discretas	$\sum_{x \in Sop(X)} x P(x)$	$\sum_{x \in Sop(X)} x^2 P(x)$
Continuas	$\int_{-\infty}^{\infty} x f(x) dx$	$\int_{-\infty}^{\infty} x^2 f(x) dx$
	$Var(X)$	$Var(X)$
Descriptiva	$\sum_{i=1}^{k} (x_i - \overline{X})^2 f_i$	$\overline{X^2} - \overline{X}^2$
Discretas	$\sum_{x \in Sop(X)} (x - E(X))^2 P(x)$	$E(X^2) - E(X)^2$
Continuas	$\int_{-\infty}^{\infty} (x - E(X))^2 f(x) dx$	$E(X^2) - E(X)^2$

Tabla 6.2. Comparativa de media y varianza para estadística descriptiva, variables discretas y variables continuas. Véanse las similitudes entre todas las fórmulas.

6.5. Ejemplos de distribuciones discretas

Veremos en este sección algunos ejemplos de distribuciones discretas que son sencillos y que aparecen en muchas situaciones en problemas reales. Estos ejemplos nos servirán para ejercitar los conceptos que se definieron en las secciones anteriores. Nos servirán también para ver cómo se deducen las funciones masa de probabilidad en varias situaciones prácticas. Además, el tratar estos casos nos permitirá introducir el concepto de parámetro, que será fundamental en la parte de inferencia estadística que veremos en los próximos capítulos. Finalmente, nos servirán para introducir la notación que se usa para representar esas distribuciones.

6.5.1. Distribución de Bernoulli

Esta variable aparece en aquellos experimentos en los que solo nos interesa saber si ocurrió una determinada situación o no, o si un individuo elegido al azar tiene una determinada característica o no. Si ocurrió la característica, diremos que ha pasado un *éxito*, lo denotaremos por E y le asignaremos valor 1, mientras que en caso contrario diremos que ha pasado un *fracaso*, lo denotaremos por F y le asignaremos valor 0. Los experimentos de este tipo, en el que solo se repite una vez y solo nos interesa si pasa o no algo se llaman *pruebas de Bernoulli*.

Ejemplo 112.

Consideremos el experimento consistente en lanzar un dado y supongamos que lo único que nos interesa es saber si salió 5 o no. Entonces, solo hay dos resultados posibles para el experimento, SI (al que le asociamos el valor 1) o NO (al que le asociamos el valor 0).

Desde un punto de vista matemático, se dice que una variable aleatoria discreta X tiene **distribución de Bernoulli** de parámetro p, donde p es un valor en $[0,1]$, si

$$\boxed{Soporte(X) = \{0, 1\}, \ P(X = 1) = p, \ P(X = 0) = 1 - p.}$$

Si X tiene distribución de Bernoulli de parámetro p lo denotaremos por $X \sim \mathcal{B}(p)$. Nótese que p es la probabilidad de obtener un éxito al realizar la prueba de Bernoulli.

Como hemos visto, p es el parámetro de la distribución. En general, un parámetro de una distribución es un valor que necesitamos conocer para poder determinar los valores del soporte y de probabilidad de la distribución. Así, por ejemplo, para una distribución de Bernoulli, el soporte siempre es el mismo, y la única diferencia entre distintas distribuciones de Bernoulli es debido a diferencias entre las probabilidades de éxito. Por eso, el único parámetro de la distribución es ese valor de probabilidad.

Ejemplo 113. *(Continuación del ejemplo 112)*

En el caso anterior, la variable sigue una distribución $\mathcal{B}(\frac{1}{6})$, *puesto que la probabilidad de obtener 5 (el éxito) es* $\frac{1}{6}$, *tal y como se ve al aplicar la regla de Laplace.*

La media y la varianza de esta variable son:

$$E(X) = p \cdot 1 + (1 - p) \cdot 0 = p.$$

$$E(X^2) = p \cdot 1^2 + (1 - p) \cdot 0^2 = p \Rightarrow$$
$$\Rightarrow V(X) = E(X^2) - E(X)^2 = p - p^2 = p(1 - p).$$

La distribución de Bernoulli es fundamental en el modelado de proporciones, como veremos más adelante. En concreto, p representa la probabilidad de que pase algo o, en otras palabras, la proporción de individuos de la población que tienen una característica.

Ejemplo 114.

Consideremos por ejemplo la población de los españoles adultos y consideremos el experimento que consiste en seleccionar al azar un individuo y ver si mide más de 1,70. En este caso, nuestra variable tiene distribución de Bernoulli y el parámetro p denota la probabilidad de que un individuo mida más de 1,70. Y esta probabilidad viene dada por la proporción de individuos con altura superior a 1,70 sin más que aplicar la definición clásica de probabilidad: todos los individuos tienen la misma posibilidad de ser seleccionados, y viene dada por $\frac{1}{n}$, *donde n es el número total de españoles adultos; si hay r individuos con altura superior a 1,70, la probabilidad de seleccionar un individuo en estas condiciones es* $\frac{r}{n}$. *Este es el valor de p.*

6.5.2. Distribución binomial

Supongamos que se repite n veces un mismo experimento de manera que cada repetición se realiza independientemente de las otras. En cada realización experimental se observa si ocurre un determinado suceso, habitualmente llamado *éxito* (E) o, si por el contrario, no ocurre tal suceso, usualmente llamado *fracaso* (F). Es decir, supongamos que realizamos n experimentos de Bernoulli de manera independiente. Supondremos que la probabilidad de éxito $p = P(E)$ se mantiene constante durante los n experimentos. Consideremos la variable aleatoria

$X \equiv$ número de éxitos obtenidos tras las n realizaciones del experimento.

Una variable aleatoria X en estas condiciones se dice entonces que sigue una **distribución binomial** de parámetros n y p, y lo denotaremos por $X \sim \mathcal{B}(n,p)$.

Ejemplo 115. *(Continuación del ejemplo 112)*

Consideremos nuevamente el ejemplo del dado. Supongamos que lanzamos el dado 20 veces. La variable $X \equiv$ «número de cincos obtenidos» sigue una distribución $\mathcal{B}(20, \frac{1}{6})$.

Veamos las características de esta variable. En primer lugar, es claro que el soporte es $Soporte(X) = \{0, ..., n\}$.

Veamos ahora cuál es su función masa de probabilidad. Es posible comprobar aplicando lo que ya hemos visto de cálculo de probabilidades que para $k \in \{0, ..., n\}$, se tiene

$$P(X = k) = \binom{n}{k} p^k (1-p)^{n-k},$$

donde

$$\binom{n}{k} = \frac{n!}{k!(n-k)!},$$

y $0! = 1$ por convenio. Veamos cómo deducir esta fórmula. En efecto, si $X = k$, eso es porque ha habido k éxitos; si, por ejemplo, tenemos que los éxitos fueron los k primeros experimentos, la probabilidad de este resultado sería

$$
\begin{aligned}
P(E_1 \cap ... \cap E_k \cap F_{k+1} \cap ... \cap F_n) &= P(E_1) \cdots P(E_k) P(F_{k+1}) \cdots P(F_n) \\
&= p^k (1-p)^{n-k},
\end{aligned}
$$

sin más que aplicar la independencia. Sin embargo, esta es solo una posibilidad para obtener k éxitos. En realidad, hay otras combinaciones que llevan a k éxitos y $n-k$ fracasos (por ejemplo, que los $n-k$ primeros experimentos sean fracasos y los k últimos sean éxitos). Todas estas combinaciones tienen la misma probabilidad $(p^k(1-p)^{n-k})$. Por lo tanto, la probabilidad de que X tome el valor k será $p^k(1-p)^{n-k}$ multiplicado por el número de posibilidades. Y el número de posibilidades son el número de formas que hay de elegir los k experimentos con éxito. Este valor es, tal y como se puede ver en el apéndice sobre combinatoria, el número combinatorio $\binom{n}{k}$.

En definitiva, para determinar el soporte y la función masa de probabilidad de una distribución binomial necesitamos conocer el número de experimentos de Bernoulli para conocer el soporte (es el parámetro n) y además el valor de la probabilidad de éxito para determinar los distintos valores de probabilidad (es el parámetro p).

Como caso particular de la distribución binomial, si X sigue distribución de Bernoulli $\mathcal{B}(p)$, entonces X sigue una distribución binomial $\mathcal{B}(1, p)$.

Además, por la construcción de la variable binomial, sabemos que si $X \sim \mathcal{B}(n, p)$, entonces X puede escribirse de la forma

$$X = X_1 + ... + X_n,$$

donde $X_i \sim \mathcal{B}(p)$, $\forall i = 1, ..., p$ independientes entre sí. En realidad, X_i representa el resultado de la i-ésima repetición del experimento, observándose si hubo éxito o no. Por eso, la asignación de los valores 1 y 0 para éxito y fracaso en la distribución de Bernoulli no son arbitrarios y no pueden cambiarse.

Esta forma de escribir una variable binomial como suma de variables de Bernoulli nos permite calcular fácilmente la media y la varianza de X:

$$E(X) = E(X_1 + ... + X_n) = E(X_1) + ... + E(X_n) = p + ... + p = np.$$

$$\begin{aligned}
V(X) &= V(X_1 + ... + X_n) = V(X_1) + ... + V(X_n) \\
&= p(1-p) + ... + p(1-p) = np(1-p).
\end{aligned}$$

6.5.3. Distribución de Poisson

Esta variable aparece cuando se está midiendo el número de veces que pasa algo por unidad de medida. Por ejemplo, es la variable que se aplica para medir el número de llamadas por hora a una centralita, el número de bacterias por centímetro cúbico de agua, etc.

Desde un punto de vista matemático, una variable aleatoria X tiene **distribución de Poisson** de parámetro λ (donde λ es un número real positivo) y lo denotaremos $X \sim \mathcal{P}(\lambda)$ si su soporte y su función masa de probabilidad vienen dados por

$$Soporte(X) = \{0, 1, ...\}, \ P(X = k) = e^{-\lambda}\frac{\lambda^k}{k!}, \ k = 0, 1, ...$$

Veamos cómo deducir esta expresión. Supongamos que queremos saber el número de llamadas a una centralita en una hora. Esto se puede aproximar de la siguiente manera: dividimos la hora en dos partes de media hora cada una y vemos si hay alguna llamada en cada una de ellas o no. Esto sigue una distribución binomial de parámetros $\mathcal{B}(2, p_2)$. Pero nótese que podría ocurrir que tuviésemos dos llamadas en alguno de estos dos tramos, y entonces no saldría el valor que nos interesa. Para conseguir una mejor aproximación, también podemos dividir la hora en cuatro partes y entonces considerar una distribución binomial de parámetros $\mathcal{B}(4, p_4)$. Aquí, p_4 es más pequeño que p_2 porque mide la ocurrencia de algún éxito en menor tiempo. Y así sucesivamente. Al final tenemos un número de partes n que es muy grande (tiende a infinito) y p_n muy pequeño (tiende a 0). Si np_n se aproxima a λ, entonces

$$\lim_{\substack{n \to \infty \\ p_n \to 0 \\ np_n \to \lambda}} P(k) = \lim_{\substack{n \to \infty \\ p_n \to 0 \\ np_n \to \lambda}} \binom{n}{k} p_n^k (1 - p_n)^{n-k} = e^{-\lambda}\frac{\lambda^k}{k!}.$$

Como en los otros casos, para diferenciar entre distintas distribuciones de Poisson basta conocer el valor de λ. Por eso esta distribución solo tiene un parámetro.

Nótese que en este caso el dominio tiene infinitos valores posibles. A pesar de ello esta variable es discreta, pues toma valores aislados (en realidad porque toma una cantidad infinita numerable de valores).

Puede comprobarse sumando las correspondientes series matemáticas que

$$E(X) = \lambda, \ V(X) = \lambda.$$

Para recordar estas expresiones, pude ser útil comparar estos valores con los correspondientes de la distribución binomial. La esperanza de la distribución binomial es np, y sabemos que np tiende a λ en el caso de la distribución de Poisson. La varianza de la binomial era $np(1-p)$, pero np tiende a λ y $(1-p)$ tiende a 1.

Ejemplo 116.

Supongamos que un teléfono de reclamaciones recibe una media de 3 llamadas por minuto. Entonces, la variable $X \equiv$ número de llamadas por minuto sigue una distribución $\mathcal{P}(3)$, pues el parámetro de la distribución coincide con su media.

6.6. Distribuciones continuas

Veamos ahora algunos ejemplos de distribuciones continuas. Seguiremos el mismo proceso que en el caso discreto, estudiando las situaciones en las que aparecen estas distribuciones y sus características (soporte y función de densidad) de cada una de ellas. Veremos también los parámetros de cada una de ellas. Pero antes de empezar hay que tener en cuenta dos cosas:

- Aunque establezcamos que una distribución aparece en una determinada situación, en muchas ocasiones otras familias de distribuciones son váidas para representar ese experimento. Es decir, dado un problema concreto, no podemos asignar directamente la distribución.

- En la sección anterior hemos deducido las distintas funciones masa de probabilidad. Sin embargo, esto no es tan sencillo para la función de densidad, con lo que nos limitaremos a escribirla y no haremos su deducción.

6.6.1. Distribución uniforme

Una variable aleatoria X se dice que tiene **distribución uniforme** de parámetros a y b con $a < b$ si su función de densidad viene dada por:

$$f(x) = \left\{ \begin{array}{cc} \frac{1}{b-a} & \text{si } x \in (a,b) \\ 0 & \text{en otro caso} \end{array} \right.$$

Denotaremos la distribución uniforme en (a,b) por $\mathcal{U}(a,b)$. La distribución uniforme representa la ignorancia total sobre el experimento, en el sentido de que solo se sabe que se ha obtenido un valor en el intervalo (a,b), sin que podamos dar ninguna información adicional sobre qué valor puede haber salido. Por ello, no podemos asignar una densidad mayor a un punto del intervalo que a otro y esto conlleva que la función de densidad sea la misma para todos los puntos del dominio. Nótese que para conocer el soporte y la función de densidad de una distribución uniforme basta conocer el intervalo en el que está palicada. Por eso, los parámetros de la distribución son precisamente los extremos de ese intervalo.

La gráfica de esta función de densidad viene dada en la figura 6.4.

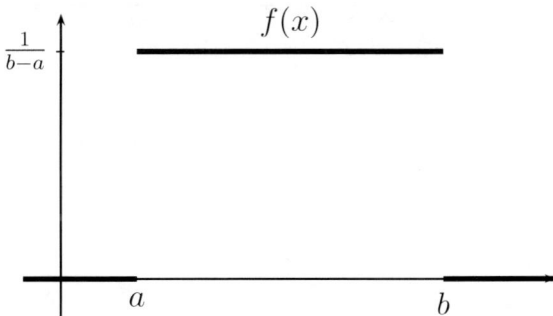

Figura 6.4. Representación gráfica de la función de densidad de una distribución $\mathcal{U}(a,b)$.

Como era de esperar, se tiene que $E(X) = \frac{b+a}{2}$, que coincide con el punto medio del segmento (a,b). Esto es fácil de justificar intuitivamente, pues todos los puntos del intervalo son igualmente lógicos (como puede verse en la representación gráfica de la función de densidad) y este punto es el que compensa diferencias por encima y por debajo. Veamos el cálculo matemático de dicha esperanza.

$$
\begin{aligned}
E(X) &= \int_a^b x\frac{1}{b-a}dx = \frac{x^2}{2}\frac{1}{b-a}\Big]_a^b \\
&= \frac{b^2-a^2}{2(b-a)} = \frac{(b+a)(b-a)}{2(b-a)} = \frac{b+a}{2}.
\end{aligned}
$$

Pasamos ahora a calcular la varianza de esta distribución.

$$
\begin{aligned}
E(X^2) &= \int_a^b x^2\frac{1}{b-a}dx = \frac{x^3}{3}\frac{1}{b-a}\Big]_a^b = \frac{b^3-a^3}{3(b-a)} \\
&= \frac{(b-a)(b^2+ba+a^2)}{3(b-a)} = \frac{b^2+ba+a^2}{3}.
\end{aligned}
$$

Como $V(X) = E(X^2) - E(X)^2$, se tiene

$$
\begin{aligned}
V(X) &= \frac{b^2+ba+a^2}{3} - \frac{(b+a)^2}{4} \\
&= \frac{4(b^2+ba+a^2)-3(b^2+2ab+a^2)}{12} \\
&= \frac{(b-a)^2}{12}.
\end{aligned}
$$

6.6.2. Distribución exponencial

La variable exponencial aparece cuando hay un proceso de Poisson y queremos estudiar el tiempo que transcurre entre dos ocurrencias consecutivas de un suceso. Es decir, la distribución exponencial se puede definir como el tiempo que transcurre entre dos eventos consecutivos de una distribución de Poisson. En la práctica se utiliza para medir el tiempo de vida de una persona, el tiempo antes de que falle una máquina, etc.

Ejemplo 117.

Supongamos que el número de llamadas por hora a una centralita de teléfono sigue distribución de Poisson. Entonces, el tiempo entre dos llamadas consecutivas sigue distribución exponencial.

Desde un punto de vista matemático, se dice que X tiene distribución **exponencial** de parámetro λ (con $\lambda > 0$) si su función de densidad es:

$$f(x) = \begin{cases} \lambda e^{-\lambda x} & \text{si x} > 0 \\ 0 & \text{en otro caso} \end{cases}$$

Denotaremos la distribución exponencial de parámetro λ por $\mathcal{E}xp(\lambda)$. La gráfica de la función de densidad puede verse en la figura 6.5.

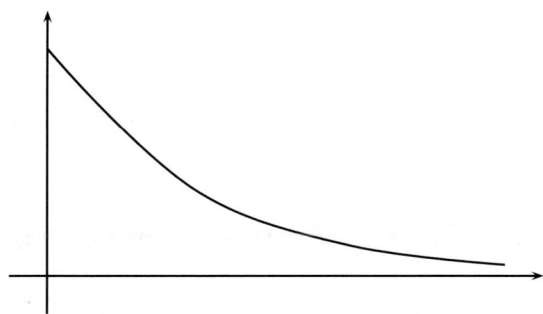

Figura 6.5. Representación gráfica de la función de densidad de una distribución $\mathcal{E}xp(\lambda)$.

Nótese que para conocer una distribución exponencial, el dominio es siempre el mismo y lo que diferencia a distintas distribuciones exponenciales es el valor λ que aparece en la función de densidad. Por eso esta distribución solo tiene un parámetro. Veamos ahora cuáles son los valores de la media y la varianza de esta distribución:

$$E(X) = \int_0^\infty x\lambda e^{-\lambda x}dx = -xe^{-\lambda x}\Big]_0^\infty + \int_0^\infty e^{-\lambda x}dx = 0 - \frac{1}{\lambda}e^{-\lambda x}\Big]_0^\infty = \frac{1}{\lambda}.$$

Por tanto, cuanto mayor sea λ menos tiempo de vida esperado y más rápido es de esperar que ocurra el suceso. Pasamos ahora a calcular $E(X^2)$.

$$E(X^2) = \int_0^\infty x^2 \lambda e^{-\lambda x} dx = -x^2 e^{-\lambda x}\Big]_0^\infty + \int_0^\infty 2x e^{-\lambda x} dx = \frac{2}{\lambda^2}.$$

Luego

$$V(X) = E(X^2) - E(X)^2 = \frac{2}{\lambda^2} - \frac{1}{\lambda^2} = \frac{1}{\lambda^2}.$$

6.6.3. Distribución normal

Esta distribución es sin duda la más importante de todas las distribuciones. Es una distribución que aparecerá casi siempre en los capítulos posteriores de inferencia paramétrica. La distribución normal se utiliza además para aproximar muchos fenómenos aleatorios como por ejemplo alturas, pesos, etc. No obstante, no hay condiciones en las que podamos asegurar que un fenómeno concreto siga distribución normal, con lo que deberemos conocerlo por estudios anteriores o comprobarlo en cada caso.

Una variable aleatoria se dice que tiene **distribución normal** de parámetros μ y σ, con $\sigma > 0$ si su función de densidad viene dada por

$$\boxed{f(x) = \frac{1}{\sigma\sqrt{2\pi}} e^{-\frac{1}{2}\frac{(x-\mu)^2}{\sigma^2}} , \; x \in \mathbb{R}.}$$

Entonces, para determinar una distribución normal solo tenemos que fijarnos en la función de densidad, puesto que el dominio es toda la recta real para cualquier normal. Para determinar la función de densidad, necesitamos conocer los valores de μ y σ, por lo que estos son los parámetros de la distribución normal. Así, denotaremos la distribución normal por $\mathcal{N}(\mu, \sigma)$.

Su representación gráfica puede verse en la figura 6.6.

La función de densidad de la distribución normal es simétrica respecto al parámetro μ; esto es muy útil a la hora de calcular valores de

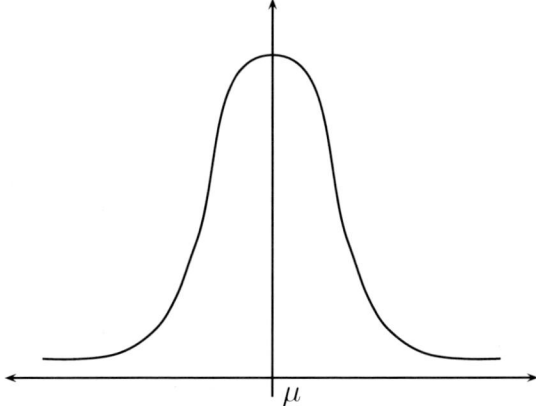

Figura 6.6. Representación gráfica de la función de densidad de una distribución $\mathcal{N}(\mu, \sigma)$.

probabilidad de esta distribución. Por otra parte, tiene forma de campana (de hecho, esta distribución es también conocida como *campana de Gauss*).

Debido a la simetría, es claro que $E(X) = \mu$, pues el punto de simetría compensa diferencias por encima y por debajo. Esto también puede verse calculando directamente la integral. Además, puede comprobarse integrando por partes que $V(X) = \sigma^2$:

$$
\begin{aligned}
V(X) &= \int_{-\infty}^{\infty} (x - \mu)^2 \frac{1}{\sqrt{2\pi}\sigma} e^{-\frac{1}{2}\frac{(x-\mu)^2}{\sigma^2}} \, dx \\
&= -\sigma^2 (x - \mu) \frac{1}{\sqrt{2\pi}\sigma} e^{-\frac{1}{2}\frac{(x-\mu)^2}{\sigma^2}} \Big]_{-\infty}^{\infty} + \int_{-\infty}^{\infty} \sigma^2 \frac{1}{\sqrt{2\pi}\sigma} e^{-\frac{1}{2}\frac{(x-\mu)^2}{\sigma^2}} \, dx \\
&= 0 + \sigma^2.
\end{aligned}
$$

En resumen, el valor de μ nos dice el punto en que se alcanza el máximo de la función de densidad y σ nos indica si este pico es muy apuntado o no; valores grandes de σ implican poco apuntamiento, mientras que valores pequeños de σ implican mucha concentración de probabilidad alrededor de μ y, por tanto, un pico de la campana de Gauss muy pronunciado en el punto medio de la distribución.

La función de densidad de la distribución normal no puede ser integrada mediante métodos matemáticos elementales y hay que recurrir a métodos numéricos para aproximar los diferentes valores de probabilidad. Sin embargo, existen tablas a partir de las cuales pueden obtenerse valores aproximados para la distribución $\mathcal{N}(0,1)$. Esta distribución se conoce como **normal estándar** y se denota por la letra Z. La tabla con los valores de probabilidad de la distribución normal estándar aparecen en la tabla B.1 del apéndice B. Denotaremos por z_α con $\alpha \in (0,1)$ el valor tal que

$$P(Z \geq z_\alpha) = \alpha.$$

Por ejemplo, a partir de la tabla B.1 $z_{0,025} = 1,96$. Esta notación será muy importante para comprender las fórmulas que aparecen en los capítulos posteriores.

Veamos algunas propiedades de la distribución normal.

- Si $X \sim \mathcal{N}(\mu, \sigma)$, entonces $aX + b \sim \mathcal{N}(a\mu + b, |a|\sigma)$.

  En este resultado, lo único novedoso es que si X sigue distribución normal, también lo hace $aX+b$, pues los valores de los parámetros pueden obtenerse aplicando las propiedades vistas anteriormente para la media y la desviación típica.

  En particular, si tenemos una distribución $\mathcal{N}(\mu, \sigma)$, para poder calcular sus valores de probabilidad tendremos que pasar a una distribución $\mathcal{N}(0,1)$. Esto se consigue aplicando que

$$X \sim \mathcal{N}(\mu, \sigma) \Rightarrow \frac{X - \mu}{\sigma} \sim \mathcal{N}(0,1),$$

  proceso que se conoce con el nombre de *tipificación*. Por ello, a la distribución normal estándar se le llama también distribución normal tipificada.

Ejemplo 118.

Supongamos que $X \sim \mathcal{N}(4,2)$ y que queremos hallar la probabilidad de que $X \leq 8$. En este caso

$$P(X \leq 8) = P\left(\frac{X - 4}{2} \leq \frac{8 - 4}{2}\right) = P(\mathcal{N}(0,1) \leq 2) = 0,0228.$$

- Si $X \sim \mathcal{N}(\mu_1, \sigma_1)$ e $Y \sim \mathcal{N}(\mu_2, \sigma_2)$, siendo estas variables independientes, entonces

  - $X + Y \sim \mathcal{N}(\mu_1 + \mu_2, \sqrt{\sigma_1^2 + \sigma_2^2})$

  - $X - Y \sim \mathcal{N}(\mu_1 - \mu_2, \sqrt{\sigma_1^2 + \sigma_2^2})$.

En estos resultados es necesaria la independencia entre las variables. Si esta condición no se tiene, el resultado es falso. Hay que tener cuidado en la fórmula de la diferencia, pues las varianzas se suman; nótese que si se restasen, podríamos obtener valores negativos para la varianza, lo que sería imposible.

6.7. Distribuciones derivadas de la normal

Asociadas a la distribución normal tenemos otras tres distribuciones continuas, que veremos brevemente a continuación. Estas distribuciones están tabuladas y su uso se reducirá a la parte de inferencia estadística, por lo que no necesitamos conocer muchos detalles de las mismas.

6.7.1. Distribución χ^2 de Pearson

Esta distribución está asociada a la distribución normal porque la distribución χ_1^2 es la distribución de una normal estándar al cuadrado. En general, dadas $X_1, ..., X_n$ variables aleatorias normales estándar independientes entre sí, diremos que la variable

$$Y = X_1^2 + ... + X_n^2$$

sigue una distribución χ^2. En consecuencia, la distribución χ^2 solo toma valores positivos. Depende de un parámetro llamado *grados de libertad*, que es el número de variables normales consideradas en la definición, por lo que usaremos la notación $X \sim \chi_n^2$, donde n son sus grados de libertad. Los grados de libertad son un número entero positivo[5]. La gráfica de su función de densidad puede verse en la figura 6.7.

---

[5]Los grados de libertad pueden tomar cualquier valor positivo, no necesariamente entero, pero nosotros siempre aproximaremos al valor entero más cercano.

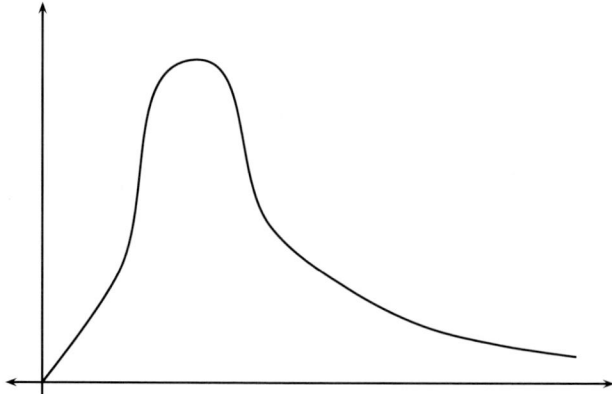

Figura 6.7. Representación gráfica de la función de densidad de una distribución χ^2.

Al igual que con la distribución normal, los valores de probabilidad de la distribución χ_n^2 están tabulados, por lo que no necesitaremos conocer su función de densidad (que es bastante complicada) para calcular sus valores de probabilidad. La tabla correspondiente a la distribución χ^2 se incluye en el apéndice B, tabla B.2. Denotaremos por $\chi_{n;\alpha}^2$ con $\alpha \in (0,1)$ el valor tal que

$$P(\chi_n^2 \geq \chi_{n;\alpha}^2) = \alpha.$$

Por ejemplo, a partir de la tabla B.2, $\chi_{7;0,025}^2 = 16{,}01$.

6.7.2. Distribución *t* de Student

Esta distribución[6] proviene del cociente entre una normal estándar y la raíz cuadrada de una χ^2 dividida por sus grados de libertad, siendo estas variables independientes. Es decir, dada $X_1 \sim \mathcal{N}(0,1), X_2 \sim \chi_n^2$ independientes entre sí, entonces

$$Y = \frac{X_1}{\sqrt{X_2/n}},$$

---

[6]Esta distribución fue desarrollada por W. Gosset, pero utilizaba este pseudónimo porque su empresa (una cervecera) no le permitía realizar estos estudios.

sigue una distribución t. Esta distribución es muy similar a la distribución normal tipificada y de hecho es simétrica respecto a 0. Se diferencia en que las colas de la distribución t están ligeramente más elevadas. La gráfica de su función de densidad puede verse en la figura 6.8

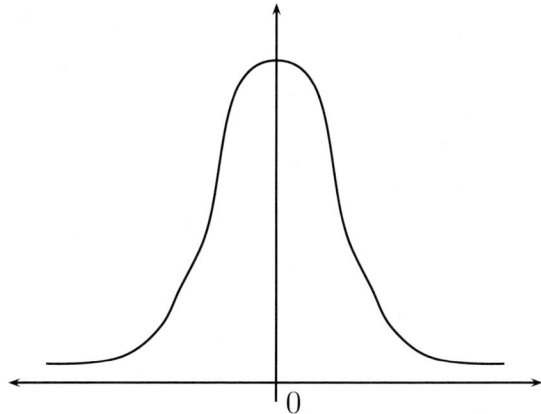

Figura 6.8. Representación gráfica de la función de densidad de una distribución t.

La distribución t depende de un parámetro n llamado *grados de libertad* que coincide con los grados de libertad de la distribución χ^2 que aparece en su definición. Así, usaremos la notación $Y \sim t_n$. Como ocurría anteriormente, los valores de probabilidad de la distribución t están tabulados, por lo que no es necesario conocer su función de densidad para calcular sus valores de probabilidad. La tabla correspondiente a la distribución t se incluye en el apéndice B, tabla B.3. Denotaremos por $t_{n;\alpha}$ con $\alpha \in (0,1)$ el valor tal que

$$P(t_n \geq t_{n;\alpha}) = \alpha.$$

Por ejemplo, a partir de la tabla B.3, $t_{7;0,025} = 2{,}365$.

6.7.3. **Distribución F de Snedecor**

Esta distribución proviene del cociente de dos distribuciones independientes χ^2 entre sus grados de libertad. En otras palabras, si $X_1 \sim \chi_n^2$, $X_2 \sim \chi_m^2$ independientes entre sí, entonces

$$Y = \frac{X_1/n}{X_2/m}$$

sigue una distribución F. Al igual que la distribución χ^2, la distribución F solo toma valores positivos. Depende de dos parámetros, m, n que toman valores enteros y que coinciden con los grados de libertad de las distribuciones χ^2 que aparecen en su definición. Por lo tanto, usaremos la notación $Y \sim F_{n,m}$. La gráfica de su función de densidad puede verse en la figura 6.9.

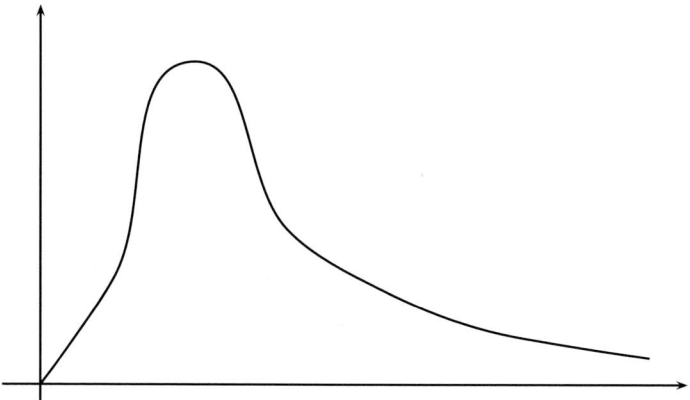

Figura 6.9. Representación gráfica de la función de densidad de una distribución F.

Como ocurría anteriormente, los valores de probabilidad de la distribución F están tabulados, por lo que no es necesario conocer su función de densidad para calcular sus valores de probabilidad. La tabla correspondiente a la distribución F se incluye en el apéndice B, tabla B.4. Denotaremos por $F_{n,m;\alpha}$ con $\alpha \in (0, 1)$ el valor tal que

$$P(F_{n,m;\alpha} \geq F_{n,m;\alpha}) = \alpha.$$

Por ejemplo, a partir de la tabla B.4 $F_{3,7;0,05} = 4{,}35$.

Finalmente, esta distribución tiene la propiedad de que si $X \sim F_{n,m}$, entonces se cumple que $\frac{1}{X} \sim F_{m,n}$, propiedad que se utiliza para mirar los valores en las tablas. Por ejemplo, si queremos hallar $F_{7,3;0,95}$ tenemos que proceder de la siguiente manera:

$$P(F_{7,3} \geq F_{7,3;0,95}) = 0,95 \quad \Rightarrow \quad P(F_{7,3} \leq F_{7,3;0,95}) = 0,05$$
$$\Rightarrow \quad P(\frac{1}{F_{7,3}} \geq \frac{1}{F_{7,3;0,95}}) = 0,05.$$

Por lo tanto,

$$\frac{1}{F_{7,3;0,95}} = F_{3,7;0,05} = 4,35 \Rightarrow F_{7,3;0,95} = \frac{1}{4,35} = 0,23.$$

6.8. Teorema central del límite

En esta sección veremos el que tal vez es el resultado más importante de la estadística. Para comprender el alcance del teorema central del límite[7] debemos tener en cuenta que la distribución de una combinación de variables es un problema que puede ser complicado; por ejemplo, se puede ver que la suma de dos distribuciones binomiales independientes con el mismo valor del parámetro p sigue una distribución binomial; sin embargo, la diferencia de distribuciones binomiales no sigue una distribución binomial. De la misma forma, el producto de una binomial por una constante no sigue distribución binomial. Esto sucede para la mayor parte de las distribuciones de probabilidad y se complica si consideramos tres, cuatro distribuciones, etc. El teorema central del límite nos permitirá hallar estas distribuciones de probabilidad de forma aproximada, incluso cuando el número de variables involucradas sea muy grande. Este resultado es el que justifica que la distribución normal sea la que más aparece en situaciones prácticas.

6.8.1. Distribución de sumas de normales

Ya hemos visto en la sección de variables aleatorias continuas que la suma y la diferencia de distribuciones normales sigue una distribución normal; también sigue una distribución normal el producto de una constante por una distribución normal y la suma de una constante y una distribución normal. Por otra parte, los parámetros que determinan una

---

[7]Aunque en realidad deberíamos llamarlo teorema del límite central.

distribución normal son la media y la desviación típica (o la varianza). Si juntamos entonces todos estos resultados se obtiene:

Teorema 1.

Sean $X_1, ..., X_n$ distribuciones normales, $X_i \sim \mathcal{N}(\mu_i, \sigma_i)$ y sean unas constantes $a_1, ..., a_n$. Entonces, la variable $X = \sum_{i=1}^{n} a_i X_i$ sigue una distribución $\mathcal{N}(\mu, \sigma)$ donde

$$\mu = a_1\mu_1 + ... + a_n\mu_n.$$

$$\sigma^2 = \sum_{i=1}^{n} a_i^2 \sigma_i^2 + \sum_{i<j} 2a_i a_j Cov(X_i, X_j).$$

El problema que tiene este resultado es que necesitamos conocer las covarianzas entre las variables. Sin embargo, en muchas situaciones prácticas tenemos variables que son independientes entre sí. Esto es por ejemplo lo que nos va a pasar en la parte de la inferencia estadística. En este caso tenemos el siguiente corolario:

Teorema 2.

Sean $X_1, ..., X_n$ distribuciones normales independientes entre sí, $X_i \sim \mathcal{N}(\mu_i, \sigma_i)$ y sean $a_1, ..., a_n$ constantes. Entonces, la variable $X = \sum_{i=1}^{n} a_i X_i$ sigue una distribución $\mathcal{N}(\mu, \sigma)$ donde

$$\mu = a_1\mu_1 + ... + a_n\mu_n.$$

$$\sigma^2 = \sum_{i=1}^{n} a_i^2 \sigma_i^2.$$

Ejemplo 119.

Se construye una pieza a partir de otras tres piezas X_1, X_2, X_3. Posteriormente se corta una parte de la pieza total X_4 de forma que la pieza final no incluye este trozo. Si las secciones se distribuyen $X_1 \sim \mathcal{N}(2, 0.02)$, $X_2 \sim \mathcal{N}(2.4, 0.25)$, $X_3 \sim \mathcal{N}(2.1, 0.05)$ y $X_4 \sim \mathcal{N}(1, 0.01)$, determinar la proporción de piezas con una longitud superior a los 6 cm.

Veamos cómo resolver este problema. Nótese que necesitamos conocer la distribución de la pieza final, que denotaremos por X. Como estamos con distribuciones normales, se tiene que $X = X_1 + X_2 + X_3 - X_4$ sigue distribución normal por los resultados anteriores. Tenemos que hallar los parámetros, que nuevamente por los resultados anteriores y aplicando que las longitudes de cada pieza son independientes entre sí, son:

$$\mu = 1.6 + 2.4 + 2.3 - 1 = 5.3,$$
$$\sigma = \sqrt{0.02^2 + 0.25^2 + 0.05^2 + 0.01^2} = 0.256.$$

Por lo tanto,

$$P(\mathcal{N}(5.3, \ 0.256) > 6) = P(\mathcal{N}(0,1) > 2.73) = 0.0032.$$

6.8.2. El teorema central del límite

En la sección anterior hemos visto cómo calcular la distribución de sumas y restas de distribuciones normales. Sin embargo, en muchas ocasiones no podemos afirmar que todas las distribuciones consideradas sean normales y esto hace que no podamos aplicar los resultados anteriores. Es aquí donde entra en funcionamiento el teorema central del límite, que nos da la distribución aproximada de cualquier combinación de variables aleatorias independientes entre sí. Daremos aquí una versión simplificada de este resultado más orientada a la práctica y que permite evitar el estudio de resultados de convergencia de variables aleatorias.

Teorema 3. *(Teorema central del límite)*
Sean $\{X_1, ..., X_n, ...\}$ una sucesión de variables aleatorias independientes con medias μ_n y varianzas σ_n^2 respectivamente. Entonces, se tiene que

$$\frac{\sum_{i=1}^{n} X_i - \sum_{i=1}^{n} \mu_i}{\sqrt{\sum_{i=1}^{n} \sigma_i^2}} \to \mathcal{N}(0,1).$$

Este resultado parece muy abstracto. Veamos las conclusiones que se pueden extraer.

- Lo primero que nos dice es que si tenemos una sucesión de variables aleatorias, la distribución de la suma sigue en el límite una distribución normal, sin importar la distribución de las variables consideradas (podrían ser incluso discretas) ni que estas distribuciones no sean iguales. En otras palabras, nos dice que si tenemos una variable aleatoria que es suma de muchas variables, entonces sigue aproximadamente una distribución normal. Esto es lo que hace que la distribución normal sea tan común, ya que cualquier variable que dependa de muchos factores sigue aproximadamente una distribución normal. Así, variables como la altura o el peso de una persona siguen una distribución normal porque los valores de esas variables dependen de muchos factores (genética, alimentación, estilo de vida...).

- Por la propia definición de límite, esto implica que a partir de un número n suficientemente grande, la suma ya estará suficientemente cerca de la distribución normal como para que la podamos considerar normal sin cometer un grave error; claro está, este valor n es desconocido, pero simulaciones han permitido tomar el valor $n = 30$ como suficientemente grande en muchas situaciones prácticas.

- Por otra parte, nótese que la variable considerada en el teorema central del límite es una normal tipificada; por ello, si tenemos un número finito de variables se tiene que podemos considerar

$$\sum_{i=1}^{n} X_i \sim \mathcal{N}\left(\sum_{i=1}^{n} \mu_i, \sqrt{\sum_{i=1}^{n} \sigma_i^2}\right).$$

- En muchos problemas estaremos en la situación de un experimento que se repite muchas veces y se nos pregunta por la variable media muestral; supongamos que en cada experimento la media es μ y la desviación típica es σ. Por el punto anterior tenemos que

$$\frac{\sum_{i=1}^{n} X_i}{n} \sim \mathcal{N}\left(\mu, \frac{\sigma}{\sqrt{n}}\right).$$

Volveremos a hablar de este resultado más adelante.

Veamos un ejemplo de cómo se aplica este resultado, de forma que se pueda ver la enorme simplificación que supone para resolver problemas en los que intervienen muchas variables aleatorias.

Ejemplo 120.

Se ha estimado que la demanda de energía eléctrica en una zona es una variable aleatoria de media 10 y desviación típica 2.5.

- *¿Cuál es la probabilidad de que en un período de 30 días se demande menos de 190?*

- *Si para simplificar suponemos que las facturas vienen en bloques de 30 días (que coinciden más o menos con los meses), ¿qué cantidad es demandada al menos el 20% de las veces?*

- *¿Cuál es la probabilidad de que durante 12 períodos la demanda sea superior a 280?*

En este problema, la demanda en cada período es la suma de las demandas de cada uno de los días. Llamaremos X_i a la demanda en el día i; además, todas estas variables son independientes entre sí. Aplicando ahora el teorema central del límite se tiene que la demanda en el período, que denotaremos por Y, sigue aproximadamente una distribución normal de parámetros

$$\mu_Y = \mu_{X_1} + ... + \mu_{X_{30}} = 300, \sigma_Y^2 = \sigma_{X_1}^2 + ... + \sigma_{X_{30}}^2 = 6.25 \times 30 = 187.5.$$

Nótese que para conseguir este resultado no necesitamos conocer la distribución de la demanda en cada día, tan solo su media y su varianza. Por lo tanto, ahora podemos concluir que

$$P(Y \leq 190) = P(\mathcal{N}(300, 13.7) \leq 190) = P(\mathcal{N}(0,1) \leq \text{-}8.03) = 0.$$

En el segundo apartado nos piden el percentil 20 de la distribución; entonces,

$$P(\mathcal{N}(300, 13.7) \leq P_{20}) = 0.2 \Leftrightarrow P\left(\mathcal{N}(0,1) \leq \frac{P_{20} - 300}{13.7}\right) = 0.2$$

$$\Leftrightarrow P\left(\mathcal{N}(0,1) \leq \frac{300 - P_{20}}{13.7}\right) = 0.8.$$

Por las tablas de la normal se obtiene

$$\frac{300 - P_{20}}{13.7} = 0.84 \Leftrightarrow P_{20} = 288.492.$$

Finalmente, sea $Z \equiv$ número de períodos con demanda superior a 280. Esta variable sigue una distribución $\mathcal{B}(12, p)$, donde p es la probabilidad de que un mes concreto tenga una demanda superior a 280. Procediendo como en el primer apartado se tiene que

$$
\begin{aligned}
p = P(Y \geq 280) &= P(\mathcal{N}(300, 13.7) \geq 280) \\
&= P(\mathcal{N}(0,1) \geq \text{-}1.46) \\
&= 0.9279.
\end{aligned}
$$

Ahora nos piden la probabilidad de que $Z = 12$, que es según la función masa de probabilidad de la binomial

$$P(\mathcal{B}(12, 0.9279) = 12) = 0.9279^{12} = 0.41.$$

6.8.3. Aproximación normal de la distribución binomial

Vamos ahora a ver otra consecuencia del teorema central del límite. Supongamos que tenemos una distribución binomial $X \sim \mathcal{B}(n,p)$

donde n es grande. Entonces, ya conocemos que su función masa de probabilidad es

$$P(X = k) = \binom{n}{k} p^k (1-p)^{n-k}, \ k = 0, ..., n.$$

Si nos piden ahora una probabilidad concreta de esta distribución tendríamos que calcular los correspondientes números combinatorios y esto puede ser imposible si n es grande (y ya 100 es un valor muy grande para estos números combinatorios). Por otra parte, ya hemos visto que la distribución binomial X puede escribirse como

$$X = \sum_{i=1}^{n} X_i,$$

donde $X_i \sim \mathcal{B}(p)$ independientes entre sí. En definitiva, se tiene que X es una suma de variables y podemos entonces aplicar el teorema central del límite para concluir que la distribución de X se puede aproximar por

$$X \sim \mathcal{N} \left(\sum_{i=1}^{n} \mu_i, \sqrt{\sum_{i=1}^{n} \sigma_i^2} \right).$$

Además, como todas las variables X_i tienen la misma distribución se tiene que

$$\mu_i = p, \ \sigma_i^2 = p(1-p),$$

con lo que

$$X \sim \mathcal{N} \left(np, \sqrt{np(1-p)} \right),$$

que son precisamente la media y la varianza de X. Este resultado se conoce como la *aproximación normal de la binomial*.

Ejemplo 121.

Sea una variable $X \sim \mathcal{B}(100, 0.4)$. Vamos a calcular $P(X \in [35, 45])$. Por lo dicho anteriormente, podemos aproximar la distribución de X por una $\mathcal{N}(40, \sqrt{24})$.

$$
\begin{aligned}
P(X \in [34, 45]) &= P(\mathcal{N}(40, \sqrt{24}) \in [35, 45]) \\
&= P(\mathcal{N}(0, 1) \in [\text{-}1.02,\ 1.02]) \\
&= 0.6922.
\end{aligned}
$$

Nótese que estamos aproximando una variable discreta por una continua. Entonces, si nos piden la probabilidad de un valor concreto, la aproximación sería 0 por ser una variable continua; por otra parte, este valor es necesariamente positivo sin la aproximación, pues pertenece al dominio de la variable. Para evitar esta contradicción, el valor i de X se identifica con el intervalo $[i - 1/2, i + 1/2]$. La idea de esto es repartir la probabilidad del intervalo $[i, i + 1]$, que en la distribución normal tiene valor positivo, entre los dos valores que realmente pueden ocurrir en la binomial, que son i e $i + 1$. Y lo que se hace es entonces asignar $[i, i + 0,5]$ a i y $[i + 0,5, i + 1]$ a $i + 1$. Esto se conoce como la *corrección por continuidad* y puede verse la idea de esta aproximación en la figura 6.10.

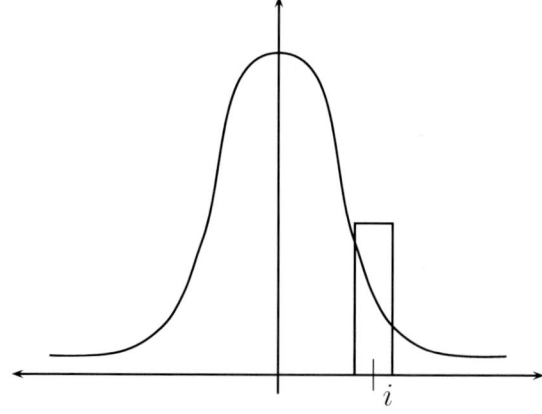

Figura 6.10. Idea intuitiva de la corrección por continuidad de una variable binomial por una distribución normal.

Ejemplo 122. *(Continuación del ejemplo 121)*
  Aplicando corrección por continuidad

$$P(X \in [34.5, 45.5]) = P(\mathcal{N}(40, \sqrt{24}) \in [34.5, 45.5])$$
$$= P(\mathcal{N}(0, 1) \in [\text{-}1.12,\ 1.12])$$
$$= 0.7372.$$

Nótese que nos ha salido una probabilidad parecida a la del ejemplo 121, a pesar de que tenemos una binomial con un parámetro n que no es excesivamente grande.

Esto que se ha hecho para la binomial se puede aplicar también a la distribución de Poisson, pues ya hemos visto que se puede poner como límite de una suma de binomiales. Así, si $X \sim \mathcal{P}(\lambda)$, desarrollando como se hizo para la binomial, se puede ver que podemos aproximar la distribución anterior por $X \sim \mathcal{N}(\lambda, \sqrt{\lambda})$.

7. Estimación

7.1. Estimación puntual

Consideremos la altura de los españoles. En principio, esto es una variable aleatoria X de la que desconocemos su distribución. Si forzamos un poco la situación, podemos afirmar con cierta seguridad que su distribución es normal, aunque seguiremos sin conocer el valor de los parámetros μ y σ. Ni que decir tiene que conocer aunque sea aproximadamente estos valores es fundamental para sacar conclusiones sobre la población. Por ejemplo, puede interesarnos aproximar la proporción de individuos cuya altura sea superior a 1.90. La estimación paramétrica trata de obtener unas aproximaciones fiables de estos valores.

En general, el problema que vamos a tratar es el siguiente: Sea X una variable aleatoria de la que se conoce su distribución (es decir, sabemos por ejemplo que X es normal) pero se desconoce el valor de alguno de los parámetros que definen la distribución. En el ejemplo anterior, aunque sabemos que X sigue distribución normal $\mathcal{N}(\mu, \sigma)$, desconocemos los valores de μ y σ. Nótese que μ y σ son números reales desconocidos. Denotaremos por Θ al conjunto de posibles valores de los parámetros desconocidos y lo llamaremos el **espacio muestral**. Por ejemplo, para el caso que nos ocupa, $\mu \in [1{,}40, 2{,}40]$ y $\sigma > 0$, con lo que

$$\Theta = \{(a, b) : a \in [1{,}40, 2{,}40], b > 0\}.$$

Para resolver el problema, lo primero que necesitamos es tener información sobre los valores que toma la variable. Y esta información provendrá de una muestra (que suele ser obtenida por muestreo aleatorio simple) de tamaño n. Lo que estamos haciendo realmente es repetir el experimento n veces distintas; cada vez que repetimos el experimento

https://dx.doi.org/10.5209/docm.003.07
Estadística Básica. Pedro Miranda Menéndez. © Ediciones Complutense, 2025.

tenemos una v.a. $X_i, i = 1, ..., n$ que tiene la misma distribución que X. Una vez realizado el experimento, para la variable X_i se habrá obtenido el valor x_i, que ya es un número real. Entonces, tenemos n números $(x_1, ..., x_n)$, que es la misma información con la que empezamos la parte de estadística descriptiva. A partir de estos valores nosotros tenemos que dar una aproximación, que en inferencia estadística se llama **estimación**, del verdadero valor de μ. Es decir, nuestro objetivo es asignar, a partir de la información que nos proporciona la muestra, un valor a los parámetros desconocidos dentro del espacio paramétrico Θ.

Volvamos otra vez al problema de estimar la altura media de los españoles; si tenemos los datos muestrales 1.8, 1.75, 1.85, entonces parece razonable estimar la altura media por la media de estos tres valores. Obtendríamos así una estimación de la altura media de valor 1.8. En realidad, este valor sale de la fórmula

$$\frac{1,80 + 1,75 + 1,85}{3} = 1,80.$$

Y en general, si tenemos 3 individuos, tenemos 3 valores muestrales X_1, X_2, X_3, cuyos valores x_1, x_2, x_3 conoceremos cuando hayamos realizado el experimento y daremos como estimación del parámetro lo que nos salga de aplicar la fórmula

$$\frac{X_1 + X_2 + X_3}{3}.$$

Esto es lo que se entiende por un **estimador**. En realidad, un estimador, que denotaremos por T, es una función de los valores de la muestra que da lugar a un valor posible del parámetro desconocido. Es decir, es una fórmula matemática.

$$T: \begin{array}{ccc} (X_1, ..., X_n) & \to & \Theta \\ (x_1, ..., x_n) & \hookrightarrow & T(x_1, ..., x_n) \end{array}$$

Si aplicamos otra fórmula obtendremos otro estimador. Por ejemplo, para el caso anterior podemos considerar

$$T_2 = X_1, \quad T_3 = \frac{3X_1 + 2X_2 + X_3}{6}, \quad T_3 = 1,82.$$

Una vez realizado el experimento, ya conocemos los valores de las variables $(X_1, ..., X_n)$, que denotaremos por $(x_1, ..., x_n)$, y entonces ya

podemos aplicar la fórmula que hayamos escogido, obteniendo un valor concreto. Por ejemplo, nosotros para nuestra muestra de tamaño 3
hemos obtenido un valor para el primer estimador T de 1.80.

Este valor concreto que se obtiene al aplicar la fórmula se llama
estimación y será la aproximación que nosotros hacemos del valor desconocido del parámetro. En nuestro caso, diremos que $\mu \approx 1{,}80$.

$$(X_1, ..., X_n) \quad \text{v.a.} \quad \longrightarrow \quad T(X_1, ..., X_n) \quad \text{estimador}$$
$$\downarrow \qquad\qquad\qquad\qquad \downarrow$$
$$(x_1, ..., x_n) \quad \text{datos} \quad \longrightarrow \quad T(x_1, ..., x_n) \quad \text{estimación}$$

Entonces todo es mecánico una vez hayamos decidido el estimador
que vamos a utilizar. El problema de estimación consiste en determinar
cuál es el mejor estimador del parámetro desconocido.

Un primer aspecto que debe tenerse en cuenta es que si volvemos
a realizar el experimento es posible que se obtengan valores muestrales
distintos y, en consecuencia, el valor del estimador será distinto. Es
decir, no podemos predecir *a priori* el valor que vamos a obtener con el
estimador, sino que su valor es aleatorio y depende de los valores de la
muestra. En otras palabras, un estimador es una variable aleatoria, que
tendrá una distribución de probabilidad (que dependerá del valor del
parámetro desconocido). Como los estimadores son variables aleatorias,
el error puede ser muy pequeño para unas muestras pero puede ser
muy grande para otras. Así, un estimador funciona mejor que otro para
unas muestras y funciona peor para otras muestras. Por ejemplo, si μ
fuese 1.79, entonces T es mejor que T_2 para la muestra $(1{,}85, 1{,}80, 1{,}75)$
porque nuestra estimación está más cerca del verdadero valor de μ. Pero
si tenemos la muestra $(1{,}79, 1{,}86, 1{,}80)$ entonces T_2 es mejor que T. Sin
embargo, nosotros tenemos que escoger el estimador que vamos a utilizar
antes de tener los datos.

Por otra parte, el parámetro tiene un valor desconocido (si fuese
conocido no lo estaríamos intentando aproximar), por lo que no sabemos
si una estimación concreta está cerca de ese valor o no.

Por ello, el problema de determinar el mejor estimador puede ser
complicado; incluso en ocasiones es difícil encontrar estimadores lógicos
para determinar algunos parámetros; todos estos aspectos se estudian en
la parte de la estadística llamada **estimación puntual**. Básicamente,
la estimación puntual tiene dos líneas distintas de actuación:

- Podemos buscar el estimador que tenga más propiedades deseables. Por ejemplo, una de estas propiedades es que la esperanza del estimador (recordemos que el estimador es una variable aleatoria y por lo tanto tiene esperanza) sea el parámetro desconocido. Si esto es así, el estimador se dice **insesgado**. O podríamos exigir que la probabilidad de acertar se fuese acercando a 1 si el tamaño de muestra crece (lo que se conoce como **consistencia**). Y existen otras muchas propiedades deseables para un estimador.

- Podemos aplicar los conocidos como *métodos de estimación*. Estos métodos dan algoritmos para determinar un estimador, y suelen tener buenas propiedades. Por ejemplo, el método de los momentos establece que si queremos estimar un parámetro que coincide con la media, el estimador adecuado es la media de los valores de la muestra. El método de estimación que se aplica con más frecuencia es el método de máxima verosimilitud, en el que se toma como estimación el valor del parámetro que hace la muestra más probable o con mayor densidad.

A continuación se dan los mejores estimadores en tres situaciones concretas.

- Supongamos que la variable poblacional X sigue una distribución normal $\mathcal{N}(\mu, \sigma)$ donde μ es un parámetro desconocido. Si queremos estimar μ, el mejor estimador es

$$\boxed{\overline{X} = \frac{X_1 + ... + X_n}{n}.}$$

Este estimador se llama **media muestral** (no confundir con $\overline{x}$ de estadística descriptiva). En concreto, $\overline{X}$ es el estimador (la fórmula) y $\overline{x}$ es la estimación. Se puede comprobar que

$$\boxed{\overline{X} \sim \mathcal{N}\left(\mu, \frac{\sigma}{\sqrt{n}}\right).}$$

- Supongamos que la variable poblacional X sigue una distribución normal $\mathcal{N}(\mu, \sigma)$ donde σ es un parámetro desconocido. Si queremos estimar σ^2, el mejor estimador es

$$\boxed{S^2 = \dfrac{\displaystyle\sum_{i=1}^{n}(X_i - \overline{X})^2}{n-1}.}$$

Este estimador se llama **cuasivarianza muestral**. Se puede comprobar que

$$\boxed{\dfrac{(n-1)S^2}{\sigma^2} \sim \chi^2_{n-1}.}$$

Si queremos estimar σ se usa el estimador S, raíz cuadrada de S^2, estimador que se conoce como **cuasidesviación típica**.

- Supongamos que la variable poblacional X sigue una distribución de Bernoulli $\mathcal{B}(p)$ donde p es un parámetro desconocido. Si queremos estimar p, el mejor estimador es

$$\boxed{\hat{p} = \dfrac{X_1 + ... + X_n}{n} = \dfrac{\text{número de individuos con la característica}}{\text{número total de individuos en la muestra}}.}$$

Este estimador se llama **proporción muestral**. Se puede comprobar (aplicando el teorema central del límite) que, si el tamaño muestral es grande ($n > 60$), entonces

$$\boxed{\hat{p} \sim \mathcal{N}\left(p, \sqrt{\dfrac{p(1-p)}{n}}\right).}$$

Veamos dos ejemplos de problemas de estimación puntual.

Ejemplo 123.

Se está estudiando la proporción de adultos en contacto con niños que tienen gripe que a su vez enferman de gripe. Una inspección cuidadosa de 70 adultos en contacto con niños infectados reveló que 28 acabaron a su vez infectados. En este caso, podemos estimar la proporción de adultos que enferman por la proporción muestral que es $28/70 = 0{,}4$, es decir, el 40%.

Ejemplo 124.

Supongamos que el tiempo de supervivencia de un patógeno sigue una distribución normal de media μ desconocida y desviación típica 2. Para estimar μ, tomamos una m.a.s. de tamaño 100 y consideramos como estimador la media muestral, que sigue una distribución

$$\overline{X} \sim \mathcal{N}(\mu, 2/\sqrt{100}) \equiv \mathcal{N}(\mu, 0{,}2).$$

Entonces,

$$P(|\overline{X} - \mu| \leq 0{,}4) = P(|\mathcal{N}(0, 0{,}2)| \leq 0{,}4) = P(|\mathcal{N}(0, 1)| \leq 2) = 0{,}9544.$$

Es decir, la probabilidad de que estemos cometiendo un error superior a 0.4 en nuestra estimación es 0.05, o lo que es lo mismo, solo el 5% de las muestras nos darán una estimación con un error superior. En consecuencia, es de esperar que nuestra estimación no esté muy lejos del verdadero valor. En otras palabras, solo el 5% de las muestras serán poco representativas hasta el punto de que den lugar a una estimación con error superior a 0.4.

Nótese que al aumentar el tamaño de muestra n disminuye la varianza del estimador, lo que significa que será menos probable que la muestra no sea representativa.

7.2. Estimación por intervalo

Consideremos nuevamente el problema de estimación de la altura media de los españoles. Ya habíamos asumido que esta variable tiene distribución normal. Como estamos estimando la media de una población normal, el estimador puntual adecuado sería la media muestral, tal y como se vio en la sección anterior. Dada una muestra, $(X_1, ..., X_n)$ y unos datos muestrales $(x_1, ..., x_n)$, obtenemos entonces la estimación $\overline{x}$ para μ.

Debemos ahora plantearnos la siguiente pregunta: ¿hemos acertado? Nótese que μ es un valor desconocido, por lo que es difícil contestar a esta pregunta. Por otra parte, $\overline{X}$ es una variable aleatoria (que además en este caso toma infinitos valores porque es continua). Entonces, la probabilidad de que $\overline{X}$ tome el valor μ es cero. En otras palabras, es de esperar que no acertemos nunca. Esto es debido a que lo que hace la estimación puntual es dar una estimación que esté *cerca* del verdadero valor *con una probabilidad muy alta*, tal y como se vio en los ejemplos de estimación puntual.

Por otra parte, sería deseable encontrar un estimador que obtuviese el verdadero valor del parámetro con una gran probabilidad; esto, sin embargo, es imposible, pues un estimador da un valor y los valores concretos en una distribución continua siempre tienen probabilidad 0. La única forma de obtener una probabilidad positiva es dando un *intervalo* como estimación; esta es la idea de la que surgen los intervalos de confianza.

Sea entonces la muestra 1.8, 1.75, 1.85. A la vista de estos datos parece razonable dar un intervalo de la forma (1.77, 1.83), mientras que intuitivamente no parece lógico dar como estimación el intervalo (1.95, 2.05). La razón estriba en que en el primer caso se está dando un intervalo que parece que recoge la tendencia media de los datos muestrales (pues la media muestral es 1.80) y en el segundo caso no.

En resumen, nosotros tendremos que dar dos valores correspondientes a los extremos del intervalo. Y estos valores deberían depender de los valores que se han obtenido en la muestra, de forma que el intervalo tendría la fórmula

$$(I_1(X_1, ..., X_n), I_2(X_1, ..., X_n)).$$

En nuestro caso estamos considerando

$$(\overline{X} - 3, \overline{X} + 3).$$

Para una muestra concreta $(x_1, ..., x_n)$, el intervalo sería

$$(I_1(x_1, ..., x_n), I_2(x_1, ..., x_n)),$$

que en nuestra se traduce en (1.77, 1.83). Nótese que si repetimos el experimento es de esperar que la muestra cambie, con lo que también es muy probable que cambien los valores de los extremos del intervalo. En otras palabras, tanto $I_1(X_1, ..., X_n)$ como $I_2(X_1, ..., X_n)$ son variables aleatorias. Como el parámetro desconocido es una constante desconocida, habrá muestras para las que esté dentro del intervalo $(I_1(x_1, ..., x_n), I_2(x_1, ..., x_n))$ y habrá muestras para las que no esté dentro de este intervalo. Pero como el verdadero valor es desconocido, no podemos saber para un intervalo concreto si hemos acertado o no.

Nuestro objetivo es que el parámetro desconocido esté dentro del intervalo la mayor parte de las veces (es decir, con una gran probabilidad). En la mayor parte de los casos puede ocurrir que tengamos varias posibilidades de conseguir esta condición; entonces, se trata de tomar la opción que nos dé el intervalo con menor amplitud, puesto que esto nos proporciona una estimación más afinada.

En primer lugar, tenemos que decidir cuál es la probabilidad que queremos tener de acertar con nuestro intervalo. Este valor de probabilidad se llama **nivel de confianza** y se denota por $1 - \alpha$. Nótese que esta probabilidad no puede ser 1, pues para ello deberíamos coger todo el espacio paramétrico y esto no aporta ninguna información. Sin embargo, como dijimos anteriormente, queremos que sea un valor grande. Los valores típicos para $1 - \alpha$ son 0.9, 0.95 o 0.99.

7.2.1. Método del pivote

Existen varios métodos para hallar los extremos aleatorios de un intervalo de confianza, pero el más utilizado es el conocido como el **método del pivote**. Para explicar el funcionamiento de este método vamos a desarrollar una situación concreta.

Sea X la distribución poblacional y supongamos que $X \sim \mathcal{N}(\mu, 2)$ donde μ es el parámetro desconocido que queremos estimar. Dada una muestra de tamaño n, la estimación puntual de μ es la media muestral, de la que conocemos la distribución,

$$\overline{X} \sim \mathcal{N}\left(\mu, \frac{2}{\sqrt{n}}\right).$$

Como ya habíamos visto, la distribución del estimador depende del valor del parámetro desconocido. Si tipificamos esta variable se tiene que

$$\frac{\overline{X} - \mu}{2/\sqrt{n}} \sim \mathcal{N}(0, 1).$$

La cantidad $\frac{\overline{X}-\mu}{2/\sqrt{n}}$ se llama **función pivotal**. Una función pivotal es una función que depende de la muestra y del valor del parámetro desconocido de forma que su distribución de probabilidad está completamente especificada. El primer paso del método del pivote es hallar una función pivotal; aunque en algunos casos puede ser difícil de obtener esta función pivotal, en general es sencillo determinar una a partir del estimador puntual.

Una vez hallada la función pivotal, hay que tener en cuenta que su distribución es conocida. Por ello, podemos hallar dos valores a, b de forma que

$$P\left(a \leq \frac{\overline{X} - \mu}{2/\sqrt{n}} \leq b\right) = 1 - \alpha.$$

En nuestro caso, como $\frac{\overline{X}-\mu}{2/\sqrt{n}} \sim \mathcal{N}(0, 1)$, vamos a escoger $a = z_{1-\alpha/2} = -z_{\alpha/2}, b = z_{\alpha/2}$, ya que son los valores que proporcionan un intervalo de amplitud mínima. Esto es común en todos los intervalos de confianza. Este paso puede verse gráficamente en la figura 7.1.

Se trata ahora de operar con las inecuaciones de manera que lo único que quede en el término medio sea el parámetro desconocido con coeficiente 1. En nuestro caso se procedería de la siguiente manera.

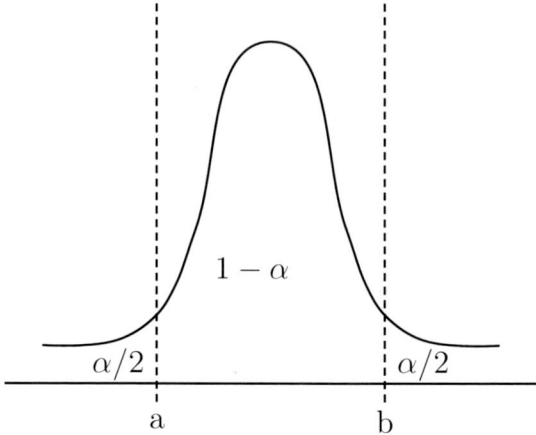

Figura 7.1. Representación gráfica de la obtención de los extremos del intervalo para la función pivotal en el método del pivote.

$$P(-z_{\alpha/2} \leq \frac{\overline{X} - \mu}{2/\sqrt{n}} \leq z_{\alpha/2}) = 1 - \alpha.$$

$$P(-z_{\alpha/2}\frac{2}{\sqrt{n}} \leq \overline{X} - \mu \leq z_{\alpha/2}\frac{2}{\sqrt{n}}) = 1 - \alpha.$$

$$P(-z_{\alpha/2}\frac{2}{\sqrt{n}} - \overline{X} \leq -\mu \leq z_{\alpha/2}\frac{2}{\sqrt{n}} - \overline{X}) = 1 - \alpha.$$

$$P(z_{\alpha/2}\frac{2}{\sqrt{n}} + \overline{X} \geq \mu \geq -z_{\alpha/2}\frac{2}{\sqrt{n}} + \overline{X}) = 1 - \alpha.$$

$$P(-z_{\alpha/2}\frac{2}{\sqrt{n}} + \overline{X} \leq \mu \leq z_{\alpha/2}\frac{2}{\sqrt{n}} + \overline{X}) = 1 - \alpha.$$

De esta forma, el intervalo de confianza sería

$$\left(\overline{X} - z_{\alpha/2}\frac{2}{\sqrt{n}}, \overline{X} + z_{\alpha/2}\frac{2}{\sqrt{n}}\right).$$

Llegados a este punto, es importante tener en cuenta que antes de realizar el experimento tenemos una probabilidad $1 - \alpha$ de acertar, pero después de realizar el experimento habremos acertado o no (probabilidad 1 o 0). Por ello, el valor $1 - \alpha$ no es un valor de probabilidad, de ahí que su nombre sea el de nivel de confianza.

7.2.2. Ejemplos de intervalos de confianza

A continuación se enumeran los intervalos de confianza que aparecen en distintas situaciones en el tratamiento de poblaciones con distribución normal o Bernoulli. Todos estos intervalos se obtienen de forma análoga al anterior considerando la estimación puntual y aplicando luego el método del pivote. Para cada situación se da la función pivotal, su distribución y el intervalo de confianza. Una lista de todos estos intervalos se da en el apéndice D.

- Sea X una variable aleatoria, $X \sim N(\mu, \sigma)$ con μ y σ desconocidos. Tenemos una m.a.s. de esta variable, $(X_1, ..., X_n)$. Queremos hallar un intervalo de confianza para la media μ. Bajo estas condiciones, la función pivotal es

$$T = \frac{\overline{X} - \mu}{S/\sqrt{n}} \sim t_{n-1}$$

y el intervalo de confianza al nivel $1 - \alpha$ viene dado por

$$\left(\overline{X} - t_{n-1;\alpha/2} \frac{S}{\sqrt{n}}, \overline{X} + t_{n-1;\alpha/2} \frac{S}{\sqrt{n}} \right).$$

- Sea X una variable aleatoria, $X \sim N(\mu, \sigma)$ con μ y σ desconocidos. Tenemos una m.a.s. de esta variable, $(X_1, ..., X_n)$. Queremos hallar un intervalo de confianza para la varianza σ^2. Bajo estas condiciones, la función pivotal es

$$T = \frac{(n-1)S^2}{\sigma^2} \sim \chi^2_{n-1}$$

y el intervalo de confianza al nivel $1 - \alpha$ viene dado por

$$\left(\frac{(n-1)S^2}{\chi^2_{n-1;\alpha/2}}, \frac{(n-1)S^2}{\chi^2_{n-1;1-\alpha/2}} \right).$$

- Sea X una variable aleatoria, $X \sim \mathcal{B}(p)$ con p desconocido. Tenemos una m.a.s. de esta variable, $(X_1, ..., X_n)$; nuestro objetivo es hallar un intervalo de confianza para la proporción p. Para que los resultados posteriores sean válidos es necesario que n sea mayor que 60. Bajo estas condiciones, la función pivotal es

$$T = \frac{\hat{p} - p}{\sqrt{\frac{\hat{p}(1-\hat{p})}{n}}} \sim \mathcal{N}(0,1)$$

y el intervalo de confianza al nivel $1 - \alpha$ viene dado por

$$\left(\hat{p} - z_{\alpha/2}\sqrt{\frac{\hat{p}(1-\hat{p})}{n}}, \hat{p} + z_{\alpha/2}\sqrt{\frac{\hat{p}(1-\hat{p})}{n}} \right).$$

- Sean X, Y dos variables aleatorias, $X \sim N(\mu_1, \sigma_1), Y \sim N(\mu_2, \sigma_2)$ que son independientes entre sí, con $\mu_1, \sigma_1, \mu_2, \sigma_2$ desconocidos. Tenemos dos m.a.s. de estas dos variables, $(X_1, ..., X_{n_1}), (Y_1, ..., Y_{n_2})$; nuestro objetivo es hallar un intervalo de confianza para el cociente de varianzas $\frac{\sigma_1^2}{\sigma_2^2}$. Bajo estas condiciones, la función pivotal es

$$T = \frac{S_1^2}{S_2^2} \cdot \frac{\sigma_2^2}{\sigma_1^2} \sim F_{n_1-1, n_2-1}$$

y el intervalo de confianza al nivel $1 - \alpha$ viene dado por

$$\left(\frac{\frac{S_1^2}{S_2^2}}{F_{n_1-1,n_2-1;\alpha/2}}, \frac{\frac{S_1^2}{S_2^2}}{F_{n_1-1,n_2-1;1-\alpha/2}} \right).$$

- Sean X, Y dos variables aleatorias, $X \sim N(\mu_1, \sigma_1), Y \sim N(\mu_2, \sigma_2)$ que son independientes con $\mu_1 \mu_2$ desconocidos pero σ_1, σ_2 conocidos. Tenemos dos m.a.s. de estas dos variables, denotadas por

$(X_1, ..., X_{n_1})$ e $(Y_1, ..., Y_{n_2})$. Nuestro objetivo es hallar un intervalo de confianza para la diferencia de medias $\mu_1 - \mu_2$. Bajo estas condiciones, la función pivotal es

$$T = \frac{\overline{X} - \overline{Y} - (\mu_1 - \mu_2)}{\sqrt{\frac{\sigma_1^2}{n_1} + \frac{\sigma_2^2}{n_2}}} \sim \mathcal{N}(0, 1)$$

y el intervalo de confianza al nivel $1 - \alpha$ viene dado por

$$\left(\overline{X} - \overline{Y} \pm z_{\alpha/2} \sqrt{\frac{\sigma_1^2}{n_1} + \frac{\sigma_2^2}{n_2}} \right).$$

- Sean X, Y dos variables aleatorias, $X \sim N(\mu_1, \sigma_1), Y \sim N(\mu_2, \sigma_2)$ que son independientes con $\mu_1, \sigma_1, \mu_2, \sigma_2$ desconocidos. Tenemos dos m.a.s. de estas dos variables, denotadas por $(X_1, ..., X_{n_1})$ e $(Y_1, ..., Y_{n_2})$. Suponemos finalmente que, aunque desconocidas, $\sigma_1 = \sigma_2$; nuestro objetivo es hallar un intervalo de confianza para la diferencia de medias $\mu_1 - \mu_2$. Bajo estas condiciones, la función pivotal es

$$T = \frac{\overline{X} - \overline{Y} - (\mu_1 - \mu_2)}{S\sqrt{\frac{1}{n_1} + \frac{1}{n_2}}} \sim t_{n_1+n_2-2}$$

y el intervalo de confianza al nivel $1 - \alpha$ viene dado por

$$\left(\overline{X} - \overline{Y} \pm t_{n_1+n_2-2;\alpha/2} S \sqrt{\frac{1}{n_1} + \frac{1}{n_2}} \right)$$

donde

$$S^2 = \frac{(n_1 - 1)S_1^2 + (n_2 - 1)S_2^2}{n_1 + n_2 - 2}.$$

- Sean X, Y dos variables aleatorias, $X \sim N(\mu_1, \sigma_1), Y \sim N(\mu_2, \sigma_2)$ que son independientes con $\mu_1, \sigma_1, \mu_2, \sigma_2$ desconocidos. Tenemos dos m.a.s. de estas dos variables, $(X_1, ..., X_{n_1}), (Y_1, ..., Y_{n_2})$. Suponemos finalmente que $\sigma_1 \neq \sigma_2$; nuestro objetivo es hallar inferencias sobre la diferencia de medias $\mu_1 - \mu_2$. Bajo estas condiciones, la función pivotal es la que se conoce como aproximación de Welch que viene dada por

$$T = \frac{\overline{X} - \overline{Y} - (\mu_1 - \mu_2)}{\sqrt{\frac{S_1^2}{n_1} + \frac{S_2^2}{n_2}}} \sim t_f, \qquad f = \frac{(\frac{S_1^2}{n_1} + \frac{S_2^2}{n_2})^2}{\frac{(\frac{S_1^2}{n_1})^2}{n_1+1} + \frac{(\frac{S_2^2}{n_2})^2}{n_2+1}} - 2$$

y el intervalo de confianza al nivel $1 - \alpha$ viene dado por

$$\left(\overline{X} - \overline{Y} - t_{f;\alpha/2}\sqrt{\frac{S_1^2}{n_1} + \frac{S_2^2}{n_2}}, \overline{X} - \overline{Y} + t_{f;\alpha/2}\sqrt{\frac{S_1^2}{n_1} + \frac{S_2^2}{n_2}} \right).$$

- Sean X, Y dos variables aleatorias, $X \sim \mathcal{B}(p_1), Y \sim \mathcal{B}(p_2)$ independientes con p_1, p_2 desconocidos. Tenemos dos m.a.s. de estas dos variables, que denotaremos por $(X_1, ..., X_{n_1})$ e $(Y_1, ..., Y_{n_2})$; nuestro objetivo es hallar un intervalo de confianza para la diferencia de proporciones $p_1 - p_2$. Para que los resultados posteriores sean válidos es necesario que tanto n_1 como n_2 sean mayores que 60. Bajo estas condiciones, la función pivotal es

$$T = \frac{\hat{p}_1 - \hat{p}_2 - (p_1 - p_2)}{\sqrt{\frac{\hat{p}_1(1-\hat{p}_1)}{n_1} + \frac{\hat{p}_2(1-\hat{p}_2)}{n_2}}} \sim N(0, 1)$$

y el intervalo de confianza al nivel $1 - \alpha$ viene dado por

$$\left(\hat{p}_1 - \hat{p}_2 \pm z_{\alpha/2}\sqrt{\frac{\hat{p}_1(1 - \hat{p}_1)}{n_1} + \frac{\hat{p}_2(1 - \hat{p}_2)}{n_2}} \right).$$

- Se considera un vector bidimensional (X, Y) y una muestra aleatoria simple de tamaño n de dicho vector $((X_1, Y_1), ..., (X_n, Y_n))$; se supone que $X \sim \mathcal{N}(\mu_1, \sigma_1)$ e $Y \sim \mathcal{N}(\mu_2, \sigma_2)$ con $\mu_1, \sigma_1, \mu_2, \sigma_2$ desconocidos. Por ejemplo, esta situación aparece cuando se comparan resultados antes y después de realizar un tratamiento; en este caso las variables X e Y no serían necesariamente independientes. En general, estamos en una situación en la que para un mismo individuo se observan dos variables; es decir, la misma situación que teníamos en el capítulo de estadística descriptiva bidimensional. Queremos hallar un intervalo de confianza para la diferencia de medias $\mu_1 - \mu_2$. Para hallar este intervalo vamos a considerar la variable $D = X - Y$. De esta forma $E(D) = E(X) - E(Y)$ y el problema es equivalente a hallar un intervalo de confianza para la media de una población $D \sim \mathcal{N}(\mu, \sigma)$ a partir de una muestra $(D_1, ..., D_n)$, en la que $D_i = X_i - Y_i, i = 1, ..., n$. Por lo tanto, el intervalo de confianza al nivel $1 - \alpha$ viene dado por

$$\left(\overline{D} - t_{n-1;\alpha/2} \frac{S}{\sqrt{n}}, \overline{D} + t_{n-1;\alpha/2} \frac{S}{\sqrt{n}} \right).$$

Veamos finalmente dos ejemplos de problemas típicos de intervalos de confianza.

Ejemplo 125.

Se está estudiando el radio de un tumor cancerígeno; para ello se tomaron diez pacientes elegidos al azar con cáncer y se observaron los siguientes radios (medidos en milímetros):

$$2,5 \quad 2,2 \quad 3,0 \quad 2,1 \quad 2,7 \quad 2,5 \quad 2,8 \quad 1,9 \quad 2,2 \quad 2,6$$

Suponiendo que el radio del tumor tiene distribución normal, vamos a determinar un intervalo de confianza del 95% para la varianza poblacional.

En este caso, la variable es el radio del tumor $X \sim \mathcal{N}(\mu, \sigma)$ con ambos parámetros desconocidos. Aplicando la fórmula vista anteriormente, el I.C. viene dado por

$$\left(\frac{(n-1)S^2}{\chi^2_{n-1;\alpha/2}}, \frac{(n-1)S^2}{\chi^2_{n-1;1-\alpha/2}} \right).$$

Para hallar la cuasivarianza muestral lo más rápido es hallar la varianza muestral.

$$v(x_1, ..., x_{10}) = \overline{x^2} - \overline{x}^2.$$

Con los datos que tenemos,

$$\overline{x} = 2{,}45, \overline{x^2} = 6{,}11 \Rightarrow v(x_1, ..., x_{10}) = 0{,}11.$$

Así, $s^2 = \frac{n}{n-1}v(x_1, ..., x_{10}) = 0{,}12$.

Por otra parte, a partir de las tablas de la distribución χ^2, podemos obtener los valores $\chi^2_{0;0,025} = 19$, $\chi^2_{0;0,975} = 2{,}7$, con lo que el I.C. queda

$$\left(\frac{0{,}12}{19}, \frac{0{,}12}{2{,}7} \right) = (0{,}057, 0{,}4).$$

Ejemplo 126.

Supongamos que estamos estudiando la cantidad de partículas por metro cúbico de aire de una sustancia contaminante en dos ciudades A y B. Deseando analizar la calidad del aire en esas dos ciudades, se extraen dos muestras al azar y se analiza el cantidad de partículas de esa sustancia, obteniéndose los resultados expresados en tantos por millón que aparecen en la tabla 7.1.

Ciudad A	$\overline{x}_A = 8{,}7$	$s_A^2 = 1{,}02^2$	$n_A = 33$
Ciudad B	$\overline{x}_B = 10{,}9$	$s_B^2 = 1{,}73^2$	$n_B = 27$

Tabla 7.1. Datos para la muestra del ejemplo 126.

Supongamos que ambas poblaciones tienen distribución normal con idéntica varianza. Vamos a construir un intervalo de confianza del 95% para la diferencia de la cantidad media de partículas contaminantes en esas dos ciudades.

En este caso, tenemos dos variables, correspondientes a la cantidad de partículas contaminantes en A, que llamaremos X, y en B, que llamaremos Y. Ambas variables X, Y son normales con parámetros desconocidos, aunque con idéntica varianza (desconocida). Entonces, el I.C. viene dado por

$$\left(\overline{X} - \overline{Y} \pm t_{n_1+n_2-2;\alpha/2} S \sqrt{\frac{n_A + n_B}{n_A n_B}}\right).$$

Como a partir de las tablas de la distribución t se obtiene $t_{58;0,025} = 2$
y

$$s^2 = \frac{(n_A - 1)s_A^2 + (n_B - 1)s_B^2}{n_A + n_B - 2} = 1{,}34,$$

se obtienen que el I.C. queda

$$\left(8{,}7 - 10{,}9 - 2 \cdot \sqrt{1{,}34} \cdot \sqrt{\frac{60}{33 \cdot 27}}, 8{,}7 - 10{,}9 + 2 \cdot \sqrt{1{,}34} \cdot \sqrt{\frac{60}{33 \cdot 27}}\right)$$
$$= (-3{,}42, -2{,}38).$$

8. Contraste de hipótesis

8.1. Desarrollo de contrastes de hipótesis

Después de haber visto en el tema anterior el problema de dar una aproximación de los parámetros desconocidos, en este tema vamos a estudiar otro aspecto de la inferencia estadística que es tal vez más importante: el contraste de hipótesis.

En un problema de contraste de hipótesis paramétrica no se trata de estimar el valor del parámetro, ya sea por una aproximación o por un intervalo; el objetivo es determinar (que en estadística se dirá *contrastar*) si el valor del parámetro cumple una determinada condición. Veamos un ejemplo que nos va a servir para ilustrar el procedimiento del contraste de hipótesis.

Ejemplo 127.
Sea X la distribución poblacional y supongamos que $X \sim \mathcal{N}(\mu, 2)$ donde μ es el parámetro desconocido; podemos plantearnos si se cumple que $\mu = 4$.

Lo que se quiere comprobar (pero no demostrar, como veremos más adelante) se llama **hipótesis nula** y se denota H_0, mientras que su negación se llama **hipótesis alternativa** y se denota H_1.

Ejemplo 128. *(Continuación del ejemplo 127)*
En nuestro ejemplo, el contraste a resolver se escribiría

$$\begin{cases} H_0 : \mu = 4 \\ H_1 : \mu \neq 4 \end{cases}$$

https://dx.doi.org/10.5209/docm.003.08
Estadística Básica. Pedro Miranda Menéndez. © Ediciones Complutense, 2025.

Si se concluye la hipótesis nula se dice que se *acepta* H_0, mientras que si se concluye la hipótesis alternativa se dice que se *rechaza* H_0 (o que se acepta H_1).

Un primer aspecto que hay que tener en cuenta en los contrastes de hipótesis es que se parte del supuesto de que la hipótesis nula es cierta. Por ello, en caso de duda concluiremos la hipótesis nula y sólo cuando tengamos una fuerte evidencia en contra concluiremos la hipótesis alternativa; en este sentido, los contrastes de hipótesis funcionan igual que un juicio, en el que la hipótesis nula es la inocencia del acusado y sólo se concluye su culpabilidad si se tienen pruebas concluyentes de la misma.

Una primera consecuencia de lo anterior es que si al hacer los cálculos para tomar nuestra decisión llegamos a una situación en la que nos parezca que el verdadero valor del parámetro está cerca de cumplir las condiciones de la hipótesis nula, entonces asumiremos que en realidad la hipótesis nula se cumple. En otras palabras, lo que en realidad se está contrastando es si se cometería un error grave suponiendo que el parámetro desconocido está en las condiciones de la hipótesis nula. Otra consecuencia es que concluir la hipótesis nula no significa que sea cierta, sino que no tenemos evidencia de que sea falsa; siguiendo con el símil del juicio, podemos declarar al acusado libre por falta de pruebas, lo que no quiere decir que sea inocente.

Por otra parte, para concluir la hipótesis alternativa sí necesitamos una fuerte evidencia de que sea cierta, de la misma manera que para condenar a alguien en un juicio debemos tener una gran evidencia de que es culpable. En este sentido, se dice que la hipótesis nula no demuestra y la hipótesis alternativa sí. Por ello, si queremos «demostrar» algo sobre el valor del parámetro desconocido, esta propiedad tiene que ser la hipótesis alternativa. Un ejemplo de la situación anterior aparece en los estudios sobre la eficacia de medicamentos; en estos casos, se considera que un nuevo medicamento es efectivo si la proporción de enfermos que cura es mayor que la proporción de enfermos que se curan con los medicamentos disponibles hasta este momento; aquí es muy importante tener una fuerte evidencia de que esto es así antes de comercializar el nuevo medicamento; por ello, la hipótesis de que el medicamento es efectivo será la hipótesis alternativa y la hipótesis nula será su negación, es decir, que el nuevo medicamento no mejora los resultados que obtienen los medicamentos actuales. Es por ello que cuando concluimos la hipótesis nula, aunque se dice que se acepta esta hipótesis, con más propiedad deberíamos decir que no se tiene evidencia para rechazarla.

Para los contrastes que nosotros estudiaremos es muy fácil distinguir cuál es la hipótesis nula y cuál es la alternativa. Al escribir la pregunta que nos hacemos sobre el parámetro, en una de las dos opciones (la pregunta o su negación) tenemos una igualdad. Esta hipótesis será la hipótesis nula. Por ejemplo, en el ejemplo 127 que nos planteamos teníamos las hipótesis $\mu = 4$ y $\mu \neq 4$. Entonces, la hipótesis nula es $H_0 : \mu = 4$. Para el problema de probar la eficacia de dos medicamentos, denotemos

$X \sim$ un inidividuo al que se le administra el tratamiento nuevo se cura de la enfermedad.

$Y \sim$ un inidividuo al que se le administra el tratamiento antiguo se cura de la enfermedad.

Entonces, $X \sim \mathcal{B}(p_1)$, donde p_1 representa la probabilidad de que al administrar el nuevo medicamento se cura la enfermedad, mientras que $Y \sim \mathcal{B}(p_2)$, donde p_2 representa la probabilidad de que al administrar el medicamento antiguo se cura la enfermedad. Entonces tenemos las hipótesis

El medicamento es efectivo: $p_1 > p_2$.

El medicamento no es efectivo: $p_1 = p_2$.

Y así, la hipótesis nula es $H_0 : p_1 = p_2$.

Para resolver el contraste necesitamos tener información sobre el parámetro desconocido. Esta información nos la proporciona una muestra (en general obtenida por muestreo aleatoria simple) de tamaño n de la variable X. Tenemos así una muestra $(X_1, ..., X_n)$ de la que obtenemos los datos $(x_1, ..., x_n)$. Nótese que es exactamente la misma información que teníamos para el problema de estimación.

Volvamos al ejemplo 127; dada la muestra, para hacernos una idea del valor del parámetro utilizamos el estimador que habíamos hallado en estimación puntual, que en este caso, y según lo visto en el tema anterior, es la media muestral $\overline{X}$. Supongamos que con nuestros datos $\overline{x} = 4$; en este caso tenemos una evidencia de que μ toma un valor cercano a 4 (recuérdese que con la estimación no buscamos hallar el verdadero valor del parámetro, sino aproximarlo), con lo que concluiremos que la hipótesis nula es cierta. Si obtenemos $\overline{x} = 100$, entonces tenemos evidencia de que μ no toma el valor 4, con lo que concluiremos que la hipótesis alternativa es cierta. Finalmente, si obtenemos $\overline{x} = 4,3$, entonces tenemos un valor que no sería muy raro si la hipótesis nula fuese cierta, aunque tampoco proporciona evidencia de su verosimilitud; por lo dicho al plantear los supuestos iniciales del contraste de hipótesis concluimos la hipótesis nula. En definitiva, a partir de los valores de la muestra, nosotros tenemos que decidir si aceptamos o rechazamos H_0; habrá muestras para las que al hacer los cálculos se acepte y muestras para las que se rechace dependiendo de lo lógicos que sean los datos de la muestra suponiendo que la hipótesis nula es cierta.

En general, dada una muestra, se toma una función de la misma, $T(X_1, ..., X_n)$; esta función se llama un **estadístico** del contraste; casi siempre los estadísticos son los estimadores puntuales o funciones de los mismos; de hecho, veremos que suelen ser muy parecidos a la función pivotal que aparecía en intervalos de confianza suponiendo que la hipótesis nula es cierta. En función del valor que toma T tomaremos nuestra decisión; es decir, habrá valores de T que nos lleven a concluir que H_0 es cierta (y que determinan lo que se conoce como la **región de aceptación**) y valores que nos llevan a rechazar H_0 (y que definen la **región crítica**).

Ejemplo 129. *(Continuación del ejemplo 127)*

Para este caso, tenemos que el estadístico del contraste viene dado por

$$T = \frac{\overline{X} - 4}{2/\sqrt{n}}.$$

Esta expresión proviene de considerar el estimador puntual, $\overline{X}$, del que sabemos que $\overline{X} \sim \mathcal{N}(\mu, 2/\sqrt{n})$. Si suponemos que H_0 es cierta, entonces $\mu = 4$ y tipificando obtenemos la expresión de T. No debemos preocuparnos por los estadísticos de los contrastes. Para los contrastes que se estudiarán en este curso hay una lista de los estadísticos correspondientes en el apéndice E. Sin embargo, es importante tener en cuenta que el valor del estadístico depende de los valores de la muestra. Por lo tanto, no podemos saber su valor hasta tener los datos numéricos de la muestra. En definitiva, igual que los estimadores, los estadísticos son variables aleatorias y tienen una distribución de probabilidad.

Veamos ahora cómo plantear las regiones de aceptación y crítica. Nosotros concluiremos que H_0 es cierta si la media muestral es cercana *a 4, lo que para T se traduce en que T será un valor cercano a 0. Y concluiremos H_1 si la media muestral es muy diferente de 4, lo que se traduce en que T tomará un valor muy grande, ya sea positivo o negativo. Entonces, las regiones críticas y de aceptación en función de T adoptan una forma que gráficamente se puede ver en la figura 8.1.*

Figura 8.1. Representación gráfica de las regiones de aceptación y crítica para el ejemplo 127.

Vemos entonces que por la forma en que se plantea el contraste podemos determinar la forma de la región crítica. Sin embargo, tenemos que determinar ahora qué valores se pueden considerar suficientemente alejados del valor teórico según la hipótesis nula o, en otras palabras, determinar dónde empieza la región crítica. Para el ejemplo anterior, tenemos que decidir cuándo consideramos que un valor de T está suficientemente alejado de 0 como para considerarlo en la región crítica. Para decidir dónde se encuentra la frontera entre la región de aceptación y la región crítica volvamos a las consecuencias de la decisión que tomamos.

Una vez tomada la decisión de si se acepta o se rechaza H_0 es posible que nuestra decisión sea errónea. Esto es debido a que todas nuestras conclusiones se basan en la representatividad de la muestra, situación que no se tiene siempre y que no podemos controlar completamente. Podemos entonces cometer dos tipos de error:

- Rechazamos H_0 cuando en realidad H_0 es cierta. Este tipo de error se llama **error tipo I**. Es lo que ocurre cuando el estadístico toma un valor en la región crítica pero H_0 es cierta. Con este error estamos condenando a un inocente.

- Aceptamos H_0 cuando en realidad esta hipótesis es falsa. Este tipo de error se llama **error tipo II**. Es lo que ocurre cuando el estadístico toma un valor en la región de aceptación pero H_0 es falsa. Con este error estamos declarando inocente a un culpable.

La tabla 8.1 expone las situaciones que pueden aparecer según nuestras conclusiones y la realidad.

Decisión Realidad	H_0	H_1
H_0	Acertar	Error Tipo II
H_1	Error Tipo I	Acertar

Tabla 8.1. Tipos de errores y situaciones en que aparecen.

Para construir un buen contraste es deseable que las probabilidades de error tipo I y II sean lo más pequeñas posible. Reducir el error tipo I se consigue haciendo más grande la región de aceptación; la interpretación de lo que significa ampliar la región de aceptación es ampliar los valores en los que declaramos al acusado inocente por falta de pruebas. Pero en este caso estamos reduciendo la región crítica y esto se traduce en un incremento de la probabilidad de error tipo II; es decir, al ampliar los casos en que declaramos libre al acusado por falta de pruebas, estamos aumentando la probabilidad de declarar inocente a un culpable. Lo mismo ocurre si nos planteamos reducir la probabilidad de error tipo II, puesto que habría que aumentar la región crítica, que lleva a una reducción de la región de aceptación y en consecuencia a un aumento del error de tipo I. Por lo tanto, no es posible anular simultáneamente estas dos probabilidades de error y es necesario conseguir un equilibrio entre las dos. Tenemos entonces que encontrar un equilibrio entre los distintos tipos de error.

Para conseguir este equilibrio hay que tener en cuenta la filosofía subyacente al contraste de hipótesis. Así, siguiendo con el símil del juicio, es más grave condenar a un inocente (error tipo I) que dejar libre a un culpable (error tipo II). Por ello, se procede de la siguiente manera: se fija por adelantado la máxima probabilidad de error tipo I que estamos dispuestos a asumir; este valor de probabilidad se llama **nivel**

de significación y se denota por α; suele tomar valores muy pequeños, como 0.1, 0.05, 0.01 (nótese la relación con el nivel de confianza
$1 - \alpha$); una vez fijado el nivel de significación, se toman las regiones de
aceptación y crítica de forma que se minimice el error tipo II.

Ejemplo 130. *(Continuación del ejemplo 127)*
   *Ya habíamos visto que para este contraste la región crítica era de la
forma*

$$R.C. = \left\{ (x_1, ..., x_n) \, \text{t.q.} \, \frac{\overline{X} - 4}{2/\sqrt{n}} \leq a \, o \, \frac{\overline{X} - 4}{2/\sqrt{n}} \geq b \right\}.$$

   *Es una región crítica con dos partes (se dice con dos colas), llama-
da región crítica bilateral. Como sabemos que si H_0 es cierta entonces
el estadístico del contraste T sigue una distribución normal estándar,
entonces tenemos la representación gráfica de las regiones crítica y de
aceptación de la figura 8.2.*

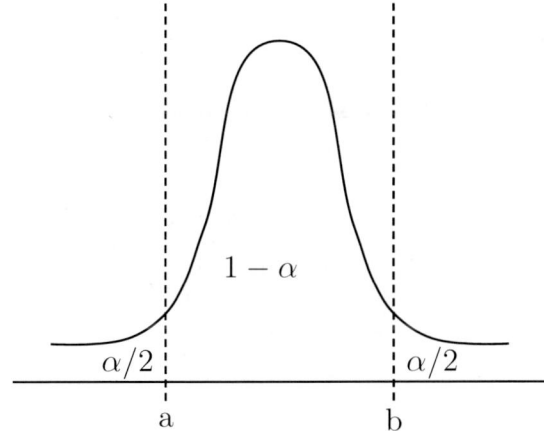

Figura 8.2. Representación gráfica de las regiones de aceptación y crítica
para el ejemplo 127 teniendo en cuenta la distribución del estadístico.

   *Tenemos ahora que calcular los límites a, b. Nótese que no tenemos
ninguna razón para esperar un valor de $\overline{X}$ mayor que 4 con mayor*

probabilidad que un valor menor que 4. Por ello, si rechazamos para un valor del estadístico T de -1, también es lógico que rechacemos para un valor de 1. Por ello, debido a la simetría de la distribución normal estándar, hacemos $a = -b$ de forma que ambas colas tienen la misma probabilidad y la región crítica queda

$$R.C. = \left\{ (x_1, ..., x_n) \text{ t.q. } \left| \frac{\overline{X} - 4}{2/\sqrt{n}} \right| \geq b \right\}.$$

Para hallar b tenemos que utilizar el nivel de significación α. Como las dos colas tienen la misma probabilidad se tiene que $b = z_{\alpha/2}$ y la región crítica queda de forma definitiva

$$R.C. = \left\{ (x_1, ..., x_n) \text{ t.q. } \left| \frac{\overline{X} - 4}{2/\sqrt{n}} \right| \geq z_{\alpha/2} \right\}.$$

Veamos otras dos situaciones que pueden aparecer relacionadas con el ejemplo anterior.

Ejemplo 131. *(Continuación del ejemplo 127)*
Supongamos ahora que tenemos que resolver el contraste

$$\begin{cases} H_0 : \mu \leq 4 \\ H_1 : \mu > 4 \end{cases}$$

Llamaremos a esta nueva situación la Situación 2. Tomaremos como estadístico del contraste el mismo que en el caso anterior. En este caso nótese que bajo H_0 no sabemos qué valor debemos asignar a μ; el valor que se le asigna es 4, pues es el valor de frontera y nos da la situación que será más dudosa. Por lo tanto, consideraremos que

$$T = \frac{\overline{X} - 4}{2/\sqrt{n}} \sim \mathcal{N}(0, 1).$$

Si H_0 es cierta, es de esperar que $\overline{X}$ sea menor o igual que 4 (o que al menos no sea muy superior a 4 debido a la aleatoriedad inherente a la muestra); esto se traduce en que el numerador del estimador será negativo o tomará un valor positivo pequeño; si H_1 es cierta, esperamos valores del estadístico muy grandes y positivos. Así, la región crítica es de la forma

$$R.C. = \left\{ (x_1, ..., x_n) \text{ t.q. } \frac{\overline{X} - 4}{2/\sqrt{n}} \geq b \right\}.$$

Es una región crítica con una cola, llamada región crítica unilateral. La representación gráfica de esta región crítica puede verse en la figura 8.3.

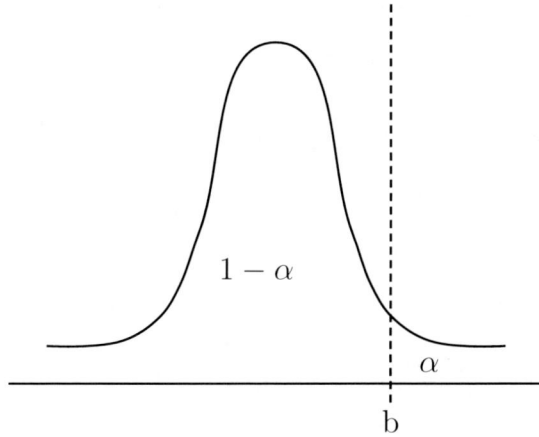

Figura 8.3. Representación gráfica de las regiones de aceptación y crítica para el ejemplo 127 (situación 2) teniendo en cuenta la distribución del estadístico.

Para hallar b tenemos que utilizar el nivel de significación α. Como la región crítica tiene que tener probabilidad α se tiene que $b = z_\alpha$ y la región crítica queda de forma definitiva

$$R.C. = \left\{ (x_1, ..., x_n) \text{ t.q. } \frac{\overline{X} - 4}{2/\sqrt{n}} \geq z_\alpha \right\}.$$

Supongamos ahora el contraste

$$\left\{ \begin{array}{l} H_0 : \mu = 4 \\ H_1 : \mu > 4 \end{array} \right.$$

Llamaremos a esta nueva situación la Situación 3. Tomaremos como estadístico del contraste el mismo que en el caso anterior. Si H_0 es cierta, es de esperar que $\overline{X}$ sea próxima a 4; esto se traduce en que el numerador del estimador será cercano a 0 (ya sea positivo o negativo), con lo que esperamos valores del estadístico cercanos a 0; si H_1 es cierta, esperamos valores del estadístico muy grandes y positivos. Queda entonces la situación en que el estadístico tome valores muy grandes y negativos; esta situación no parece acorde ni con H_0 ni con H_1; por ello, y basándonos en la filosofía del contraste de hipótesis, aceptaremos H_0. Así, la región crítica es de la forma

$$R.C. = \left\{ (x_1, ..., x_n) \text{ t.q.} \frac{\overline{X} - 4}{2/\sqrt{n}} \geq b \right\}.$$

Y, por lo visto anteriormente, se tiene que su expresión final es

$$R.C. = \left\{ (x_1, ..., x_n) \text{ t.q.} \frac{\overline{X} - 4}{2/\sqrt{n}} \geq z_\alpha \right\}.$$

De la misma forma, si consideramos los contrastes

$$\begin{cases} H_0 : \mu \geq 4 \\ H_1 : \mu < 4 \end{cases}$$

$$\begin{cases} H_0 : \mu = 4 \\ H_1 : \mu < 4 \end{cases}$$

que llamaremos las situaciones 4 y 5, respectivamente, se puede demostrar por simetría que la región crítica queda de la forma

$$R.C. = \left\{ (x_1, ..., x_n) \text{ t.q.} \frac{\overline{X} - 4}{2/\sqrt{n}} \leq -z_\alpha \right\}.$$

La representación gráfica de esta situación puede verse en la figura 8.4.

Aunque en esta situación hemos visto que es sencillo determinar la forma de la región crítica del contraste, todas estas regiones críticas están especificadas en el apéndice E.

En definitiva, para resolver un contraste hay que seguir los siguientes pasos:

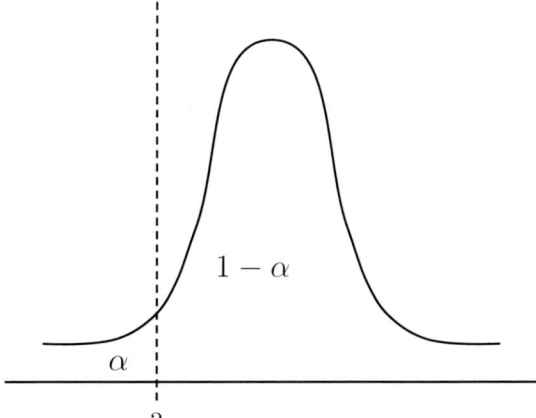

Figura 8.4. Representación gráfica de las regiones de aceptación y crítica para el ejemplo 127 (situaciones 4 y 5) teniendo en cuenta la distribución del estadístico.

Pasos para resolver un contraste de hipótesis

1. Plantear las hipótesis nula y alternativa.

2. Determinar el estadístico del contraste.

3. Determinar la región crítica del contraste.

4. Comprobar si el valor muestral del estadístico está dentro de la región crítica o no.

8.2. Contrastes para una población

En la sección anterior hemos desarrollado a modo de ejemplo los contrastes de hipótesis para la media de una distribución normal cuando la varianza es conocida. En esta sección veremos algunos otros ejemplos de contrastes paramétricos para una población. Un resumen de los mismos se encuentra en el apéndice E. Como se verá a lo largo de esta sección, las regiones críticas son similares en términos de forma a las que se desarrollaron en la sección anterior, pero incluimos nuevamente el razonamiento para insistir en que todos estos contrastes son muy parecidos entre sí y en que la forma de la región crítica se puede determinar de forma intuitiva.

8.2.1. Contraste para la esperanza en poblaciones normales con varianza desconocida

En este caso las condiciones de las que partimos son las siguientes:

Sean X una variable aleatoria, $X \sim N(\mu, \sigma)$ donde μ y σ son parámetros desconocidos. Tenemos una m.a.s. de esta variable, $(X_1, ..., X_n)$; nuestro objetivo es realizar contrastes sobre la media de la población. Es decir, las situaciones que nos planteamos son:

$$\textbf{situación 1:} \begin{cases} H_0 : \mu = \mu_0 \\ H_1 : \mu \neq \mu_0 \end{cases},$$

$$\textbf{situación 2:} \begin{cases} H_0 : \mu = \mu_0 \\ H_1 : \mu > \mu_0 \end{cases}, \qquad \textbf{situación 3:} \begin{cases} H_0 : \mu \leq \mu_0 \\ H_1 : \mu > \mu_0 \end{cases},$$

$$\textbf{situación 4:} \begin{cases} H_0 : \mu = \mu_0 \\ H_1 : \mu < \mu_0 \end{cases}, \qquad \textbf{situación 5:} \begin{cases} H_0 : \mu \geq \mu_0 \\ H_1 : \mu < \mu_0 \end{cases}.$$

Para un contrastes en estas condiciones, el estadístico es

$$T = \frac{\overline{X} - \mu}{S/\sqrt{n}} \sim t_{n-1},$$

que suponiendo H_0 cierta ($\mu = \mu_0$) se convierte en

$$T = \frac{\overline{X} - \mu_0}{S/\sqrt{n}} \sim t_{n-1}.$$

Veamos ahora los distintas regiones críticas según el contraste:

- Si consideramos la situación 1, entonces rechazaremos si los valores del estimador son muy grandes o muy pequeños. Como en casos anteriores, consideraremos las dos colas de igual probabilidad. Así, la región crítica al nivel de significación α viene dada por

$$R.C. = \left\{ (x_1, ..., x_n), \text{t.q.} \left| \frac{\overline{\mathrm{x}} - \mu_0}{\mathrm{s}/\sqrt{\mathrm{n}}} \right| \geq \mathrm{t}_{\mathrm{n}-1,\alpha/2} \right\}.$$

- Si consideramos las situaciones 2 o 3, entonces rechazaremos si los valores del estimador son muy grandes. Así, la región crítica al nivel de significación α viene dada por

$$R.C. = \left\{ (x_1, ..., x_n), \text{t.q.} \ \frac{\overline{\mathrm{x}} - \mu_0}{\mathrm{s}/\sqrt{\mathrm{n}}} \geq \mathrm{t}_{\mathrm{n}-1,\alpha} \right\}.$$

- Si consideramos las situaciones 4 o 5, entonces rechazaremos si los valores del estimador son muy pequeños. Así, la región crítica al nivel de significación α viene dada por

$$R.C. = \left\{ (x_1, ..., x_n), \text{t.q.} \ \frac{\overline{\mathrm{x}} - \mu_0}{\mathrm{s}/\sqrt{\mathrm{n}}} \leq -\mathrm{t}_{\mathrm{n}-1,\alpha} \right\}.$$

8.2.2. Contraste para la varianza en poblaciones normales

En este caso las condiciones de las que partimos son las siguientes:
Sean X una variable aleatoria, $X \sim N(\mu, \sigma)$ donde μ y σ son parámetros desconocidos. Tenemos una m.a.s. de esta variable, $(X_1, ..., X_n)$; nuestro objetivo es realizar contrastes sobre la varianza de la población. Es decir, las situaciones que nos planteamos son:

situación 1: $\begin{cases} H_0 : \sigma^2 = \sigma_0^2 \\ H_1 : \sigma^2 \neq \sigma_0^2 \end{cases}$,

situación 2: $\begin{cases} H_0 : \sigma^2 = \sigma_0^2 \\ H_1 : \sigma^2 > \sigma_0^2 \end{cases}$,   **situación 3:** $\begin{cases} H_0 : \sigma^2 \leq \sigma_0^2 \\ H_1 : \sigma^2 > \sigma_0^2 \end{cases}$,

situación 4: $\begin{cases} H_0 : \sigma^2 = \sigma_0^2 \\ H_1 : \sigma^2 < \sigma_0^2 \end{cases}$,   **situación 5:** $\begin{cases} H_0 : \sigma^2 \geq \sigma_0^2 \\ H_1 : \sigma^2 < \sigma_0^2 \end{cases}$.

Para un contrastes en estas condiciones, el estadístico es

$$T = \frac{(n-1)S^2}{\sigma^2} \sim \chi^2_{n-1},$$

que suponiendo H_0 cierta ($\sigma = \sigma_0$) se convierte en

$$T = \frac{(n-1)S^2}{\sigma_0^2} \sim \chi^2_{n-1}.$$

Veamos ahora los distintas regiones críticas según el contraste:

- Si consideramos la situación 1, entonces rechazaremos si los valores del estimador son muy grandes o muy pequeños respecto a $n-1$. Como en casos anteriores, consideraremos las dos colas de igual probabilidad. Así, la región crítica al nivel de significación α viene dada por

$$R.C. = \left\{ (x_1, ..., x_n) \text{t.q.} \frac{(n-1)s^2}{\sigma_0^2} < \chi^2_{n-1;1-\alpha/2} \right.$$
$$\left. \text{o} \ \frac{(n-1)s^2}{\sigma_0^2} > \chi^2_{n-1;\alpha/2} \right\}.$$

- Si consideramos las situaciones 2 o 3, entonces rechazaremos si los valores del estimador son muy grandes. Así, la región crítica al nivel de significación α viene dada por

$$R.C. = \left\{ (x_1, ..., x_n) \text{t.q.} \frac{(n-1)s^2}{\sigma_0^2} > \chi^2_{n-1;\alpha} \right\}.$$

- Si consideramos las situaciones 4 o 5, entonces rechazaremos si los valores del estimador son muy pequeños. Así, la región crítica al nivel de significación α viene dada por

$$R.C. = \left\{ (x_1, ..., x_n) \text{t.q.} \frac{(n-1)s^2}{\sigma_0^2} < \chi^2_{n-1;1-\alpha} \right\}.$$

Ejemplo 132.

Se tiene una máquina que fabrica pastillas de un medicamento; por ello, es necesario que la cantidad de un componente sea muy homogénea, y las autoridades imponen que su varianza no supere el valor 0.025. Para comprobar la hipótesis de que la máquina funciona bien se tomó una muestra aleatoria de 100 pastillas y se encontró una cuasivarianza muestral de 0.03 microgramos. Si queremos trabajar con un nivel de significación del 5% y suponiendo normalidad, ¿qué se puede decir de la hipótesis a partir de esos datos?

La variable que tenemos en este caso es la cantidad de componente, X, que sigue distribución $\mathcal{N}(\mu, \sigma)$ donde ambos parámetros son desconocidos. El contraste de hipótesis a resolver es

$$\begin{cases} H_0 : \sigma^2 \leq 0{,}025 \\ H_1 : \sigma^2 > 0{,}025 \end{cases}$$

Así, el estadístico del contraste es

$$T = \frac{(n-1)S^2}{\sigma^2} \sim \chi^2_{n-1} \Rightarrow X = \frac{(n-1)s^2}{0{,}025} \sim \chi^2_{n-1}$$

suponiendo que H_0 sea cierta. La R.C. es

$$R.C. = \left\{ (x_1, ..., x_n) \text{t.q.} \ \frac{(n-1)S^2}{0{,}025} > \chi^2_{n-1;\alpha} \right\}.$$

Con nuestros datos, el estadístico vale $T = 118{,}8$; por otra parte, $\chi^2_{99;0,05} = 124{,}3$, con lo que aceptamos H_0 y concluimos que no hay argumentos suficientes para suponer que la máquina funciona mal.

8.2.3. Contraste para la proporción

En este caso las condiciones de las que partimos son las siguientes:

Sea X una variable aleatoria, $X \sim \mathcal{B}(p)$ con p desconocido. Tenemos una m.a.s. de esta variable, $(X_1, ..., X_n)$; nuestro objetivo es resolver contrastes sobre la proporción p. Para que los resultados posteriores sean válidos es necesario que n sea mayor que 60. Es decir, las situaciones que nos planteamos son:

$$\textbf{situación 1:} \begin{cases} H_0 : p = p_0 \\ H_1 : p \neq p_0 \end{cases},$$

$$\textbf{situación 2:} \begin{cases} H_0 : p = p_0 \\ H_1 : p > p_0 \end{cases}, \qquad \textbf{situación 3:} \begin{cases} H_0 : p \leq p_0 \\ H_1 : p > p_0 \end{cases},$$

$$\textbf{situación 4:} \begin{cases} H_0 : p = p_0 \\ H_1 : p < p_0 \end{cases}, \qquad \textbf{situación 5:} \begin{cases} H_0 : p \geq p_0 \\ H_1 : p < p_0 \end{cases}.$$

Para un contrastes en estas condiciones, el estadístico es

$$T = \frac{\hat{p} - p}{\sqrt{\frac{p(1-p)}{n}}} \sim N(0,1),$$

que suponiendo H_0 cierta ($p = p_0$) se convierte en

$$T = \frac{\hat{p} - p_0}{\sqrt{\frac{p_0(1-p_0)}{n}}} \sim N(0,1).$$

Veamos ahora los distintas regiones críticas según el contraste:

- Si consideramos la situación 1, entonces rechazaremos si los valores del estimador son muy grandes o muy pequeños. Como en casos anteriores, consideraremos las dos colas de igual probabilidad. Así, la región crítica al nivel de significación α viene dada por

$$R.C. = \left\{ (x_1, ..., x_n) \text{t.q.} \left| \frac{\hat{p} - p_0}{\sqrt{\frac{p_0(1-p_0)}{n}}} \right| \geq z_{\alpha/2} \right\}.$$

- Si consideramos las situaciones 2 o 3, entonces rechazaremos si los valores del estimador son muy grandes. Así, la región crítica al nivel de significación α viene dada por

$$R.C. = \left\{ (x_1, ..., x_n) \text{t.q.} \frac{\hat{p} - p_0}{\sqrt{\frac{p_0(1-p_0)}{n}}} \geq z_{\alpha} \right\}.$$

- Si consideramos las situaciones 4 o 5, entonces rechazaremos si los valores del estimador son muy pequeños. Así, la región crítica al nivel de significación α viene dada por

$$R.C. = \left\{ (x_1, ..., x_n) \text{t.q.} \ \frac{\hat{p} - p_0}{\sqrt{\frac{p_0(1-p_0)}{n}}} \leq -z_\alpha \right\}.$$

8.3. Contrastes para dos muestras independientes

En la sección 2 se vieron algunos ejemplos de contrastes que involucran a una población. Veamos ahora ejemplos de contrastes de hipótesis sobre dos poblaciones independientes.

8.3.1. Contraste sobre la comparación de varianzas

En este caso las condiciones de las que partimos son las siguientes:

Sean X, Y dos variables aleatorias, $X \sim N(\mu_1, \sigma_1), Y \sim N(\mu_2, \sigma_2)$ independientes; se supone que todos los parámetros son desconocidos. Tenemos dos m.a.s. de estas dos variables, $(X_1, ..., X_{n_1}), (Y_1, ..., Y_{n_2})$; nuestro objetivo es realizar contrastes sobre la comparación de varianzas. Es decir, las situaciones que nos planteamos son:

situación 1: $\begin{cases} H_0 : \sigma_1^2 = \sigma_2^2 \\ H_1 : \sigma_1^2 \neq \sigma_2^2 \end{cases}$,

situación 2: $\begin{cases} H_0 : \sigma_1^2 = \sigma_2^2 \\ H_1 : \sigma_1^2 > \sigma_2^2 \end{cases}$,   **situación 3:** $\begin{cases} H_0 : \sigma_1^2 \leq \sigma_2^2 \\ H_1 : \sigma_1^2 > \sigma_2^2 \end{cases}$,

situación 4: $\begin{cases} H_0 : \sigma_1^2 = \sigma_2^2 \\ H_1 : \sigma_1^2 < \sigma_2^2 \end{cases}$,   **situación 5:** $\begin{cases} H_0 : \sigma_1^2 \geq \sigma_2^2 \\ H_1 : \sigma_1^2 < \sigma_2^2 \end{cases}$.

Para un contrastes en estas condiciones, el estadístico es

$$T = \frac{S_1^2}{S_2^2} \frac{\sigma_2^2}{\sigma_1^2} \sim F_{n_1-1, n_2-1},$$

que suponiendo H_0 cierta ($\sigma_1 = \sigma_2$) se convierte en

$$T = \frac{S_1^2}{S_2^2} \sim F_{n_1-1,n_2-1}.$$

Veamos ahora los distintas regiones críticas según el contraste:

- Si consideramos la situación 1, entonces rechazaremos si los valores del estimador son muy grandes o muy pequeños. Como en casos anteriores, consideraremos las dos colas de igual probabilidad. Así, la región crítica al nivel de significación α viene dada por

$$R.C. = \left\{ (x_1,...,x_{n_1}), (y_1,...,y_{n_2}) \text{t.q.} \frac{s_1^2}{s_2^2} < F_{n_1-1,n_2-1;1-\alpha/2} \right.$$

$$\left. \text{o } \frac{s_1^2}{s_2^2} > F_{n_1-1,n_2-1;\alpha/2} \right\}.$$

- Si consideramos las situación 2 o 3, entonces rechazaremos si los valores del estimador son muy grandes. Así, la región crítica al nivel de significación α viene dada por

$$R.C. = \left\{ (x_1,...,x_{n_1}), (y_1,...,y_{n_2}) \text{t.q.} \frac{s_1^2}{s_2^2} > F_{n_1-1,n_2-1;\alpha} \right\}.$$

- Si consideramos las situaciones 4 o 5, entonces rechazaremos si los valores del estimador son muy pequeños. Así, la región crítica al nivel de significación α viene dada por

$$R.C. = \left\{ (x_1,...,x_{n_1}), (y_1,...,y_{n_2}) \text{t.q.} \frac{s_1^2}{s_2^2} < F_{n_1-1,n_2-1;1-\alpha} \right\}.$$

Ejemplo 133.

Supóngase que se seleccionaron 6 observaciones de la longitud del águila imperial y que se obtiene $s_1^2 = 6$. Supóngase que se toman luego las longitudes de 21 águilas reales y se obtiene $s_2^2 = 2$. Si ambas longitudes siguen distribución normal, ¿puede afirmarse que la varianza de la longitud es la misma en las dos especies al nivel de significación 0.1?

Denotamos

$X \equiv$ *longitud del águila imperial* $\sim N(\mu_1, \sigma_1)$.

$Y \equiv$ *longitud del águila real* $\sim N(\mu_2, \sigma_2)$.

El contraste a resolver es

$$\left\{ \begin{array}{l} H_0 : \sigma_1^2 = \sigma_2^2 \\ H_1 : \sigma_1^2 \neq \sigma_2^2 \end{array} \right. .$$

El estadístico del contraste es

$$T = \frac{S_1^2}{S_2^2} \frac{\sigma_2^2}{\sigma_1^2} \sim F_{5,20},$$

y la región crítica viene dada por

$$R.C. = \left\{ (x_1, ..., x_{n_1}), (y_1, ..., y_{n_2}) \text{t.q.} \frac{\text{s}_1^2}{\text{s}_2^2} < F_{5,20;0,05}, \frac{\text{s}_1^2}{\text{s}_2^2} > F_{5,20;0,05} \right\} .$$

De las tablas de la distribución F obtenemos $F_{5,20;0,05} = 2,71$. *Ahora,*

$$0,05 = P(F_{5,20} < F_{5,20;0,95}) = P(\frac{1}{F_{5,20}} > \frac{1}{F_{5,20;0,95}}) = P(F_{20,5} > \frac{1}{F_{5,20;0,95}}).$$

Entonces,

$$\frac{1}{F_{5,20;0,95}} = F_{20,5;0,05} = 4,56 \Rightarrow F_{5,20;0,95} = 0,22.$$

Con nuestros datos, el valor del estimador bajo la hipótesis nula es 3. Por tanto se rechaza H_0 y decidimos que las varianzas son diferentes.

8.3.2. Contraste sobre la diferencia de medias de poblaciones normales con varianzas conocidas

En este caso las condiciones de las que partimos son las siguientes:

Sean X, Y dos variables aleatorias, $X \sim N(\mu_1, \sigma_1), Y \sim N(\mu_2, \sigma_2)$ independientes; se supone que μ_1, μ_2 son desconocidos, pero σ_1, σ_2 son conocidos. Tenemos dos m.a.s. de estas dos variables, que denotaremos por $(X_1, ..., X_{n_1})$ e $(Y_1, ..., Y_{n_2})$. Nuestro objetivo es realizar contrastes sobre la comparación de medias. Es decir, las situaciones que nos planteamos son:

$$\text{situación 1:} \begin{cases} H_0 : \mu_1 = \mu_2 \\ H_1 : \mu_1 \neq \mu_2 \end{cases},$$

$$\text{situación 2:} \begin{cases} H_0 : \mu_1 = \mu_2 \\ H_1 : \mu_1 > \mu_2 \end{cases}, \qquad \text{situación 3:} \begin{cases} H_0 : \mu_1 \leq \mu_2 \\ H_1 : \mu_1 > \mu_2 \end{cases},$$

$$\text{situación 4:} \begin{cases} H_0 : \mu_1 = \mu_2 \\ H_1 : \mu_1 < \mu_2 \end{cases}, \qquad \text{situación 5:} \begin{cases} H_0 : \mu_1 \geq \mu_2 \\ H_1 : \mu_1 < \mu_2 \end{cases}.$$

Para un contrastes en estas condiciones, el estadístico es

$$T = \frac{\overline{X} - \overline{Y} - (\mu_1 - \mu_2)}{\sqrt{\frac{\sigma_1^2}{n_1} + \frac{\sigma_2^2}{n_2}}} \sim \mathcal{N}(0, 1),$$

que suponiendo H_0 cierta ($\mu_1 = \mu_2$) se convierte en

$$T = \frac{\overline{X} - \overline{Y}}{\sqrt{\frac{\sigma_1^2}{n_1} + \frac{\sigma_2^2}{n_2}}} \sim \mathcal{N}(0, 1).$$

Veamos ahora los distintas regiones críticas según el contraste:

- Si consideramos la situación 1, entonces rechazaremos si los valores del estimador son muy grandes o muy pequeños. Como en casos anteriores, consideraremos las dos colas de igual probabilidad. Así, la región crítica al nivel de significación α viene dada por

$$R.C. = \left\{ (x_1, ..., x_{n_1}), (y_1, ..., y_{n_2}) \text{t.q.} \left| \frac{\overline{x} - \overline{y}}{\sqrt{\frac{\sigma_1^2}{n_1} + \frac{\sigma_2^2}{n_2}}} \right| > z_{\alpha/2} \right\}.$$

- Si consideramos las situaciones 2 o 3, entonces rechazaremos si los valores del estimador son muy grandes. Así, la región crítica al nivel de significación α viene dada por

$$R.C. = \left\{ (x_1, ..., x_{n_1}), (y_1, ..., y_{n_2}) \text{t.q.} \frac{\overline{x} - \overline{y}}{\sqrt{\frac{\sigma_1^2}{n_1} + \frac{\sigma_2^2}{n_2}}} > z_{\alpha} \right\}.$$

- Si consideramos las situaciones 4 o 5, entonces rechazaremos si los valores del estimador son muy pequeños. Así, la región crítica al nivel de significación α viene dada por

$$R.C. = \left\{ (x_1, ..., x_{n_1}), (y_1, ..., y_{n_2}) \text{t.q.} \frac{\overline{x} - \overline{y}}{\sqrt{\frac{\sigma_1^2}{n_1} + \frac{\sigma_2^2}{n_2}}} < -z_\alpha \right\}.$$

8.3.3. Contraste sobre la diferencia de medias con igualdad de varianzas (desconocidas pero iguales)

En este caso las condiciones de las que partimos son las siguientes:

Sean X, Y dos variables aleatorias, $X \sim N(\mu_1, \sigma_1), Y \sim N(\mu_2, \sigma_2)$ independientes; se supone que todos los parámetros son desconocidos. Tenemos dos m.a.s. de estas dos variables, $(X_1, ..., X_{n_1}), (Y_1, ..., Y_{n_2})$. Suponemos finalmente que $\sigma_1 = \sigma_2$ (aunque su valor sea desconocido); nuestro objetivo es realizar contrastes sobre la comparación de medias. Es decir, las situaciones que nos planteamos son:

situación 1: $\begin{cases} H_0 : \mu_1 = \mu_2 \\ H_1 : \mu_1 \neq \mu_2 \end{cases}$,

situación 2: $\begin{cases} H_0 : \mu_1 = \mu_2 \\ H_1 : \mu_1 > \mu_2 \end{cases}$,   **situación 3:** $\begin{cases} H_0 : \mu_1 \leq \mu_2 \\ H_1 : \mu_1 > \mu_2 \end{cases}$,

situación 4: $\begin{cases} H_0 : \mu_1 = \mu_2 \\ H_1 : \mu_1 < \mu_2 \end{cases}$,   **situación 5:** $\begin{cases} H_0 : \mu_1 \geq \mu_2 \\ H_1 : \mu_1 < \mu_2 \end{cases}$.

Para un contrastes en estas condiciones, el estadístico es

$$T = \frac{\overline{X} - \overline{Y} - (\mu_1 - \mu_2)}{S\sqrt{\frac{1}{n_1} + \frac{1}{n_2}}} \sim t_{n_1 + n_2 - 2},$$

con

$$S^2 = \frac{(n_1 - 1)S_1^2 + (n_2 - 1)S_2^2}{n_1 + n_2 - 2},$$

que suponiendo H_0 cierta $(\mu_1 = \mu_2)$ se convierte en

$$T = \frac{\overline{X} - \overline{Y}}{S\sqrt{\frac{1}{n_1} + \frac{1}{n_2}}} \sim t_{n_1+n_2-2}.$$

Veamos ahora los distintas regiones críticas según el contraste:

- Si consideramos la situación 1, entonces rechazaremos si los valores del estimador son muy grandes o muy pequeños. Como en casos anteriores, consideraremos las dos colas de igual probabilidad. Así, la región crítica al nivel de significación α viene dada por

$$R.C. = \left\{ (x_1, ..., x_{n_1}), (y_1, ..., y_{n_2}) \text{t.q.} \left| \frac{\overline{x} - \overline{y}}{s\sqrt{\frac{1}{n_1} + \frac{1}{n_2}}} \right| > t_{n_1+n_2-2;\alpha/2} \right\}.$$

- Si consideramos las situaciones 2 o 3, entonces rechazaremos si los valores del estimador son muy grandes. Así, la región crítica al nivel de significación α viene dada por

$$R.C. = \left\{ (x_1, ..., x_{n_1}), (y_1, ..., y_{n_2}) \text{t.q.} \frac{\overline{x} - \overline{y}}{s\sqrt{\frac{1}{n_1} + \frac{1}{n_2}}} > t_{n_1+n_2-2;\alpha} \right\}.$$

- Si consideramos las situaciones 4 o 5, entonces rechazaremos si los valores del estimador son muy pequeños. Así, la región crítica al nivel de significación α viene dada por

$$R.C. = \left\{ (x_1, ..., x_{n_1}), (y_1, ..., y_{n_2}) \text{t.q.} \frac{\overline{x} - \overline{y}}{s\sqrt{\frac{1}{n_1} + \frac{1}{n_2}}} < -t_{n_1+n_2-2;\alpha} \right\}.$$

8.3.4. Contraste sobre la diferencia de medias con varianzas distintas (desconocidas y distintas)

En este caso las condiciones de las que partimos son las siguientes:

Sean X, Y dos variables aleatorias, $X \sim N(\mu_1, \sigma_1), Y \sim N(\mu_2, \sigma_2)$ independientes; se supone que todos los parámetros son desconocidos. Tenemos dos m.a.s. de estas dos variables, $(X_1, ..., X_{n_1}), (Y_1, ..., Y_{n_2})$. Suponemos finalmente que $\sigma_1 \neq \sigma_2$; nuestro objetivo es realizar contrastes sobre la comparación de medias. Es decir, las situaciones que nos planteamos son:

$$\text{situación 1:} \begin{cases} H_0 : \mu_1 = \mu_2 \\ H_1 : \mu_1 \neq \mu_2 \end{cases},$$

$$\text{situación 2:} \begin{cases} H_0 : \mu_1 = \mu_2 \\ H_1 : \mu_1 > \mu_2 \end{cases}, \qquad \text{situación 3:} \begin{cases} H_0 : \mu_1 \leq \mu_2 \\ H_1 : \mu_1 > \mu_2 \end{cases},$$

$$\text{situación 4:} \begin{cases} H_0 : \mu_1 = \mu_2 \\ H_1 : \mu_1 < \mu_2 \end{cases}, \qquad \text{situación 5:} \begin{cases} H_0 : \mu_1 \geq \mu_2 \\ H_1 : \mu_1 < \mu_2 \end{cases}.$$

Para un contrastes en estas condiciones, el estadístico es

$$T = \frac{\overline{X} - \overline{Y} - (\mu_1 - \mu_2)}{\sqrt{\frac{S_1^2}{n_1} + \frac{S_2^2}{n_2}}} \sim t_f \quad f = \frac{\left(\frac{S_1^2}{n_1} + \frac{S_2^2}{n_2}\right)^2}{\frac{\left(\frac{S_1^2}{n_1}\right)^2}{n_1+1} + \frac{\left(\frac{S_2^2}{n_2}\right)^2}{n_2+1}} - 2.$$

Hay que tener en cuenta que es posible que f no salga entero. En este caso, se tomaría el entero más próximo al valor obtenido. Suponiendo H_0 cierta ($\mu_1 = \mu_2$) se convierte en

$$T = \frac{\overline{X} - \overline{Y}}{\sqrt{\frac{S_1^2}{n_1} + \frac{S_2^2}{n_2}}} \sim t_f.$$

Veamos ahora los distintas regiones críticas según el contraste:

- Si consideramos la situación 1, entonces rechazaremos si los valores del estimador son muy grandes o muy pequeños. Como en casos anteriores, consideraremos las dos colas de igual probabilidad. Así, la región crítica al nivel de significación α viene dada por

$$R.C. = \left\{ (x_1, ..., x_{n_1}), (y_1, ..., y_{n_2})\text{t.q. } \left| \frac{\overline{x} - \overline{y}}{\sqrt{\frac{s_1^2}{n_1} + \frac{s_2^2}{n_2}}} \right| > t_{f;\alpha/2} \right\}.$$

- Si consideramos las situaciones 2 o 3, entonces rechazaremos si los valores del estimador son muy grandes. Así, la región crítica al nivel de significación α viene dada por

$$R.C. = \left\{ (x_1, ..., x_{n_1}), (y_1, ..., y_{n_2})\text{t.q. } \frac{\overline{x} - \overline{y}}{\sqrt{\frac{s_1^2}{n_1} + \frac{s_2^2}{n_2}}} > t_{f;\alpha} \right\}.$$

- Si consideramos las situaciones 4 o 5, entonces rechazaremos si los valores del estimador son muy pequeños. Así, la región crítica al nivel de significación α viene dada por

$$R.C. = \left\{ (x_1, ..., x_{n_1}), (y_1, ..., y_{n_2})\text{t.q. } \frac{\overline{x} - \overline{y}}{\sqrt{\frac{s_1^2}{n_1} + \frac{s_2^2}{n_2}}} < -t_{f;\alpha} \right\}.$$

Nota 1. *Para realizar inferencia sobre la diferencia de medias en poblaciones normales con varianzas desconocidas hay que seguir los siguientes pasos:*

- *Paso 1: Contrastar la igualdad de varianzas.*

- *Paso 2: Si se concluye la igualdad de varianzas, aplicar el contraste de 8.3.3.*

- *Paso 3: Si se concluye la desigualdad, aplicar la aproximación de Welch. (8.3.4).*

Ejemplo 134. *(Continuación del ejemplo 133)*

El estudio de las varianzas de las longitudes de las águilas era previo para estudiar la longitud media. En las mismas muestras se obtuvo $\overline{x} = 210$, $\overline{y} = 180$. Vamos a contrastar la hipótesis de que la longitud de las águilas imperiales es igual a la longitud de las águilas reales frente a que sea mayor al nivel de significación 0.1.

El contraste a resolver es

$$\begin{cases} H_0 : \mu_1 = \mu_2 \\ H_1 : \mu_1 > \mu_2 \end{cases}.$$

Por el ejemplo anterior sabemos que las varianzas son distintas. Por tanto utilizamos el estadístico

$$T = \frac{\overline{X} - \overline{Y} - (\mu_1 - \mu_2)}{\sqrt{\frac{S_1^2}{n_1} + \frac{S_2^2}{n_2}}} \sim t_f \quad f = \frac{\left(\frac{S_1^2}{n_1} + \frac{S_2^2}{n_2}\right)^2}{\frac{\left(\frac{S_1^2}{n_1}\right)^2}{n_1+1} + \frac{\left(\frac{S_2^2}{n_2}\right)^2}{n_2+1}} - 2.$$

Con nuestros datos obtenemos $f = 3{,}995$. Por tanto, tomamos $f = 4$. El valor del estadístico bajo la hipótesis nula es 28.85. La región crítica será de la forma

$$R.C. = \left\{ (x_1, ..., x_{n_1}), (y_1, ..., y_{n_2}) \text{t.q.} \frac{\overline{x} - \overline{y}}{\sqrt{\frac{s_1^2}{n_1} + \frac{s_2^2}{n_2}}} > t_{4;0,1} \right\}.$$

En las tablas de la distribución t se obtiene $t_{4;0,1} = 1{,}533$. Por tanto se rechaza H_0 y se concluye que la longitud del águila imperial es mayor que la del águila real.

8.3.5. Contraste sobre la diferencia de proporciones

En este caso las condiciones de las que partimos son las siguientes:

Sean X, Y dos variables aleatorias, $X \sim \mathcal{B}(p_1), Y \sim \mathcal{B}(p_2)$ independientes; se supone que p_1 y p_2 son desconocidos. Tenemos dos muestras aleatorias de estas dos variables, $(X_1, ..., X_{n_1}), (Y_1, ..., Y_{n_2})$; nuestro objetivo es realizar contrastes sobre la diferencia de proporciones. Como ya se dijo anteriormente al tratar problemas relacionados con distribuciones de Bernoulli, para que los resultados posteriores sean válidos es necesario que tanto n_1 como n_2 tienen que ser valores grandes. Es decir, las situaciones que nos planteamos son:

$$\textbf{situación 1:} \begin{cases} H_0 : p_1 = p_2 \\ H_1 : p_1 \neq p_2 \end{cases},$$

$$\textbf{situación 2:} \begin{cases} H_0 : p_1 = p_2 \\ H_1 : p_1 > p_2 \end{cases}, \qquad \textbf{situación 3:} \begin{cases} H_0 : p_1 \leq p_2 \\ H_1 : p_1 > p_2 \end{cases},$$

$$\textbf{situación 4:} \begin{cases} H_0 : p_1 = p_2 \\ H_1 : p_1 < p_2 \end{cases}, \qquad \textbf{situación 5:} \begin{cases} H_0 : p_1 \geq p_2 \\ H_1 : p_1 < p_2 \end{cases}.$$

Para un contrastes en estas condiciones, el estadístico es

$$T = \frac{\hat{p}_1 - \hat{p}_2 - (p_1 - p_2)}{\sqrt{\frac{\hat{p}_1(1-\hat{p}_1)}{n_1} + \frac{\hat{p}_2(1-\hat{p}_2)}{n_2}}} \sim N(0,1),$$

que suponiendo H_0 cierta ($p_1 = p_2$) se convierte en

$$T = \frac{\hat{p}_1 - \hat{p}_2}{\sqrt{\frac{\hat{p}_1(1-\hat{p}_1)}{n_1} + \frac{\hat{p}_2(1-\hat{p}_2)}{n_2}}} \sim N(0,1).$$

Veamos ahora los distintas regiones críticas según el contraste:

- Si consideramos la situación 1, entonces rechazaremos si los valores del estimador son muy grandes o muy pequeños. Como en casos anteriores, consideraremos las dos colas de igual probabilidad. Así, la región crítica al nivel de significación α viene dada por

$$R.C. = \left\{ (x_1, ..., x_{n_1}), (y_1, ..., y_{n_2}) \text{t.q.} \left| \frac{\hat{p}_1 - \hat{p}_2}{\sqrt{\frac{\hat{p}_1(1-\hat{p}_1)}{n_1} + \frac{\hat{p}_2(1-\hat{p}_2)}{n_2}}} \right| \geq z_{\alpha/2} \right\}.$$

- Si consideramos las situaciones 2 o 3, entonces rechazaremos si los valores del estimador son muy grandes. Así, la región crítica al nivel de significación α viene dada por

$$R.C. = \left\{ (x_1, ..., x_{n_1}), (y_1, ..., y_{n_2}) \text{t.q.} \frac{\hat{p}_1 - \hat{p}_2}{\sqrt{\frac{\hat{p}_1(1-\hat{p}_1)}{n_1} + \frac{\hat{p}_2(1-\hat{p}_2)}{n_2}}} \geq z_\alpha \right\}.$$

- Si consideramos las situaciones 4 o 5, entonces rechazaremos si los valores del estimador son muy pequeños. Así, la región crítica al nivel de significación α viene dada por

$$R.C. = \left\{ (x_1, ..., x_{n_1}), (y_1, ..., y_{n_2}) \text{t.q.} \frac{\hat{p}_1 - \hat{p}_2}{\sqrt{\frac{\hat{p}_1(1-\hat{p}_1)}{n_1} + \frac{\hat{p}_2(1-\hat{p}_2)}{n_2}}} \leq -z_\alpha \right\}.$$

8.4. Muestras pareadas

Veamos finalmente el caso de tener datos pareados. Esta situación aparece en el miso caso que teníamos para intervalos de confianza.

Se considera un vector bidimensional (X, Y) y una muestra aleatoria simple de tamaño n de dicho vector $((X_1, Y_1), ..., (X_n, Y_n))$. Normalmente esta situación aparece cuando se comparan resultados antes y después de realizar un tratamiento; nótese que en este caso las variables X e Y no serían independientes.

Nos planteamos el contraste

$$\begin{cases} H_0 : E(X) = E(Y) \\ H_1 : E(X) \neq E(Y) \end{cases}.$$

Para resolver este contraste vamos a considerar la variable $D = X - Y$. De esta forma $E(D) = E(X) - E(Y)$ y nuestro contraste es equivalente al contraste con una muestra $(D_1, ..., D_n)$ donde $D_i = X_i - Y_i$ dado por

$$\begin{cases} H_0 : E(D) = 0 \\ H_1 : E(D) \neq 0 \end{cases}.$$

De la misma forma serían equivalentes los siguientes tests:

- $$\begin{cases} H_0 : E(X) = E(Y) \\ H_1 : E(X) > E(Y) \end{cases} \Leftrightarrow \begin{cases} H_0 : E(D) = 0 \\ H_1 : E(D) > 0 \end{cases}.$$

- $$\begin{cases} H_0 : E(X) \leq E(Y) \\ H_1 : E(X) > E(Y) \end{cases} \Leftrightarrow \begin{cases} H_0 : E(D) \leq 0 \\ H_1 : E(D) > 0 \end{cases}.$$

- $$\begin{cases} H_0 : E(X) = E(Y) \\ H_1 : E(X) < E(Y) \end{cases} \Leftrightarrow \begin{cases} H_0 : E(D) = 0 \\ H_1 : E(D) < 0 \end{cases}.$$

- $$\begin{cases} H_0 : E(X) \geq E(Y) \\ H_1 : E(X) < E(Y) \end{cases} \Leftrightarrow \begin{cases} H_0 : E(D) \geq 0 \\ H_1 : E(D) < 0 \end{cases}.$$

En principio estos tests no pueden ser resueltos con lo que conocemos; sin embargo, en el caso particular en que D sea una variable normal (cosa que ocurre por ejemplo si X e Y siguen distribución normal), entonces podemos resolverlos siguiendo el proceso de los contrastes para la media de una población normal con varianza desconocida (Sección 2.1).

8.5. El p-valor

En todo el proceso de resolución de contrastes de hipótesis que hemos visto anteriormente hay un aspecto que no es en modo alguno natural. Sí parece natural el estadístico y la forma de la región crítica; sin embargo, a la hora de fijar los límites de la región crítica es necesario introducir el nivel de significación. Este concepto no aparece en los problemas prácticos de contrastes de hipótesis, en los que se nos pide si se acepta o se rechaza una hipótesis, sin hablar de una significación. Por tanto, parece lógico plantearse la siguiente pregunta: ¿cómo resolver un problema en el que no se ha fijado el nivel de significación?

Supongamos nuevamente el problema que ha sido el hilo conductor de la primera sección. Sea $X \sim \mathcal{N}(\mu, 2)$ y supongamos que queremos resolver el contraste

$$\begin{cases} H_0 : \mu = 4 \\ H_1 : \mu \neq 4 \end{cases}$$

Como antes, para resolverlo, consideramos una m.a.s. de tamaño n de X dada por $(X_1, ..., X_n)$. Ya hemos visto que el estadístico de este contraste es

$$T = \frac{\overline{X} - \mu}{2/\sqrt{n}} \sim \mathcal{N}(0, 1),$$

que suponiendo que H_0 es cierta queda

$$T = \frac{\overline{X} - 4}{2/\sqrt{n}} \sim \mathcal{N}(0, 1).$$

También hemos visto que la región crítica es de la forma

$$R.C. = \left\{ (x_1, ..., x_n) \text{ t.q. } \frac{\overline{X} - 4}{2/\sqrt{n}} \leq a \text{ o } \frac{\overline{X} - 4}{2/\sqrt{n}} \geq b \right\},$$

cuya representación gráfica se dio en la figura 8.2.

Tenemos ahora que calcular los límites a, b. Y como se explicó anteriormente, que no tenemos ninguna razón para esperar un valor de $\overline{X}$ mayor que 4 con mayor probabilidad que un valor menor que 4, entonces asumimos $a = -b$ y la región crítica queda

$$R.C. = \left\{ (x_1, ..., x_n) \text{ t.q. } \left| \frac{\overline{X} - 4}{2/\sqrt{n}} \right| \geq b \right\}.$$

Hasta aquí hemos seguido el proceso visto al comenzar el tema. Queda ahora el problema de determinar b, para lo que sí necesitamos utilizar el nivel de significación α.

Supongamos que el valor del estadístico T para la muestra concreta $(x_1, ..., x_n)$ es 1.8. Entonces, si α fuese 0.1 tendríamos que $b = 1,645$ y rechazaríamos H_0; lo mismo ocurriría para valores de α mayores que 0.1, pues en este caso disminuiría el valor de b. Por otra parte, si α fuese 0.05 tendríamos que $b = 1,96$ y aceptaríamos H_0; lo mismo ocurriría para valores de α menores que 0.05, pues en este caso aumentaría el valor de b. En definitiva, tendríamos unos valores de significación para los que rechazaríamos (valores grandes de α) y otros valores de significación para los que aceptaríamos (valores pequeños de α). El que el valor de b determina la aceptación o rechazo de H_0 puede verse gráficamente en la figura 8.5.

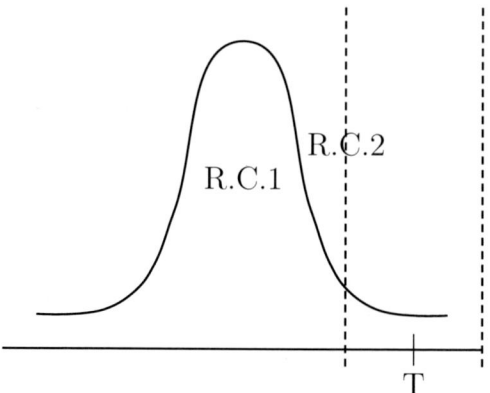

Figura 8.5. Distintas regiones críticas en función del valor b para el valor del estadístico $T = 1{,}8$. Nótese que para R.C.2 se acepta H_0 mientras que para R.C.1 se rechaza.

Ahora bien, existirá un valor de significación α_0 tal que para valores mayores de significación $\alpha > \alpha_0$ se rechace H_0 y para valores menores $\alpha < \alpha_0$ se acepte H_0. Este valor será el α tal que $z_{\alpha/2} = b = 1{,}8$. Y el valor α se puede hallar teniendo en cuenta que bajo H_0 el estadístico tiene distribución $\mathcal{N}(0,1)$. Así, tenemos que resolver

$$P(\mathcal{N}(0,1) > 1{,}8) = \alpha/2.$$

Este valor de significación se conoce como el **p-valor**. En nuestro caso, el p-valor vale $0{,}0718$.

El p-valor representa el mínimo valor de significación para el que se rechaza H_0 (o lo que es lo mismo, el máximo valor para el que se acepta H_0); volviendo al símil del juicio, el p-valor es el porcentaje de inocentes que se van a condenar para condenar al acusado, en el sentido de que otro acusado que sea inocente con una evidencia mayor en su contra también será condenado.

Una vez hallado el p-valor, ¿qué decisión tomar? Pongámonos en un caso extremo; si el estadístico vale 0, esta situación sería la mejor para H_0 y en este caso el p-valor sería 1. Esto quiere decir que si aun así queremos rechazar H_0, en otras palabras, condenar al acusado, tendríamos que condenar a todos los acusados inocentes. De la misma forma, si el p-valor es grande, esto significa que el estadístico toma un valor pequeño en valor absoluto y parece lógico aceptar H_0; de hecho, rechazar H_0 llevaría a rechazar esta hipótesis en un gran porcentaje de muestras, incluso si la hipótesis nula es cierta. En resumen, si el p-valor es grande, significa que tenemos razones para suponer que el acusado es inocente, en el sentido de que si no lo fuese, habría un gran porcentaje de inocentes que tendrían una evidencia aún peor en su contra, y esto nos llevaría a condenar a muchos inocentes, y por lo tanto a tener una gran probabilidad de errror tipo I. Por ello, en estas situaciones se acepta H_0.

Análogamente, si el p-valor es pequeño, esto significa que el estadístico toma un valor grande en valor absoluto y parece lógico rechazar H_0. En otras palabras, aunque es posible que el acusado sea inocente, la evidencia en contra de esta hipótesis es tan grande que parece mucho más lógico asumir que es culpable. Si aceptamos H_0 y lo declaramos inocente, tendríamos que declarar inocentes a todos los acusados en condiciones similares, y esto haría que aumentase el error tipo II.

Queda finalmente pendiente la cuestión de qué valores se consideran grandes y qué valores se consideran pequeños para el p-valor. En principio esto depende del grado de seguridad que se quiere de no cometer un error tipo I, teniendo en cuenta que no puede ser 0. En general el límite entre aceptar y rechazar es un valor pequeño del p-valor, casi siempre 0.05.

Ejemplo 135.

Supongamos que queremos estudiar si el porcentaje de personas intolerantes a una sustancia ha aumentado en los últimos años. Se sabe que hace 50 años el porcentaje de personas intolerantes era del 15 %. Para ello, se toma una m.a.s. de 200 individuos, para los que se observa que hay 40 con intolerancia a la sustancia. ¿Podemos concluir que el porcentaje de individuos intolerantes ha aumentado?

Para resolver este problema, consideramos la variable

$X \equiv$ *Un individuo seleccionado al azar es intolerante a la sustancia.*

Entonces X sigue una distribución $X \sim \mathcal{B}(p)$, donde p es la proporción de individuos intolerantes. Tenemos que resolver el contraste

$$\left\{ \begin{array}{l} H_0 : p = 0{,}15 \\ H_1 : p > 0{,}15 \end{array} \right. .$$

A partir de la tabla del apéndice E observamos que el estadístico del contraste bajo H_0 es

$$T = \frac{\hat{p} - p_0}{\sqrt{p_0(1 - p_0)/n}} \sim \mathcal{N}(0, 1).$$

La tabla del apéndice E nos dice también que la región crítica del contraste es de la forma

$$R.C. = \left\{ (x_1, ..., x_{n_1}) \text{t.q.} \; \frac{\hat{p} - p_0}{\sqrt{p_0(1 - p_0)/n}} > z_\alpha \right\}.$$

Con nuestros datos, $p_0 = 0{,}15$ y $\hat{p} = \frac{40}{200} = 0{,}2$. Por lo tanto, el valor del estadístico es

$$T = \frac{0{,}2 - 0{,}15}{\sqrt{0{,}15 \times 0{,}85/200}} = \frac{0{,}05}{0{,}025} = 2.$$

Por lo tanto, el p-valor es

$$p - valor = P(\mathcal{N}(0, 1) > 2) = 0{,}0228.$$

Y como el p-valor es muy pequeño, rechazamos H_0 y concluimos que sí ha habido un incremento de la proporción de individuos intolerantes a esa sustancia.

9. Análisis de varianza

9.1. Introducción. Conceptos básicos

Vamos a introducir en este tema las técnicas de análisis de la varianza. El análisis de varianza es una herramienta muy importante para comparar las medias distintas poblaciones. Su desarrollo, como se verá posteriormente, tiene una filosofía muy parecida a la de la regresión.

En esta sección introduciremos los conceptos básicos de análisis de la varianza. Empecemos con un ejemplo; así, consideremos el número de kilos de fruta que da un manzano. Tenemos entonces que la cantidad de fruta de un árbol concreto es una variable aleatoria, pues no puede predecirse *a priori* cuál será el resultado. Para esta variable aleatoria podemos realizar los estudios típicos de la inferencia estadística que hemos visto en los dos temas anteriores; por ejemplo, a partir de una m.a.s. podemos calcular un intervalo de confianza para la producción media de manzanas o cualquier otra característica de interés; podemos plantear el contraste de hipótesis para estudiar si la varianza de esta variable supera 4 o no; podemos plantear un contraste no paramétrico para ver si la producción sigue distribución normal; etc. Todos estos estudios nos darán información que puede ser muy valiosa para conocer el comportamiento *general* de la variable.

El análisis de la varianza plantea el problema desde otra perspectiva: ¿por qué no todos los árboles producen la misma cantidad de manzanas? O en otras palabras, ¿hay alguna característica que influye en la producción de manzanas? Por ejemplo, es posible que las distintas subespecies de manzano den lugar a diferencias en la producción de fruta; otra causa que podría influir en el resultado final de la variable producción es el tipo de abono utilizado; y así podemos obtener muchas

https://dx.doi.org/10.5209/docm.003.09
Estadística Básica. Pedro Miranda Menéndez. © Ediciones Complutense, 2025.

más características que puedan explicar las diferencias entre los distintos valores. Es decir, el análisis de la varianza se centra en estudiar las causas que originan las diferencias entre los resultados de los distintos individuos.

Este planteamiento es muy interesante en la práctica; así, si hay diferencias entre las distintas subespecies, podemos elegir la que dé una mayor producción; si hay dos abonos que potencian la producción de la misma manera, podemos elegir el que sea más barato, etc.; y en general, podemos buscar la mejor combinación entre subespecie y abono que maximice la producción. Esto hace que el análisis de varianza se aplique en muchos problemas médicos, industriales y económicos. Nótese la similitud con regresión, en la que tenemos una variable aleatoria y estudiamos si conocer el valor de otra u otras variables sobre un individuo nos dan información sobre el valor que toma la variable original sobre ese individuo.

Desde un punto de vista más formal, consideremos una v.a. X, en ocasiones llamada **variable dependiente**. Sobre esta variable aleatoria se cree que pueden influir una serie de características; cada una de estas características se llama **factor**; es usual denotar los factores por A, B, y así sucesivamente. Por ejemplo, en el caso anterior la variedad o el tipo de abono serían factores.

Cada factor puede tomar una serie de valores, *no necesariamente numéricos*. De hecho, esta será una de las diferencias con regresión, en la que las variables que influyen sobre la variable dependiente son numéricas y se busca una relación numérica que dé una aproximación de la variable dependiente a partir de los valores de las otras variables. Si estamos considerando el factor A, las distintas modalidades del factor se denotan por A_1, A_2, ... y se llaman los **niveles** del factor A. Por ejemplo, en el caso anterior tenemos que las variedades fuji, reineta o golden son niveles del factor variedad. Nótese que las modalidades que puede tomar un factor pueden ser infinitas o finitas. Así, si consideramos la cantidad de lluvia como un factor, entonces tenemos infinitos niveles.

Cuando estamos estudiando el comportamiento de la variable X es posible que no podamos estudiar todos los niveles de un factor. Esto es debido a que el número de niveles es muy elevado (incluso infinito) o porque no podamos controlar la modalidad de la característica; por ejemplo, si estamos considerando la temperatura mínima, este es un factor que no podemos controlar y tendremos que conformarnos con los valores que aparecen al realizar el estudio. En estas condiciones, diremos que el factor es de **efectos aleatorios**. Para un factor de efectos aleatorios se supone que los niveles del factor se escogen al azar, ya sea por el investigador, que los fija mediante un sorteo antes de comenzar el estudio, o por la naturaleza, que los determina al realizarse el experimento.

Por otra parte, es posible que sí seamos capaces a estudiar todas las modalidades del factor *que nos interesan*. Nótese que es posible que el factor tome muchas más modalidades, pero que no sean relevantes para nuestro estudio; por ejemplo, de entre todos los posibles abonos tal vez nos queramos centrar en los que no superan un nivel determinado de cierto componente muy contaminante; en este caso, los abonos que no están en estas condiciones dejan de ser niveles del factor abono. Si estudiamos todos los niveles que nos interesan diremos que el factor es de **efectos fijos**.

Aunque en el caso que estudiaremos nosotros, que es el modelo con un solo factor, los desarrollos matemáticos son iguales para un factor de efectos fijos que para un factor de efectos aleatorios, para modelos más generales sí existen diferencias en los cálculos a realizar.

En todo caso, sea un factor de efectos fijos o de efectos aleatorios, siempre tendremos en la práctica una cantidad finita de niveles. Denotaremos por a el número de niveles que se consideran para el factor A, por b el número de niveles que se consideran para el factor B, y así sucesivamente. Así, los niveles de A se denotan por $A_1, ..., A_a$, los de B por $B_1, ..., B_b$, y así sucesivamente.

Inicialmente, el objetivo del análisis de varianza es estudiar si verdaderamente existe una influencia de los distintos factores sobre el resultado de la variable X. Por otra parte, además de una influencia aislada del factor, es posible que existan interacciones entre los factores, de forma que la combinación de niveles tenga una influencia superior o inferior de la que tendría cada uno de los factores por separado y luego sumando todas esas influencias. Por ejemplo, es posible que una variedad de manzana con un determinado abono produzca muchas más manzanas que otra variedad con el mismo tipo de abono. Por ello, tenemos que estudiar todas las posibles combinaciones de factores. Si tenemos varios factores, una combinación de un nivel de cada factor se llama un **tratamiento**. Así, si tenemos dos factores tenemos los tratamientos $A_1B_1, A_1B_2, ..., A_aB_b$, en total $a \times b$ tratamientos. La tabla 9.1 se muestra el proceso para dos factores.

	B_1	B_2	...	B_b
A_1	A_1B_1	A_1B_2	...	A_1B_b
A_2	A_2B_1	A_2B_2	...	A_2B_b
$\vdots$	$\vdots$	$\vdots$	$\vdots$	$\vdots$
A_a	A_aB_1	A_aB_2	...	A_aB_b

Tabla 9.1. Construcción de los distintos tratamientos en el caso de dos factores.

En definitiva, lo que estamos haciendo es particionar una población, que viene dada por la variable X, en varias subpoblaciones, en cada una de las cuales los niveles de cada factor están fijados. Denotaremos por $X_{i_1,i_2,...}$ la variable que sigue la subpoblación en la que el primer factor toma el nivel i_1, el segundo factor el nivel i_2, etcétera. Si tenemos k factores y denotamos por r_i el número de niveles que estamos considerando en el factor i, entonces estamos comparando

$$\prod_{i=1}^{k} r_i$$

poblaciones distintas.

$$X \begin{cases} X_{11...} \\ \vdots \\ X_{r_1r_2...} \end{cases}$$

El objetivo entonces es estudiar si todas las variables $X_{i_1,i_2,...}$ siguen la misma distribución, lo que significaría que los distintos tratamientos influyen por igual para la variable que se está considerando o, por el contrario, existen diferencias entre ellos. Por lo tanto, el contraste que nos planteamos es:

$$\begin{cases} H_0 : X_{i_1,i_2,...} \text{ homogéneas (misma distribución)} \\ H_1 : \text{No } H_0 \end{cases}$$

Esto es un contraste no paramétrico, pues no conocemos la distribución de cada una de esas variables. Sin embargo, nosotros supondremos las siguientes condiciones sobre las poblaciones:

- **Normalidad:** Todas las subpoblaciones siguen distribución normal. Es decir, supondremos que $X_{i_1, i_2, \ldots} \sim \mathcal{N}(\mu_{i_1, i_2, \ldots}, \sigma_{i_1, i_2, \ldots})$.

- **Homocedasticidad:** Todas las subpoblaciones tienen la misma varianza. Es decir, $\sigma_{i_1, i_2, \ldots} = \sigma$, $\forall i_1, i_2, \ldots$

- **Independencia:** Todas las subpoblaciones son independientes entre sí.

Como consecuencia de estas hipótesis previas, $X_{i_1, i_2, \ldots} \sim \mathcal{N}(\mu_{i_1, i_2, \ldots}, \sigma)$, donde las distintas medias $\mu_{i_1, i_2, \ldots}$ y la desviación típica común σ son desconocidas. El problema de comprobar su homogeneidad se reduce ahora a contrastar la igualdad de medias

$$\begin{cases} H_0 : \mu_{i_1, i_2, \ldots} = \mu, \ \forall i_1, i_2, \ldots \\ H_1 : \text{No } H_0 \end{cases},$$

donde μ es un valor común para todos los tratamientos y que coincide con la media de la variable X. Nótese además que por la hipótesis de independencia, el análisis de la varianza es una generalización del contraste de igualdad de medias para poblaciones normales independientes con varianzas iguales y desconocidas que se estudió en el capítulo anterior. Los distintos modelos de análisis de la varianza permiten resolver estos contrastes en distintas situaciones.

9.2. Modelo unifactorial

En esta sección veremos el modelo más sencillo de análisis de varianza. En el modelo unifactorial tenemos un único factor de interés. Denotaremos este factor por A y supondremos que se evalúan a niveles. Cada nivel del factor puede influir positivamente o negativamente en el valor de la variable.

Como hemos visto, el análisis de la varianza se basa en descomponer la variable X en varias variables, una por cada tratamiento. En este caso, como solo hay un factor, los tratamientos coinciden con los niveles del factor, y así los escribimos como $X_1, ..., X_a$, donde estas variables corresponden a la variable X según los distintos niveles del factor. Como en el caso general, nosotros supondremos las siguientes condiciones sobre las poblaciones:

- **Normalidad:** Todas las subpoblaciones siguen distribución normal. Es decir, supondremos que $X_i \sim \mathcal{N}(\mu_i, \sigma_i)$.

- **Homocedasticidad:** Todas las subpoblaciones tienen la misma varianza. Es decir, $\sigma_i = \sigma$, $\forall i = 1, ..., a$.

- **Independencia:** Todas las subpoblaciones son independientes.

Entonces, por estas condiciones previas de análisis de la varianza, tenemos que $X_i \sim \mathcal{N}(\mu_i, \sigma)$, donde σ es un valor desconocido de la desviación típica, común a todas las variables, y $\mu_i, i = 1, ..., a$ son los valores de las medias (también desconocidas). El contraste que queremos resolver es si hay diferencias entre las distintas variables $X_1, ..., X_a$. Por las condiciones previas, la única diferencia posible es en la media, lo que se traduce en el contraste

$$\left\{ \begin{array}{l} H_0 : \mu_1 = \mu_2 = ... = \mu_a \\ H_1 : \text{No } H_0 \end{array} \right. .$$

Para resolver este contraste, tenemos que estudiar el comportamiento de cada una de las variables. Para ello, tenemos a muestras aleatorias simples, de tamaños $n_1, ..., n_a$, respectivamente, una para cada una de las varialbes (una para cada nivel del factor). Estas muestras vienen dadas por

$$(X_{11}, ..., X_{1n_1}), ..., (X_{a1}, ..., X_{an_a}).$$

De esta manera los datos de todas esas muestras pueden escribirse todos juntos en una tabla tal y como se da en la tabla 9.2.

Tenemos entonces un número de datos dado por:

$$n_1 + ... + n_a = n.$$

Nivel 1	Nivel 2	$\cdots$	Nivel a
x_{11}	x_{21}	$\cdots$	x_{a1}
x_{12}	x_{22}	$\cdots$	x_{a2}
$\vdots$	$\vdots$	$\vdots$	$\vdots$
x_{1n_1}	x_{2n_2}	$\cdots$	x_{an_a}

Tabla 9.2. Datos muestrales para resolver un análisis de la varianza unifactorial.

Nótese que los tamaños de muestra pueden ser diferentes para las distintas muestras, lo mismo que pasaba para el contraste de medias de dos poblaciones normales que se vio en el capítulo anterior.

Como se trata de comparar las medias, lo lógico es que nuestras conclusiones dependan de las estimaciones de cada una de ellas. Para cada subpoblación podemos estimar la media teórica mediante la correspondiente media muestral; la media correspondiente al nivel i se denota por $\overline{X}_i$ y viene dada por

$$\overline{X}_i := \frac{1}{n_i} \sum_{j=1}^{n_i} X_{ij},$$

que para unos datos concretos $(x_{i1}, ..., x_{in_i})$ nos da el valor

$$\overline{x}_i := \frac{1}{n_i} \sum_{j=1}^{n_i} x_{ij}.$$

De manera análoga podemos estimar la media de la población global mediante la media muestral de todos los datos, ya que podemos considerar la unión de todas las muestras como una muestra de tamaño n de la variable X; denotaremos esta media por $\overline{X}$; este valor viene dado por

$$\overline{X} = \frac{1}{n} \sum_{i=1}^{a} \sum_{j=1}^{n_i} X_{ij}.$$

Es fácil comprobar que estos valores están relacionados mediante la fórmula

$$\overline{X} = \frac{n_1\overline{X}_1 + n_2\overline{X}_2 + ... + n_a\overline{X}_a}{n},$$

y los valores muestrales por

$$\overline{x} = \frac{n_1\overline{x}_1 + n_2\overline{x}_2 + ... + n_a\overline{x}_a}{n}.$$

Si la hipótesis nula es cierta, entonces $\mu_i = \mu_j$, $\forall i, j = 1, ..., a$. Esto significa que nosotros esperamos que $\overline{X}_i$ y $\overline{X}_j$ están estimando la misma cantidad, por lo que es de esperar que $\overline{x}_i$ y $\overline{x}_j$ sean valores similares (nótese que no es de esperar igualdad porque estamos haciendo una estimación). Por otra parte, si la hipótesis nula es cierta, todas las medias teóricas μ_i coinciden con μ, la media (desconocida) de X, con lo que $\overline{X}_i$ y $\overline{X}$ están estimando la misma cantidad y es de esperar que $\overline{x}_i$ y $\overline{x}$ sean valores similares; en esto último es en lo que nos vamos a basar para resolver el contraste.

Si $\overline{X}_i$ y $\overline{X}$ son similares, entonces $(\overline{X}_i - \overline{X})^2$ será pequeño, y en consecuencia

$$\sum_{i=1}^{a} n_i(\overline{X}_i - \overline{X})^2$$

será pequeño. Aquí n_i aparece porque si los tamaños de muestra son grandes, esperamos que la estimación sea mejor, y entonces penalizaremos las diferencias grandes más que si el tamaño de muestra es pequeño.

Por el contrario, si la hipótesis nula es falsa, hay diferencias entre algún μ_i y μ_j; entonces, $\overline{X}_i$ y $\overline{X}_j$ estiman cantidades diferentes y es de esperar que $\overline{x}_i$ y $\overline{x}_j$ se diferencien mucho. Procediendo como antes, es de esperar también que $\overline{x}_i$ y $\overline{x}$ se diferencien y así $(\overline{x}_i - \overline{x})^2$ debería ser grande. Entonces, si la hipótesis alternativa es cierta, esperamos que

$$\sum_{i=1}^{a} n_i(\overline{X}_i - \overline{X})^2$$

sea grande. Entonces, nuestra región crítica debería ser de la forma

$$R.C. = \{(x_{11}, ..., x_{1n}, ..., x_{a1}, ..., x_{an}) \, t.q. \sum_{i=1}^{a} n_i(\overline{x}_i - \overline{x})^2 > k\}.$$

Tenemos entonces que calcular el valor de la constante k que marca la frontera entre la región crítica y la región de aceptación. Supongamos que hemos obtenido $\sum_{i=1}^{a} n_i(\overline{x}_i - \overline{x})^2 = 4{,}3$. ¿Es este valor suficientemente grande para concluir la hipótesis alternativa? En otras palabras, ¿cuál es el valor de k para un nivel de significación α concreto?

Nótese en primer lugar que, si la hipótesis nula es cierta, entonces las diferencias entre $\overline{X}_i$ y $\overline{X}$ dependerán de la varianza σ^2, valor que es desconocido. De esta manera, 4.3 será grande para varianzas poblacionales muy pequeñas, pero será un valor que podemos achacar a la aleatoriedad de la muestra si la varianza poblacional es muy grande. Lo mismo sucede si tenemos un error de medición entre dos distancias de un metro. Si es sobre una distancia de varios kilómetros, el error que se está cometiendo es muy pequeño, pero si es sobre una distancia de cinco metros, el error de medición es muy grande. ¿Qué hacer entonces?

Para resolver el problema volveremos al inicio de nuestro estudio, en el que nos planteamos por qué no son iguales todas las observaciones, y procederemos de forma similar a como se hizo para regresión lineal. Para ello tenemos que pensar en que las posibles diferencias en el valor de la variable X para dos individuos de la población pueden ser debidas a dos causas:

- Si los individuos están en niveles del factor diferentes, como la medida de cada individuo es un valor cercano a su media más o menos una cantidad debida a la variación σ de la población, entonces si las medias para distintos niveles son diferente, es de esperar que haya una diferencia entre los valores obtenidos para esos dos individuos. Es decir, que variar el nivel puede producir diferencias. Diremos que esta posible variación es debida al factor.

- Por otra parte, individuos que están en las mismas condiciones para el factor, es decir, están bajo el mismo nivel, no tendrán el mismo valor. Eso es debido a que en este caso, si tenemos el nivel A_i, tenemos dos individuos con distribución $\mathcal{N}(\mu_i, \sigma)$, y debido a que tenemos una variable aleatoria (en otras palabras, σ no es 0), es de esperar una diferencia entre los valores para los dos individuos. Diremos que esta diferencia es debida a un *error aleatorio*.

Una medida de la variación de todas las observaciones viene dada por

$$\sum_{i=1}^{a}\sum_{j=1}^{n_i}(X_{ij}-\overline{X})^2=(n-1)S^2=nV(X).$$

Este término se llama la **suma de cuadrados del total** y se denota SCT. Puede demostrarse que esta suma de cuadrados puede descomponerse en dos sumandos mediante

$$\sum_{i=1}^{a}\sum_{j=1}^{n_i}(X_{ij}-\overline{X})^2=\sum_{i=1}^{a}\sum_{j=1}^{n_i}(X_{ij}-\overline{X}_i)^2+\sum_{i=1}^{a}\sum_{j=1}^{n_i}(\overline{X}_i-\overline{X})^2.$$

El primer término se llama **suma de cuadrados del error** y se denota por SCE; el segundo término se llama **suma de cuadrados del factor** y se denota por SCA. Así, la variación total de la muestra se ha desglosado en dos términos:

$$SCT=SCE+SCA.$$

Nótese que se tiene lo siguiente:

$$SCE=\sum_{i=1}^{a}\sum_{j=1}^{n_i}(X_{ij}-\overline{X}_i)^2=\sum_{i=1}^{a}(n_i-1)S_i^2=\sum_{i=1}^{a}n_iV(X_i),$$

$$SCA=\sum_{i=1}^{a}\sum_{j=1}^{n_i}(\overline{X}_i-\overline{X})^2=\sum_{i=1}^{a}n_i(\overline{X}_i-\overline{X})^2.$$

Veamos estos dos términos por separado. La suma de cuadrados del error es una suma de las varianzas muestrales en cada muestra multiplicadas por n_i. Como dentro de cada muestra la población tiene la misma distribución $(\mathcal{N}(\mu_i,\sigma))$, este término será más o menos grande si σ es más o menos grande. En otras palabras, este término es debido a errores aleatorios en las muestras y no depende de las diferencias entre los niveles.

En el caso de SCA, ya hemos visto que es el término que depende tanto del error aleatorio (que hace que no coincidan las medias muestrales con las teóricas) como de posibles diferencias entre los distintos niveles (pues al estimar cantidades distintas hay una tendencia a que aumente el valor absoluto de sus diferencias).

Entonces tenemos que comparar SCA con SCE. El problema ahora es que estas cantidades no están en las mismas «unidades». En concreto, se puede demostrar que

$$E(SCE) = (n - a)\sigma^2, \quad E(SCA) = (a - 1)\sigma^2 + c,$$

donde c es una constante positiva que mide las posibles diferencias entre los niveles y que vale 0 si no hay diferencias entre ellos.

Definimos entonces el **cuadrado medio del factor** como

$$\boxed{CMA = \frac{SCA}{(a - 1)}.}$$

Análogamente, definimos el **cuadrado medio del error** como

$$\boxed{CME = \frac{SCE}{(n - a)}.}$$

Ahora sí podemos realizar la comparación: Al dividir CMA entre CME, si no hay diferencias entre los niveles, entonces están estimando la misma cantidad y esperamos que nos queden valores similares, con lo que el cociente será cercano a 1. Si hay diferencias entre los niveles, entonces c es positivo y estamos estimando cantidades diferentes y esperamos que ese cociente sea mayor que 1. Nuevamente tenemos que encontrar un valor para el que consideremos que es un valor suficientemente grande como para concluir que hay diferencias entre los niveles. La ventaja que tenemos ahora es que este cociente es adimensional. Se puede demostrar que

$$\frac{CMA}{CME} \sim F_{a-1,(n-a)}.$$

En definitiva, rechazaremos para valores grandes de $\frac{CMA}{CME}$. Es decir, que nuestra región crítica para un nivel de significación α será

$$R.C. = \{(x_{11}, ..., x_{1n_1}, ..., x_{a1}, ..., x_{an_a}) \, t.q. \, \frac{cma}{cme} > F_{a-1,n-a;\alpha}\}.$$

En general, todos los modelos de análisis de varianza se resuelven rellenando una tabla. En el caso del modelo unifactorial la tabla es la que se puede ver en la tabla 9.3.

F. Variación	SC	g.l.	CM	F
Factor A	sca	a-1	cma	$\frac{cma}{cme}$
Error	sce	n-a	cme	
Total	sct	n-1		

Tabla 9.3. Tabla ANOVA para el modelo unifactorial.

Nótese también que se tiene el mismo estimador para resolver el modelo de efectos fijos y el modelo de efectos aleatorios. Como hemos dicho anteriormente, esto es algo que no ocurre en general. Sí cambia la interpretación de los resultados:

- En un modelo de efectos fijos, si concluimos H_0, entonces afirmamos que no hay diferencias entre los niveles del factor. Si concluimos H_1, entonces existen diferencias.

- En un modelo de efectos aleatorios, si concluimos H_0, entonces afirmamos que no hay diferencias entre los niveles del factor, *incluyendo los niveles que no han sido estudiados.* Si concluimos H_1, entonces existen diferencias.

Ejemplo 136.

Se están comparando cuatro métodos de estudio. Para ello, se prueba cada método y se observa la puntuación obtenida en una prueba. El profesor supone que, aparte de la variación usual en la nota para alumnos que han utilizado el mismo método, puede existir una variación significativa de la nota debido a que la eficacia de los distintos métodos sea distinta. Para investigar esto, selecciona 16 alumnos al azar que divide en cuatro grupos de cuatro alumnos cada uno, y evalúa a cada alumno en una prueba. Los datos recogidos aparecen en la tabla 9.4.

Suponiendo que se cumplen las condiciones de ANOVA, ¿podemos concluir que hay diferencias entre los métodos de estudio?

Método / Alumno.	1	2	3	4	Media
1	8	7	9	6	7,5
2	1	0	3	2	1,5
3	6	5	7	5	5,75
4	5	6	9	8	7

Tabla 9.4. Calificaciones correspondientes al ejemplo 136.

Aquí la variable X es la nota que se obtiene y el factor es el método (con cuatro niveles); es un factor de efectos fijos, pues solo estamos interesados en comparar esos cuatro métodos.

En este problema, se tiene que la media global es $\overline{x} = 5,4375$. Aplicando un análisis de la varianza se obtiene la tabla 9.5.

F. Variación	SC	g.l.	CM	F
Método	89.19	3	29.73	15.68
Error	22.75	12	1.9	
Total	111.94	15		

Tabla 9.5. Tabla ANOVA para el ejemplo 136.

El valor 15.68 corresponde a un p-valor inferior a 0.05, puesto que $F_{3,12;0,05} = 3,49$, por lo que rechazamos la hipótesis nula y concluimos que existen diferencias entre los métodos de aprendizaje.

Bibliografía

[1] R. Álvarez (2007). Estadística aplicada a las ciencias de la salud Ed. Díaz de Santos.

[2] G. Calot (1965). Curso de Estadística Descriptiva. Ed. Dunod.

[3] G. C. Canavos (1988). Probabilidad y Estadística. Aplicaciones y Métodos. Ed. McGraw Hill.

[4] M. H. DeGroot (1988). Probabilidad y Estadística. Ed. Addison-Wesley Iberoamericana.

[5] J. L. Devore (2001). Probabilidad y Estadística para ingeniería y ciencias. Ed. Thompson-Learning.

[6] A. García (2008). Ejercicios de estadística aplicada. UNED.

[7] S. Glantz (2006). Bioestadística. Ed. McGraw-Hill Interamericana.

[8] R. Gutiérrez, A. Martínez, C. Rodríguez (1993). Curso básico de probabilidad. Ed. Pirámide.

[9] J. de la Horra (2018). Estadística aplicada. Ed. Díaz de Santos.

[10] C. Labrousse (1970). Estadística. Ejercicios resueltos. Tomo III. Ed. Dunod.

[11] J. López de la Manzanara (1992). Problemas de estadística. Ed. Pirámide.

[12] J. Milton (2007). Estadística para biología y ciencias de la salud. 3/e (actualizada y revisada). Ed. McGraw-Hill Interamericana.

https://dx.doi.org/10.5209/docm.003.10

[13] M. D. Molina, J. Mulero, M. J. Nueda, A. Pascual (2013). Estadística aplicada a las Ciencias Sociales. Pub. de la Universidad de Alicante.

[14] J. Montero, L. Pardo, D. Morales, V. Quesada (1988). Ejercicios y problemas de cálculo de probabilidades. Ed. Díaz de Santos.

[15] D. C. Montgomery (1991). Diseño y análisis de experimentos. Grupo Editorial Iberoamérica.

[16] D. Peña (2010). Regresión y diseño de experimentos. Alianza Editorial.

[17] M. J. Peralta, A. Rúa, R. Redondo, C. del Campo (2000). Estadística. Problemas resueltos. Ed. Pirámide.

[18] M. A. Presedo, R. Cao, S. Naya (2001). Introducción a la estadística y sus aplicaciones. Ed. Pirámide.

[19] V. Quesada, A. Isidoro, L. A. López (1992). Curso y ejercicios de estadística. Ed. Alhambra Universidad.

[20] B. Rosner (2005). Fundamentals of Biostatistics. Ed. Brooks/ Cole.

[21] L. Rodríguez, V. Tomeo (2008). Métodos estadísticos para ingeniería. Garceta Grupo Editorial.

[22] M. Samuels, J. Witmer, A. Shaffner (2012). Fundamentos de Estadística pra las Ciencias de la Vida. Ed. Pearson.

[23] R. L. Scheaffer, J. T. McClave (1993). Probabilidad y estadística para ingeniería. Grupo Editorial Iberoamérica.

[24] M. R. Spiegel (1975). Probabilidad y estadística. Ed. McGraw Hill.

[25] M. R. Spiegel, J. Schiler, R.A. Srinivasan (2001). Probabilidad y estadística. Ed. Mc-Graw-Hill.

[26] E. Torres, S. Montes (1999). Estadística teórica y aplicada. I: Probabilidad. Ed. Grafimak.

[27] E. Torres, S. Montes (1999). Estadística teórica y aplicada. II: Inferencia. Ed. Grafimak.

[28] R. E. Walpole, R. H. Myers, S. L. Myers (1997). Probabilidad y estadística para ingenieros. Ed. Prentice Hall.

Anexo A. Combinatoria

La combinatoria estudia el número de formas de escoger unos individuos dentro de un conjunto finito. Por lo tanto, es una herramienta
que se aplica muchas veces al aplicar la regla de Laplace, que se basa
en avaluar los casos favorables y los casos posibles.

Consideremos entonces un conjunto finito, que tiene n elementos. Se
trata ahora de escoger varios de esos individuos, digamos k. Lo primero
que hay que tener en cuenta es que tenemos que especificar cómo van
a ser seleccionados esos individuos; así, tenemos que especificar si un
mismo individuo puede ser seleccionado más de una vez, si nos importa
el orden en que son seleccionados los elementos, etcétera. Esto da lugar a
distintas expresiones, algunas de las cuales se explicarán a continuación.

A.1. Variaciones

Las variaciones aparecen en situaciones en que **importa el orden
de selección** de los individuos. Dependiendo de si se puede elegir varias
veces al mismo individuo o no tenemos dos expresiones diferentes.

A.1.1. Variaciones sin repetición

Supongamos que tenemos un grupo de 40 personas que se presentan
a un concurso y que debemos entregar un primer premio dotado de
100 000 euros, un segundo premio por valor de 50 000 euros y un tercer
premio de 10 000 euros. ¿De cuántas formas pueden ser entregados estos
premios?

En este caso, tenemos una situación en la que importa el orden de
selección de los individuos, ya que nos es lo mismo ganar el primer

https://dx.doi.org/10.5209/docm.003.11
Estadística Básica. Pedro Miranda Menéndez. © Ediciones Complutense, 2025.

premio que el tercero. Además, un individuo no puede ser seleccionado varias veces, puesto que un mismo individuo no puede ganar varios premios.

Para resolver este problema se procede de la siguiente manera: primero tenemos que seleccionar al ganador del primer premio, para el que tenemos 40 posibilidades; fijado este individuo A, tenemos que seleccionar al ganador del segundo premio B, para el que tenemos 39 posibilidades, pues no podemos volver a seleccionar al ganador del primer premio; de la misma forma, tenemos 38 posibilidades para el ganador del tercer premio C. En definitiva, tenemos $40 \times 39 \times 38$ formas diferentes de entregar los premios, cada una de ellas identificada con un vector (A, B, C), donde la primera coordenada nos indica al ganador del primer premio, la segunda coordenada al ganador del segundo premio y la tercera al ganador del tercer premio.

En general, si hay n individuos, tenemos n posibilidades para seleccionar el primer individuo, $n - 1$ para el segundo, $n - 2$ para el tercero, y así sucesivamente. Este proceso puede representarse en un diagrama de árbol tal y como se ve en la figura A.1.

En situaciones en que importa el orden de selección de los individuos y además no puede seleccionarse un individuo varias veces, diremos que estamos en un caso de **variaciones sin repetición**. Procediendo como en el ejemplo anterior, si tenemos un conjunto de n individuos y tenemos que seleccionar k de ellos importando el orden y sin repetición, el número de variaciones sin repetición de n elementos tomados k a k viene dado por

$$\boxed{V_{n,k} = n \times (n - 1) \times (n - 2) \times \ldots \times (n - k + 1).}$$

A.1.2. Variaciones con repetición

Consideremos ahora la situación en la que lanzamos un dado 2 veces y recibiremos como premio 10 veces el resultado del primer lanzamiento más el resultado del segundo lanzamiento. ¿Cuántos premios distintos podemos tener?

En este caso, tenemos nuevamente una situación en la que importa el orden de selección (no es lo mismo (1,6) que (6,1)), pero en este caso sí es posible repetir el individuo seleccionado, es decir (6,6) es posible.

Para resolver este problema, tenemos que tener en cuenta que tenemos seis posibilidades para el primer lanzamiento, y de la misma forma, puesto que puede haber repeticiones, tenemos seis posibilidades para el segundo lanzamiento. En definitiva, tenemos 6×6 posibilidades.

En general, si hay n individuos, tenemos n posibilidades para seleccionar el primer individuo, n para el segundo, n para el tercero y así sucesivamente. Este proceso puede representarse en un diagrama de árbol tal y como se ve en la figura A.2.

Si tenemos un conjunto de n individuos y tenemos que seleccionar k importando el orden y con posibilidad de repetición, el número de variaciones con repetición de n elementos tomados k a k viene dado por

$$\boxed{VR_n^k = n \times n \times n \times ... \times n = n^k.}$$

A.2. Permutaciones

Consideremos un conjunto de n elementos. El problema que nos planteamos ahora es ordenar estos elementos, es decir, tenemos que escoger uno de esos individuos para ser el primero, otro para ser el segundo, y así sucesivamente. ¿Cuántas posibles ordenaciones existen? Este valor se conoce como el número de permutaciones.

Para elegir el primer individuo tenemos n posibilidades, puesto que todos los individuos son susceptibles de ser escogidos. Fijado el primer individuo, tenemos $n-1$ posibilidades para escoger el segundo individuo, puesto que el primer individuo no puede volver a ser seleccionado. Y así sucesivamente.

Si tenemos un conjunto de n individuos, el número de **permutaciones** viene dado por

$$\boxed{P_n = n \times (n - 1) \times (n - 2) \times ... \times 1 = n!.}$$

Recuérdese que $0! = 1$. En definitiva, las permutaciones coinciden con las permutaciones sin repetición si se seleccionan todos los individuos, es decir,

$$P_n = V_{n,n}.$$

A.3. Combinaciones sin repetición

Supóngase ahora que tenemos un grupo de 40 personas que participan en el sorteo de tres viajes, de forma que una misma persona no puede ganar más de un premio. En este caso tenemos una situación en la que no importa el orden en la selección de los individuos, ya que las consecuencias son las mismas. Además, como una persona no puede optar a los tres premios, no hay repeticiones.

Para resolver este problema procedemos de la siguiente manera: en primer lugar seleccionamos un individuo que ganará uno de los premios, que denotaremos por individuo A; para esta elección tenemos 40 posibilidades. A continuación, se elige otro individuo, B, para el otro premio; en este caso tenemos 39 posibilidades; y de la misma manera, tenemos 38 posibilidades para el tercer ganador C. En definitiva, tenemos $40 \times 39 \times 38$ posibles vectores (A, B, C). Luego tenemos $V_{40,3}$ posibilidades, tal y como se estudió en la sección de variaciones. Sin embargo, se obtiene el mismo resultado si la selección hubiese sido $(A, C, B), (B, A, C), (B, C, A), (C, A, B), (C, B, A)$, pues los premiados son los mismos.

Y esto sucedería sea cual sea la elección de los individuos seleccionados para el premio. Es decir, en todos los casos tenemos 6 posibilidades que nos llevan al mismo número de premiados. Es decir, que hay seis posibilidades que llevan al mismo resultado, lo que implica que el número de posibilidades sea

$$\frac{40 \times 39 \times 38}{6}.$$

¿De dónde ha salido el valor 6? Para responder a esta pregunta, basta tener en cuenta que las diferencias entre las seis posibilidades radican en su ordenación; entonces, hay que calcular todas las posibles ordenaciones, que son las formas de ordenar los tres individuos premiados, es decir $P_3 = 3! = 6$.

En general, dado un conjunto de n individuos, del que hay que escoger k sin repetición y sin que importe el orden de selección, se definen las **combinaciones sin repetición** como el valor

$$\boxed{C_{n,k} = \frac{V_{n,k}}{P_k} = \frac{n \times (n-1) \times \dots \times (n-k+1)}{k!}.}$$

En muchas ocasiones, $C_{n,k}$ se denota por $\binom{n}{k}$. Ahora bien, nótese que

$$
\begin{aligned}
C_{n,k} &= \frac{n \times (n-1) \times \dots \times (n-k+1)}{k!} \\
&= \frac{n \times (n-1) \times \dots \times (n-k+1) \times (n-k) \times \dots \times 1}{k!(n-k) \times \dots \times 1} \\
&= \frac{n!}{k!(n-k)!} \\
&= \frac{n!}{(n-k)!k!} \\
&= C_{n,n-k}
\end{aligned}
$$

Por lo tanto, $C_{n,k} = C_{n,n-k}$. Los valores de esta expresión, que se llaman *números combinatorios*, son los coeficientes que aparecen en la expresión del binomio de Newton $(a+b)^n$, por lo que también se llaman *números binomiales*. Su cálculo puede hacerse mediante el *triángulo de Pascal o Tartaglia*, que viene dado en la tabla A.1.

```
                1
              1   1
            1   2   1
          1   3   3   1
        1   4   6   4   1
```

Tabla A.1. Triángulo de Tartaglia o de Pascal.

Para construir esta tabla basta sumar las coordenadas superiores. Así, el valor 6 de la quinta fila viene de 3+3, que son los dos números que están encima. La fila i da los coeficientes de $\binom{i}{j}$ con $j = 0, \dots, i$ (se considera que la primera fila es la fila 0).

Quedaría ahora el caso de las combinaciones con repetición, pero este caso no aparece en probabilidad, pues las distintas posibilidades de

combinaciones con repetición no cumplen el postulado de indiferencia.
Para ver esto, considérese el ejemplo de lanzar dos dados; entonces dos
posibles combinaciones con repetición son $(1,1)$ (sale dos veces el valor
1) y $(1,2)$ (sale un valor 1 y un valor 2 en cualquier orden); sin embargo,
estas dos combinaciones no son igualmente probables, puesto que para
que salga $(1,1)$ necesitamos que salga 1 en los dos lanzamientos (primero
y segundo), mientras que para $(1,2)$ tenemos dos posibilidades: 1 en el
primer lanzamiento y 2 en el segundo o al revés.

Ejemplo 137.

*Consideremos el experimento que consiste en sacar cinco cartas de
una baraja, ¿cuál es la probabilidad de sacar dos oros y tres copas?*

*En primer lugar, todas las posibilidades tienen la misma probabili-
dad, por lo que podemos aplicar la regla de Laplace. Tal y como está
planteado el problema, no importa el orden de aparición de las cartas,
por lo que se usarían combinaciones.*

*Los casos posibles son $C_{40,5}$, pues tenemos que escoger cinco cartas
distintas de un conjunto de 40.*

*Los casos favorables son $C_{10,2} \times C_{10,3}$ puesto que tenemos que escoger
dos cartas de entre los 10 oros, y fijadas esas cartas, tenemos que escoger
tres cartas de entre las 10 copas. Esto es debido a que cada combinación
de los casos favorables es de la forma*

$$(O_1, O_2, C_1, C_2, C_3),$$

*y si lo representamos en un diagrama de árbol nos queda que el número
de posibilidades es el producto $C_{10,2} \times C_{10,3}$. En definitiva, la probabilidad
pedida es*

$$p = \frac{C_{10,2} \times C_{10,3}}{C_{40,5}} = \frac{\frac{10 \times 9}{2} \frac{10 \times 9 \times 8}{6}}{\frac{40 \times 39 \times 38 \times 37 \times 36}{120}}.$$

*Otra forma válida de resolver el problema (aunque menos natural) es
mediante variaciones, es decir, suponiendo que el orden es importante.
Entonces los casos posibles son $V_{40,5}$ y los casos favorables son $V_{10,2} \times
V_{10,3} \times C_{5,2}$, donde el último término proviene de la mezcla de los dos oros
y las tres copas, ya que al utilizar las variaciones sí importa el orden;
por ello, tenemos que distinguir las posiciones de las dos cartas que son
oros, y esto consiste en decidir entre las cinco posiciones posibles dos*

de ellas sin repetición y sin que nos importe el orden de selección, es decir, $C_{5,2}$. Entonces,

$$p = \frac{V_{10,2} \times V_{10,3} \times C_{5,2}}{V_{40,5}} = \frac{10 \times 9 \times 10 \times 9 \times 8 \times \frac{5 \times 4}{2}}{40 \times 39 \times 38 \times 37 \times 36},$$

con lo que se obtiene el mismo resultado que antes.

A la vista del ejemplo anterior, parece que el uso de combinaciones da lugar a una forma más compacta y sencilla de hallar los casos favorables. Esto suele ser cierto en general, por lo que es recomendable aplicar combinaciones en lugar de variaciones siempre que sea posible (casi siempre si no hay repetición).

Otro caso viene si tenemos posibilidad de repeticiones. En este caso, ya se explicó que las combinaciones con repetición no cumplen el postulado de indiferencia, por lo que no queda más remedio que utilizar las variaciones con repetición.

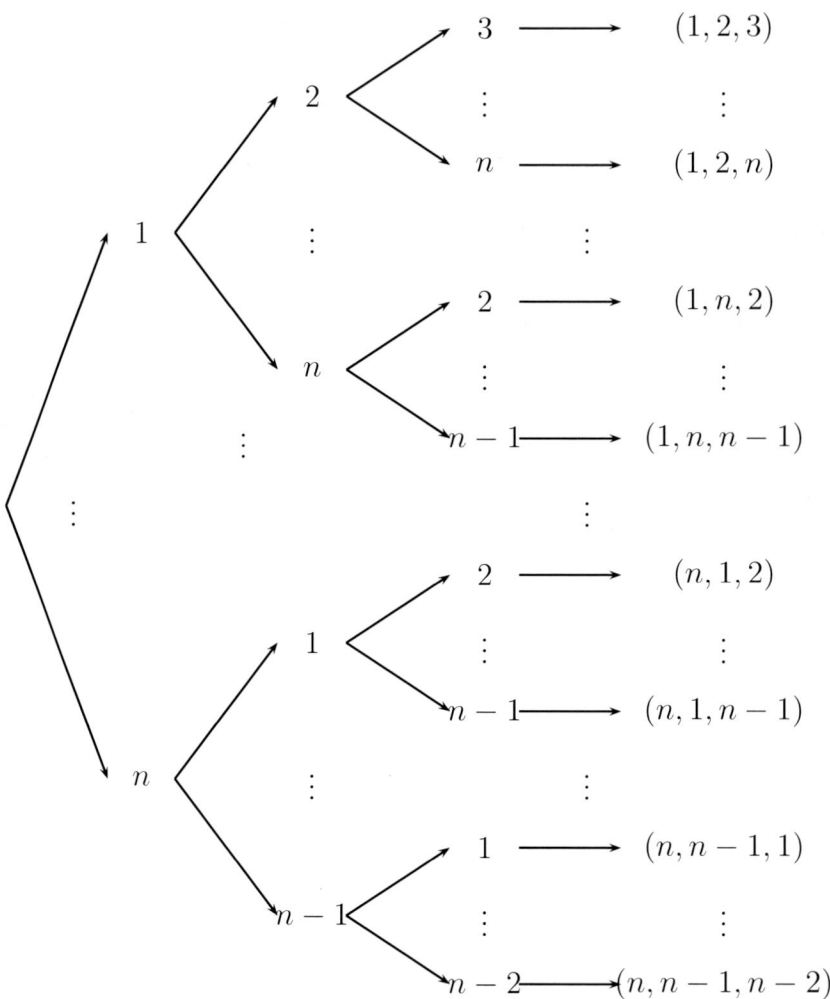

Figura A.1. Representación gráfica mediante un diagrama de árbol de la forma de obtener todas las posibilidades en un proceso de variaciones sin repetición de n elementos tomados 3 a 3. Nótese que se consideran soluciones diferentes $(1, 2, n)$ y $(n, 1, 2)$ aunque sean los mismos elementos, puesto que el orden de selección tiene importancia.

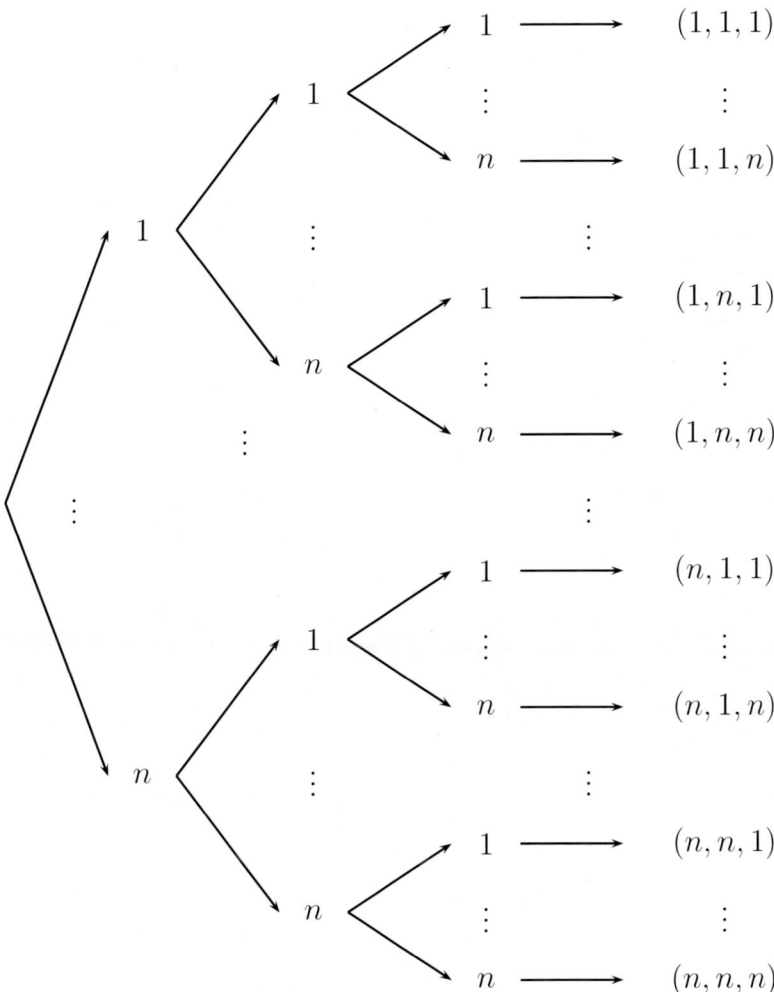

Figura A.2. Representación gráfica mediante un diagrama de árbol de la forma de obtener todas las posibilidades en un proceso de variaciones con repetición de n elementos tomados 3 a 3.

Anexo B. Tablas estadísticas

a) Distribución normal tipificada.

b) Distribución χ^2.

c) Distribución t de Student.

d) Distribución F de Snedecor.

https://dx.doi.org/10.5209/docm.003.12
Estadística Básica. Pedro Miranda Menéndez. © Ediciones Complutense, 2025.

Distribución normal tipificada

Valor	0.00	0.01	0.02	0.03	0.04	0.05	0.06	0.07	0.08	0.09
0.0	0.5000	0.4960	0.4920	0.4880	0.4840	0.4801	0.4761	0.4721	0.4681	0.4641
0.1	0.4602	0.4562	0.4522	0.4483	0.4443	0.4404	0.4364	0.4325	0.4286	0.4247
0.2	0.4207	0.4168	0.4129	0.4090	0.4052	0.4013	0.3974	0.3936	0.3897	0.3859
0.3	0.3821	0.3783	0.3745	0.3707	0.3669	0.3632	0.3594	0.3557	0.3520	0.3483
0.4	0.3446	0.3409	0.3372	0.3336	0.3300	0.3264	0.3228	0.3192	0.3156	0.3121
0.5	0.3085	0.3050	0.3015	0.2981	0.2946	0.2912	0.2877	0.2843	0.2810	0.2776
0.6	0.2743	0.2709	0.2676	0.2643	0.2611	0.2578	0.2546	0.2514	0.2483	0.2451
0.7	0.2420	0.2389	0.2358	0.2327	0.2296	0.2266	0.2236	0.2206	0.2177	0.2148
0.8	0.2119	0.2090	0.2061	0.2033	0.2005	0.1977	0.1949	0.1922	0.1894	0.1867
0.9	0.1841	0.1814	0.1788	0.1762	0.1736	0.1711	0.1685	0.1660	0.1635	0.1611
1.0	0.1587	0.1562	0.1539	0.1515	0.1492	0.1469	0.1446	0.1423	0.1401	0.1379
1.1	0.1357	0.1335	0.1314	0.1292	0.1271	0.1251	0.1230	0.1210	0.1190	0.1170
1.2	0.1151	0.1131	0.1112	0.1093	0.1075	0.1056	0.1038	0.1020	0.1003	0.0985
1.3	0.0968	0.0951	0.0934	0.0918	0.0901	0.0885	0.0869	0.0853	0.0838	0.0823
1.4	0.0808	0.0793	0.0778	0.0764	0.0749	0.0735	0.0721	0.0708	0.0694	0.0681
1.5	0.0668	0.0655	0.0643	0.0630	0.0618	0.0606	0.0594	0.0582	0.0571	0.0559
1.6	0.0548	0.0537	0.0526	0.0516	0.0505	0.0495	0.0485	0.0475	0.0465	0.0455
1.7	0.0446	0.0436	0.0427	0.0418	0.0409	0.0401	0.0392	0.0384	0.0375	0.0367
1.8	0.0359	0.0351	0.0344	0.0336	0.0329	0.0322	0.0314	0.0307	0.0301	0.0294

Sigue en la página siguiente

Valor	0.00	0.01	0.02	0.03	0.04	0.05	0.06	0.07	0.08	0.09
1.9	0.0287	0.0281	0.0274	0.0268	0.0262	0.0256	0.0250	0.0244	0.0239	0.0233
2.0	0.0228	0.0222	0.0217	0.0212	0.0207	0.0202	0.0197	0.0192	0.0188	0.0183
2.1	0.0179	0.0174	0.0170	0.0166	0.0162	0.0158	0.0154	0.0150	0.0146	0.0143
2.2	0.0139	0.0136	0.0132	0.0129	0.0125	0.0122	0.0119	0.0116	0.0113	0.0110
2.3	0.0107	0.0104	0.0102	0.0099	0.0096	0.0094	0.0091	0.0089	0.0087	0.0084
2.4	0.0082	0.0080	0.0078	0.0075	0.0073	0.0071	0.0069	0.0068	0.0066	0.0064
2.5	0.0062	0.0060	0.0059	0.0057	0.0055	0.0054	0.0052	0.0051	0.0049	0.0048
2.6	0.0047	0.0045	0.0044	0.0043	0.0041	0.0040	0.0039	0.0038	0.0037	0.0036
2.7	0.0035	0.0034	0.0033	0.0032	0.0031	0.0030	0.0029	0.0028	0.0027	0.0026
2.8	0.0026	0.0025	0.0024	0.0023	0.0023	0.0022	0.0021	0.0021	0.0020	0.0019
2.9	0.0019	0.0018	0.0018	0.0017	0.0016	0.0016	0.0015	0.0015	0.0014	0.0014
3.0	0.0013	0.0013	0.0013	0.0012	0.0012	0.0011	0.0011	0.0011	0.0010	0.0010

Distribución χ^2 de Pearson

$n\backslash p$	0.995	0.99	0.975	0.95	0.9	0.1	0.05	0.025	0.01	0.005
1	3.9E-05	1.5E-04	9.8E-04	3.9E-03	1.6E-02	2.71	3.84	5.02	6.63	7.88
2	1.0E-02	2.0E-02	5.1E-02	0.103	0.211	4.61	5.99	7.38	9.21	10.60
3	7.7E-02	0.115	0.216	0.352	0.584	6.25	7.81	9.35	11.34	12.84
4	0.207	0.297	0.484	0.711	1.064	7.78	9.49	11.14	13.28	14.86
5	0.412	0.554	0.831	1.145	1.610	9.24	11.07	12.83	15.09	16.75
6	0.676	0.872	1.237	1.635	2.20	10.64	12.59	14.45	16.81	18.55
7	0.989	1.239	1.690	2.17	2.83	12.02	14.07	16.01	18.48	20.3
8	1.344	1.647	2.18	2.73	3.49	13.36	15.51	17.53	20.1	22.0
9	1.735	2.09	2.70	3.33	4.17	14.68	16.92	19.02	21.7	23.6
10	2.16	2.56	3.25	3.94	4.87	15.99	18.31	20.5	23.2	25.2
11	2.60	3.05	3.82	4.57	5.58	17.28	19.68	21.9	24.7	26.8
12	3.07	3.57	4.40	5.23	6.30	18.55	21.0	23.3	26.2	28.3
13	3.57	4.11	5.01	5.89	7.04	19.81	22.4	24.7	27.7	29.8
14	4.07	4.66	5.63	6.57	7.79	21.1	23.7	26.1	29.1	31.3
15	4.60	5.23	6.26	7.26	8.55	22.3	25.0	27.5	30.6	32.8
16	5.14	5.81	6.91	7.96	9.31	23.5	26.3	28.8	32.0	34.3
17	5.70	6.41	7.56	8.67	10.09	24.8	27.6	30.2	33.4	35.7
18	6.26	7.01	8.23	9.39	10.86	26.0	28.9	31.5	34.8	37.2
19	6.84	7.63	8.91	10.12	11.65	27.2	30.1	32.9	36.2	38.6

Sigue en la página siguiente

$n\backslash p$	0.995	0.99	0.975	0.95	0.9	0.1	0.05	0.025	0.01	0.005
20	7.43	8.26	9.59	10.85	12.44	28.4	31.4	34.2	37.6	40.0
21	8.03	8.90	10.28	11.59	13.24	29.6	32.7	35.5	38.9	41.4
22	8.64	9.54	10.98	12.34	14.04	30.8	33.9	36.8	40.3	42.8
23	9.26	10.20	11.69	13.09	14.85	32.0	35.2	38.1	41.6	44.2
24	9.89	10.86	12.40	13.85	15.66	33.2	36.4	39.4	43.0	45.6
25	10.52	11.52	13.12	14.61	16.47	34.4	37.7	40.6	44.3	46.9
26	11.16	12.20	13.84	15.38	17.29	35.6	38.9	41.9	45.6	48.3
27	11.81	12.88	14.57	16.15	18.11	36.7	40.1	43.2	47.0	49.6
28	12.46	13.56	15.31	16.93	18.94	37.9	41.3	44.5	48.3	51.0
29	13.12	14.26	16.0	17.71	19.77	39.1	42.6	45.7	49.6	52.3
30	13.79	14.95	16.79	18.49	20.6	40.3	43.8	47.0	50.9	53.7
40	20.7	22.2	24.4	26.5	29.1	51.8	55.8	59.3	63.7	66.8
50	28.0	29.7	32.4	34.8	37.7	63.2	67.5	71.4	76.2	79.5
60	35.5	37.5	40.5	43.2	46.5	74.4	79.1	83.3	88.4	92.0
70	43.3	45.4	48.8	51.7	55.3	85.5	90.5	95.0	100.4	104.2
80	51.2	53.5	57.2	60.4	64.3	96.6	101.9	106.6	112.3	116.3
90	59.2	61.8	65.6	69.1	73.3	107.6	113.1	118.1	124.1	128.3
100	67.3	70.1	74.2	77.9	82.4	118.5	124.3	129.6	135.8	140.2

Distribución t de Student

$r \backslash \alpha$	0,25	0,2	0,15	0,1	0,05	0,025	0,01	0,005	0,0005
1	1,000	1,376	1,963	3,078	6,314	12,706	31,821	63,656	636,578
2	0,816	1,061	1,386	1,886	2,920	4,303	6,965	9,925	31,600
3	0,765	0,978	1,250	1,638	2,353	3,182	4,541	5,841	12,924
4	0,741	0,941	1,190	1,533	2,132	2,776	3,747	4,604	8,610
5	0,727	0,920	1,156	1,476	2,015	2,571	3,365	4,032	6,869
6	0,718	0,906	1,134	1,440	1,943	2,447	3,143	3,707	5,959
7	0,711	0,896	1,119	1,415	1,895	2,365	2,998	3,499	5,408
8	0,706	0,889	1,108	1,397	1,860	2,306	2,896	3,355	5,041
9	0,703	0,883	1,100	1,383	1,833	2,262	2,821	3,250	4,781
10	0,700	0,879	1,093	1,372	1,812	2,228	2,764	3,169	4,587
11	0,697	0,876	1,088	1,363	1,796	2,201	2,718	3,106	4,437
12	0,695	0,873	1,083	1,356	1,782	2,179	2,681	3,055	4,318
13	0,694	0,870	1,079	1,350	1,771	2,160	2,650	3,012	4,221
14	0,692	0,868	1,076	1,345	1,761	2,145	2,624	2,977	4,140
15	0,691	0,866	1,074	1,341	1,753	2,131	2,602	2,947	4,073
16	0,690	0,865	1,071	1,337	1,746	2,120	2,583	2,921	4,015
17	0,689	0,863	1,069	1,333	1,740	2,110	2,567	2,898	3,965
18	0,688	0,862	1,067	1,330	1,734	2,101	2,552	2,878	3,922
19	0,688	0,861	1,066	1,328	1,729	2,093	2,539	2,861	3,883

Sigue en la página siguiente

$r\backslash\alpha$	0,25	0,2	0,15	0,1	0,05	0,025	0,01	0,005	0,0005
20	0,687	0,860	1,064	1,325	1,725	2,086	2,528	2,845	3,850
21	0,686	0,859	1,063	1,323	1,721	2,080	2,518	2,831	3,819
22	0,686	0,858	1,061	1,321	1,717	2,074	2,508	2,819	3,792
23	0,685	0,858	1,060	1,319	1,714	2,069	2,500	2,807	3,768
24	0,685	0,857	1,059	1,318	1,711	2,064	2,492	2,797	3,745
25	0,684	0,856	1,058	1,316	1,708	2,060	2,485	2,787	3,725
26	0,684	0,856	1,058	1,315	1,706	2,056	2,479	2,779	3,707
27	0,684	0,855	1,057	1,314	1,703	2,052	2,473	2,771	3,689
28	0,683	0,855	1,056	1,313	1,701	2,048	2,467	2,763	3,674
29	0,683	0,854	1,055	1,311	1,699	2,045	2,462	2,756	3,660
30	0,683	0,854	1,055	1,310	1,697	2,042	2,457	2,750	3,646
40	0,681	0,851	1,050	1,303	1,684	2,021	2,423	2,704	3,551
60	0,679	0,848	1,045	1,296	1,671	2,000	2,390	2,660	3,460
120	0,677	0,845	1,041	1,289	1,658	1,980	2,358	2,617	3,373
∞	0,674	0,842	1,036	1,282	1,645	1,960	2,326	2,576	3,290

Distribución F de Snedecor

$n_2 \backslash n_1$	1	2	3	4	5	6	7	8	9	10	α
1	161	199	216	225	230	234	237	239	241	242	5 %
	4052	4999	5404	5624	5764	5859	5928	5981	6022	6056	1 %
2	18.51	19.00	19.16	19.25	19.30	19.33	19.35	19.37	19.38	19.40	5 %
	98.50	99.00	99.16	99.25	99.30	99.33	99.36	99.38	99.39	99.40	1 %
3	10.13	9.55	9.28	9.12	9.01	8.94	8.89	8.85	8.81	8.79	5 %
	34.12	30.82	29.46	28.71	28.24	27.91	27.67	27.49	27.34	27.23	1 %
4	7.71	6.94	6.59	6.39	6.26	6.16	6.09	6.04	6.00	5.96	5 %
	21.20	18.00	16.69	15.98	15.52	15.21	14.98	14.80	14.66	14.55	1 %
5	6.61	5.79	5.41	5.19	5.05	4.95	4.88	4.82	4.77	4.74	5 %
	16.26	13.27	12.06	11.39	10.97	10.67	10.46	10.29	10.16	10.05	1 %
6	5.99	5.14	4.76	4.53	4.39	4.28	4.21	4.15	4.10	4.06	5 %
	13.75	10.92	9.78	9.15	8.75	8.47	8.26	8.10	7.98	7.87	1 %
7	5.59	4.74	4.35	4.12	3.97	3.87	3.79	3.73	3.68	3.64	5 %
	12.25	9.55	8.45	7.85	7.46	7.19	6.99	6.84	6.72	6.62	1 %
8	5.32	4.46	4.07	3.84	3.69	3.58	3.50	3.44	3.39	3.35	5 %
	11.26	8.65	7.59	7.01	6.63	6.37	6.18	6.03	5.91	5.81	1 %
9	5.12	4.26	3.86	3.63	3.48	3.37	3.29	3.23	3.18	3.14	5 %
	10.56	8.02	6.99	6.42	6.06	5.80	5.61	5.47	5.35	5.26	1 %
10	4.96	4.10	3.71	3.48	3.33	3.22	3.14	3.07	3.02	2.98	5 %
	10.04	7.56	6.55	5.99	5.64	5.39	5.20	5.06	4.94	4.85	1 %
11	4.84	3.98	3.59	3.36	3.20	3.09	3.01	2.95	2.90	2.85	5 %
	9.65	7.21	6.22	5.67	5.32	5.07	4.89	4.74	4.63	4.54	1 %

Sigue en la página siguiente

$n_2 \backslash n_1$	1	2	3	4	5	6	7	8	9	10	α
12	4.75	3.89	3.49	3.26	3.11	3.00	2.91	2.85	2.80	2.75	5 %
	9.33	6.93	5.95	5.41	5.06	4.82	4.64	4.50	4.39	4.30	1 %
13	4.67	3.81	3.41	3.18	3.03	2.92	2.83	2.77	2.71	2.67	5 %
	9.07	6.70	5.74	5.21	4.86	4.62	4.44	4.30	4.19	4.10	1 %
14	4.60	3.74	3.34	3.11	2.96	2.85	2.76	2.70	2.65	2.60	5 %
	8.86	6.51	5.56	5.04	4.69	4.46	4.28	4.14	4.03	3.94	1 %
15	4.54	3.68	3.29	3.06	2.90	2.79	2.71	2.64	2.59	2.54	5 %
	8.68	6.36	5.42	4.89	4.56	4.32	4.14	4.00	3.89	3.80	1 %
16	4.49	3.63	3.24	3.01	2.85	2.74	2.66	2.59	2.54	2.49	5 %
	8.53	6.23	5.29	4.77	4.44	4.20	4.03	3.89	3.78	3.69	1 %
17	4.45	3.59	3.20	2.96	2.81	2.70	2.61	2.55	2.49	2.45	5 %
	8.40	6.11	5.19	4.67	4.34	4.10	3.93	3.79	3.68	3.59	1 %
18	4.41	3.55	3.16	2.93	2.77	2.66	2.58	2.51	2.46	2.41	5 %
	8.29	6.01	5.09	4.58	4.25	4.01	3.84	3.71	3.60	3.51	1 %
19	4.38	3.52	3.13	2.90	2.74	2.63	2.54	2.48	2.42	2.38	5 %
	8.18	5.93	5.01	4.50	4.17	3.94	3.77	3.63	3.52	3.43	1 %
20	4.35	3.49	3.10	2.87	2.71	2.60	2.51	2.45	2.39	2.35	5 %
	8.10	5.85	4.94	4.43	4.10	3.87	3.70	3.56	3.46	3.37	1 %
21	4.32	3.47	3.07	2.84	2.68	2.57	2.49	2.42	2.37	2.32	5 %
	8.02	5.78	4.87	4.37	4.04	3.81	3.64	3.51	3.40	3.31	1 %
22	4.30	3.44	3.05	2.82	2.66	2.55	2.46	2.40	2.34	2.30	5 %
	7.95	5.72	4.82	4.31	3.99	3.76	3.59	3.45	3.35	3.26	1 %
23	4.28	3.42	3.03	2.80	2.64	2.53	2.44	2.37	2.32	2.27	5 %

Sigue en la página siguiente

Estadística Básica

$n_2 \backslash n_1$	1	2	3	4	5	6	7	8	9	10	α
	7.88	5.66	4.76	4.26	3.94	3.71	3.54	3.41	3.30	3.21	1 %
24	4.26	3.40	3.01	2.78	2.62	2.51	2.42	2.36	2.30	2.25	5 %
	7.82	5.61	4.72	4.22	3.90	3.67	3.50	3.36	3.26	3.17	1 %
25	4.24	3.39	2.99	2.76	2.60	2.49	2.40	2.34	2.28	2.24	5 %
	7.77	5.57	4.68	4.18	3.85	3.63	3.46	3.32	3.22	3.13	1 %
26	4.23	3.37	2.98	2.74	2.59	2.47	2.39	2.32	2.27	2.22	5 %
	7.72	5.53	4.64	4.14	3.82	3.59	3.42	3.29	3.18	3.09	1 %
27	4.21	3.35	2.96	2.73	2.57	2.46	2.37	2.31	2.25	2.20	5 %
	7.68	5.49	4.60	4.11	3.78	3.56	3.39	3.26	3.15	3.06	1 %
28	4.20	3.34	2.95	2.71	2.56	2.45	2.36	2.29	2.24	2.19	5 %
	7.64	5.45	4.57	4.07	3.75	3.53	3.36	3.23	3.12	3.03	1 %
29	4.18	3.33	2.93	2.70	2.55	2.43	2.35	2.28	2.22	2.18	5 %
	7.60	5.42	4.54	4.04	3.73	3.50	3.33	3.20	3.09	3.00	1 %
30	4.17	3.32	2.92	2.69	2.53	2.42	2.33	2.27	2.21	2.16	5 %
	7.56	5.39	4.51	4.02	3.70	3.47	3.30	3.17	3.07	2.98	1 %
32	4.15	3.29	2.90	2.67	2.51	2.40	2.31	2.24	2.19	2.14	5 %
	7.50	5.34	4.46	3.97	3.65	3.43	3.26	3.13	3.02	2.93	1 %
34	4.13	3.28	2.88	2.65	2.49	2.38	2.29	2.23	2.17	2.12	5 %
	7.44	5.29	4.42	3.93	3.61	3.39	3.22	3.09	2.98	2.89	1 %
36	4.11	3.26	2.87	2.63	2.48	2.36	2.28	2.21	2.15	2.11	5 %
	7.40	5.25	4.38	3.89	3.57	3.35	3.18	3.05	2.95	2.86	1 %
38	4.10	3.24	2.85	2.62	2.46	2.35	2.26	2.19	2.14	2.09	5 %
	7.35	5.21	4.34	3.86	3.54	3.32	3.15	3.02	2.92	2.83	1 %

Sigue en la página siguiente

$n_2 \backslash n_1$	1	2	3	4	5	6	7	8	9	10	α
40	4.08	3.23	2.84	2.61	2.45	2.34	2.25	2.18	2.12	2.08	5%
	7.31	5.18	4.31	3.83	3.51	3.29	3.12	2.99	2.89	2.80	1%
42	4.07	3.22	2.83	2.59	2.44	2.32	2.24	2.17	2.11	2.06	5%
	7.28	5.15	4.29	3.80	3.49	3.27	3.10	2.97	2.86	2.78	1%
44	4.06	3.21	2.82	2.58	2.43	2.31	2.23	2.16	2.10	2.05	5%
	7.25	5.12	4.26	3.78	3.47	3.24	3.08	2.95	2.84	2.75	1%
46	4.05	3.20	2.81	2.57	2.42	2.30	2.22	2.15	2.09	2.04	5%
	7.22	5.10	4.24	3.76	3.44	3.22	3.06	2.93	2.82	2.73	1%
48	4.04	3.19	2.80	2.57	2.41	2.29	2.21	2.14	2.08	2.03	5%
	7.19	5.08	4.22	3.74	3.43	3.20	3.04	2.91	2.80	2.71	1%
50	4.03	3.18	2.79	2.56	2.40	2.29	2.20	2.13	2.07	2.03	5%
	7.17	5.06	4.20	3.72	3.41	3.19	3.02	2.89	2.78	2.70	1%
55	4.02	3.16	2.77	2.54	2.38	2.27	2.18	2.11	2.06	2.01	5%
	7.12	5.01	4.16	3.68	3.37	3.15	2.98	2.85	2.75	2.66	1%
60	4.00	3.15	2.76	2.53	2.37	2.25	2.17	2.10	2.04	1.99	5%
	7.08	4.98	4.13	3.65	3.34	3.12	2.95	2.82	2.72	2.63	1%
65	3.99	3.14	2.75	2.51	2.36	2.24	2.15	2.08	2.03	1.98	5%
	7.04	4.95	4.10	3.62	3.31	3.09	2.93	2.80	2.69	2.61	1%
70	3.98	3.13	2.74	2.50	2.35	2.23	2.14	2.07	2.02	1.97	5%
	7.01	4.92	4.07	3.60	3.29	3.07	2.91	2.78	2.67	2.59	1%
80	3.96	3.11	2.72	2.49	2.33	2.21	2.13	2.06	2.00	1.95	5%
	6.96	4.88	4.04	3.56	3.26	3.04	2.87	2.74	2.64	2.55	1%
100	3.94	3.09	2.70	2.46	2.31	2.19	2.10	2.03	1.97	1.93	5%

Sigue en la página siguiente

$n_2 \backslash n_1$	1	2	3	4	5	6	7	8	9	10	α
125	6.90	4.82	3.98	3.51	3.21	2.99	2.82	2.69	2.59	2.50	1%
	3.92	3.07	2.68	2.44	2.29	2.17	2.08	2.01	1.96	1.91	5%
150	6.84	4.78	3.94	3.47	3.17	2.95	2.79	2.66	2.55	2.47	1%
	3.90	3.06	2.66	2.43	2.27	2.16	2.07	2.00	1.94	1.89	5%
200	6.81	4.75	3.91	3.45	3.14	2.92	2.76	2.63	2.53	2.44	1%
	3.89	3.04	2.65	2.42	2.26	2.14	2.06	1.98	1.93	1.88	5%
400	6.76	4.71	3.88	3.41	3.11	2.89	2.73	2.60	2.50	2.41	1%
	3.86	3.02	2.63	2.39	2.24	2.12	2.03	1.96	1.90	1.85	5%
1000	6.70	4.66	3.83	3.37	3.06	2.85	2.68	2.56	2.45	2.37	1%
	3.85	3.00	2.61	2.38	2.22	2.11	2.02	1.95	1.89	1.84	5%
	6.66	4.63	3.80	3.34	3.04	2.82	2.66	2.53	2.43	2.34	1%

Distribución F de Snedecor

$n_2 \backslash n_1$	11	12	14	16	20	24	30	40	50	75	α
1	243	244	245	246	248	249	250	251	252	253	5 %
	6083	6107	6143	6170	6209	6234	6260	6286	6302	6324	1 %
2	19.40	19.41	19.42	19.43	19.45	19.45	19.46	19.47	19.48	19.48	5 %
	99.41	99.42	99.43	99.44	99.45	99.46	99.47	99.48	99.48	99.48	1 %
3	8.76	8.74	8.71	8.69	8.66	8.64	8.62	8.59	8.58	8.56	5 %
	27.13	27.05	26.92	26.83	26.69	26.60	26.50	26.41	26.35	26.28	1 %
4	5.94	5.91	5.87	5.84	5.80	5.77	5.75	5.72	5.70	5.68	5 %
	14.45	14.37	14.25	14.15	14.02	13.93	13.84	13.75	13.69	13.61	1 %
5	4.70	4.68	4.64	4.60	4.56	4.53	4.50	4.46	4.44	4.42	5 %
	9.96	9.89	9.77	9.68	9.55	9.47	9.38	9.29	9.24	9.17	1 %
6	4.03	4.00	3.96	3.92	3.87	3.84	3.81	3.77	3.75	3.73	5 %
	7.79	7.72	7.60	7.52	7.40	7.31	7.23	7.14	7.09	7.02	1 %
7	3.60	3.57	3.53	3.49	3.44	3.41	3.38	3.34	3.32	3.29	5 %
	6.54	6.47	6.36	6.28	6.16	6.07	5.99	5.91	5.86	5.79	1 %
8	3.31	3.28	3.24	3.20	3.15	3.12	3.08	3.04	3.02	2.99	5 %
	5.73	5.67	5.56	5.48	5.36	5.28	5.20	5.12	5.07	5.00	1 %
9	3.10	3.07	3.03	2.99	2.94	2.90	2.86	2.83	2.80	2.77	5 %
	5.18	5.11	5.01	4.92	4.81	4.73	4.65	4.57	4.52	4.45	1 %
10	2.94	2.91	2.86	2.83	2.77	2.74	2.70	2.66	2.64	2.60	5 %
	4.77	4.71	4.60	4.52	4.41	4.33	4.25	4.17	4.12	4.05	1 %
11	2.82	2.79	2.74	2.70	2.65	2.61	2.57	2.53	2.51	2.47	5 %
	4.46	4.40	4.29	4.21	4.10	4.02	3.94	3.86	3.81	3.74	1 %

Sigue en la página siguiente

$n_2 \backslash n_1$	11	12	14	16	20	24	30	40	50	75	α
12	2.72	2.69	2.64	2.60	2.54	2.51	2.47	2.43	2.40	2.37	5%
	4.22	4.16	4.05	3.97	3.86	3.78	3.70	3.62	3.57	3.50	1%
13	2.63	2.60	2.55	2.51	2.46	2.42	2.38	2.34	2.31	2.28	5%
	4.02	3.96	3.86	3.78	3.66	3.59	3.51	3.43	3.38	3.31	1%
14	2.57	2.53	2.48	2.44	2.39	2.35	2.31	2.27	2.24	2.21	5%
	3.86	3.80	3.70	3.62	3.51	3.43	3.35	3.27	3.22	3.15	1%
15	2.51	2.48	2.42	2.38	2.33	2.29	2.25	2.20	2.18	2.14	5%
	3.73	3.67	3.56	3.49	3.37	3.29	3.21	3.13	3.08	3.01	1%
16	2.46	2.42	2.37	2.33	2.28	2.24	2.19	2.15	2.12	2.09	5%
	3.62	3.55	3.45	3.37	3.26	3.18	3.10	3.02	2.97	2.90	1%
17	2.41	2.38	2.33	2.29	2.23	2.19	2.15	2.10	2.08	2.04	5%
	3.52	3.46	3.35	3.27	3.16	3.08	3.00	2.92	2.87	2.80	1%
18	2.37	2.34	2.29	2.25	2.19	2.15	2.11	2.06	2.04	2.00	5%
	3.43	3.37	3.27	3.19	3.08	3.00	2.92	2.84	2.78	2.71	1%
19	2.34	2.31	2.26	2.21	2.16	2.11	2.07	2.03	2.00	1.96	5%
	3.36	3.30	3.19	3.12	3.00	2.92	2.84	2.76	2.71	2.64	1%
20	2.31	2.28	2.22	2.18	2.12	2.08	2.04	1.99	1.97	1.93	5%
	3.29	3.23	3.13	3.05	2.94	2.86	2.78	2.69	2.64	2.57	1%
21	2.28	2.25	2.20	2.16	2.10	2.05	2.01	1.96	1.94	1.90	5%
	3.24	3.17	3.07	2.99	2.88	2.80	2.72	2.64	2.58	2.51	1%
22	2.26	2.23	2.17	2.13	2.07	2.03	1.98	1.94	1.91	1.87	5%
	3.18	3.12	3.02	2.94	2.83	2.75	2.67	2.58	2.53	2.46	1%
23	2.24	2.20	2.15	2.11	2.05	2.01	1.96	1.91	1.88	1.84	5%

Sigue en la página siguiente

$n_2 \backslash n_1$	11	12	14	16	20	24	30	40	50	75	α
24	3.14	3.07	2.97	2.89	2.78	2.70	2.62	2.54	2.48	2.41	1 %
	2.22	2.18	2.13	2.09	2.03	1.98	1.94	1.89	1.86	1.82	5 %
25	3.09	3.03	2.93	2.85	2.74	2.66	2.58	2.49	2.44	2.37	1 %
	2.20	2.16	2.11	2.07	2.01	1.96	1.92	1.87	1.84	1.80	5 %
26	3.06	2.99	2.89	2.81	2.70	2.62	2.54	2.45	2.40	2.33	1 %
	2.18	2.15	2.09	2.05	1.99	1.95	1.90	1.85	1.82	1.78	5 %
27	3.02	2.96	2.86	2.78	2.66	2.58	2.50	2.42	2.36	2.29	1 %
	2.17	2.13	2.08	2.04	1.97	1.93	1.88	1.84	1.81	1.76	5 %
28	2.99	2.93	2.82	2.75	2.63	2.55	2.47	2.38	2.33	2.26	1 %
	2.15	2.12	2.06	2.02	1.96	1.91	1.87	1.82	1.79	1.75	5 %
29	2.96	2.90	2.79	2.72	2.60	2.52	2.44	2.35	2.30	2.23	1 %
	2.14	2.10	2.05	2.01	1.94	1.90	1.85	1.81	1.77	1.73	5 %
30	2.93	2.87	2.77	2.69	2.57	2.49	2.41	2.33	2.27	2.20	1 %
	2.13	2.09	2.04	1.99	1.93	1.89	1.84	1.79	1.76	1.72	5 %
32	2.91	2.84	2.74	2.66	2.55	2.47	2.39	2.30	2.25	2.17	1 %
	2.10	2.07	2.01	1.97	1.91	1.86	1.82	1.77	1.74	1.69	5 %
34	2.86	2.80	2.70	2.62	2.50	2.42	2.34	2.25	2.20	2.12	1 %
	2.08	2.05	1.99	1.95	1.89	1.84	1.80	1.75	1.71	1.67	5 %
36	2.82	2.76	2.66	2.58	2.46	2.38	2.30	2.21	2.16	2.08	1 %
	2.07	2.03	1.98	1.93	1.87	1.82	1.78	1.73	1.69	1.65	5 %
38	2.79	2.72	2.62	2.54	2.43	2.35	2.26	2.18	2.12	2.04	1 %
	2.05	2.02	1.96	1.92	1.85	1.81	1.76	1.71	1.68	1.63	5 %
	2.75	2.69	2.59	2.51	2.40	2.32	2.23	2.14	2.09	2.01	1 %

Sigue en la página siguiente

$n_2 \backslash n_1$	11	12	14	16	20	24	30	40	50	75	α
40	2.04	2.00	1.95	1.90	1.84	1.79	1.74	1.69	1.66	1.61	5 %
	2.73	2.66	2.56	2.48	2.37	2.29	2.20	2.11	2.06	1.98	1 %
42	2.03	1.99	1.94	1.89	1.83	1.78	1.73	1.68	1.65	1.60	5 %
	2.70	2.64	2.54	2.46	2.34	2.26	2.18	2.09	2.03	1.95	1 %
44	2.01	1.98	1.92	1.88	1.81	1.77	1.72	1.67	1.63	1.59	5 %
	2.68	2.62	2.52	2.44	2.32	2.24	2.15	2.07	2.01	1.93	1 %
46	2.00	1.97	1.91	1.87	1.80	1.76	1.71	1.65	1.62	1.57	5 %
	2.66	2.60	2.50	2.42	2.30	2.22	2.13	2.04	1.99	1.91	1 %
48	1.99	1.96	1.90	1.86	1.79	1.75	1.70	1.64	1.61	1.56	5 %
	2.64	2.58	2.48	2.40	2.28	2.20	2.12	2.02	1.97	1.89	1 %
50	1.99	1.95	1.89	1.85	1.78	1.74	1.69	1.63	1.60	1.55	5 %
	2.63	2.56	2.46	2.38	2.27	2.18	2.10	2.01	1.95	1.87	1 %
55	1.97	1.93	1.88	1.83	1.76	1.72	1.67	1.61	1.58	1.53	5 %
	2.59	2.53	2.42	2.34	2.23	2.15	2.06	1.97	1.91	1.83	1 %
60	1.95	1.92	1.86	1.82	1.75	1.70	1.65	1.59	1.56	1.51	5 %
	2.56	2.50	2.39	2.31	2.20	2.12	2.03	1.94	1.88	1.79	1 %
65	1.94	1.90	1.85	1.80	1.73	1.69	1.63	1.58	1.54	1.49	5 %
	2.53	2.47	2.37	2.29	2.17	2.09	2.00	1.91	1.85	1.77	1 %
70	1.93	1.89	1.84	1.79	1.72	1.67	1.62	1.57	1.53	1.48	5 %
	2.51	2.45	2.35	2.27	2.15	2.07	1.98	1.89	1.83	1.74	1 %
80	1.91	1.88	1.82	1.77	1.70	1.65	1.60	1.54	1.51	1.45	5 %
	2.48	2.42	2.31	2.23	2.12	2.03	1.94	1.85	1.79	1.70	1 %
100	1.89	1.85	1.79	1.75	1.68	1.63	1.57	1.52	1.48	1.42	5 %

Sigue en la página siguiente

$n_2\backslash n_1$	11	12	14	16	20	24	30	40	50	75	α
125	2.43	2.37	2.27	2.19	2.07	1.98	1.89	1.80	1.74	1.65	1 %
	1.87	1.83	1.77	1.73	1.66	1.60	1.55	1.49	1.45	1.40	5 %
150	2.39	2.33	2.23	2.15	2.03	1.94	1.85	1.76	1.69	1.60	1 %
	1.85	1.82	1.76	1.71	1.64	1.59	1.54	1.48	1.44	1.38	5 %
200	2.37	2.31	2.20	2.12	2.00	1.92	1.83	1.73	1.66	1.57	1 %
	1.84	1.80	1.74	1.69	1.62	1.57	1.52	1.46	1.41	1.35	5 %
400	2.34	2.27	2.17	2.09	1.97	1.89	1.79	1.69	1.63	1.53	1 %
	1.81	1.78	1.72	1.67	1.60	1.54	1.49	1.42	1.38	1.32	5 %
1000	2.29	2.23	2.13	2.05	1.92	1.84	1.75	1.64	1.58	1.48	1 %
	1.80	1.76	1.70	1.65	1.58	1.53	1.47	1.41	1.36	1.30	5 %
	2.27	2.20	2.10	2.02	1.90	1.81	1.72	1.61	1.54	1.44	1 %

Anexo C. Resumen de las principales fórmulas

C.1. Estadística descriptiva y regresión

Media aritmética:

$$\overline{x} = \frac{\sum_{i=1}^{n} x_i}{n} = \frac{\sum_{i=1}^{k} x_i n_i}{n} = \frac{\sum_{i=1}^{k} c_i n_i}{n}.$$

Mediana (caso de datos agrupados en clases):

$$me = a_i + \frac{0{,}5 - F_{i-1}}{F_i - F_{i-1}}(a_{i+1} - a_i).$$

Varianza y desviación típica:

$$v(X) = \overline{x^2} - \overline{x}^2, \quad d(X) = \sqrt{v(X)}.$$

$$\overline{x^2} = \frac{\sum_{i=1}^{n} x_i^2}{n} = \frac{\sum_{i=1}^{k} x_i^2 n_i}{n} = \frac{\sum_{i=1}^{k} c_i^2 n_i}{n}.$$

Asimetría y curtosis:

$$g_1(X) = \frac{\frac{\sum_{i=1}^{k}(x_i - \overline{x})^3}{n}}{d(X)^3}, \quad g_2(X) = \frac{\frac{\sum_{i=1}^{k}(x_i - \overline{x})^4}{n}}{d(X)^4} - 3.$$

https://dx.doi.org/10.5209/docm.003.13
Estadística Básica. Pedro Miranda Menéndez. © Ediciones Complutense, 2025.

Covarianza:

$$cov(X, Y) = \overline{xy} - \overline{x}\,\overline{y}.$$

$$\overline{xy} = \frac{\displaystyle\sum_{i=1}^{n} x_i y_i}{n} = \frac{\displaystyle\sum_{i=1}^{r}\sum_{j=1}^{s} x_i y_j n_{ij}}{n}.$$

Rectas de regresión:

$$y - \overline{y} = \frac{cov(X, Y)}{v(X)}(x - \overline{x}), \quad x - \overline{x} = \frac{cov(X, Y)}{v(Y)}(y - \overline{y}).$$

C.2. Probabilidad, combinatoria y variables aleatorias

Variaciones con repetición	$VR_n^k = n^k$
Variaciones sin repetición	$V_{n,k} = n \cdot (n-1) \cdot \ldots \cdot (n-k+1)$
Permutaciones	$P_n = n! = n \cdot (n-1) \cdot \ldots \cdot 1.$
Combinaciones sin repetición	$C_{n,k} = \dbinom{n}{k} = \frac{n \cdot (n-1) \cdot \ldots \cdot (n-k+1)}{k!}$

Teorema de la probabilidad total:

$$P(A) = P(A \cap B_1) + \ldots + P(A \cap B_r) = P(B_1)P(A/B_1) + \ldots + P(B_r)P(A/B_r).$$

Teorema de Bayes:

$$P(B_i/A) = \frac{P(B_i)P(A/B_i)}{P(B_1)P(A/B_1) + \ldots + P(B_r)P(A/B_r)}.$$

Variables aleatorias:

Distribución	Probabilidad/densidad	Esperanza	Varianza
$\mathcal{B}(p)$	$P(0) = 1-p, P(1) = p$	p	$p(1-p)$
$\mathcal{B}(n,p)$	$P(k) = \dbinom{n}{k} p^k (1-p)^{n-k}$	np	$np(1-p)$
$\mathcal{P}(\lambda)$	$P(k) = \lambda \frac{e^{-\lambda}}{k!}$	λ	λ
$\mathcal{U}(a,b)$	$f(x) = \frac{1}{b-a}, \quad x \in (a,b)$	$\frac{b+a}{2}$	$\frac{(b-a)^2}{12}$
$Exp(\lambda)$	$f(x) = \lambda e^{-\lambda x}, \quad x > 0$	$\frac{1}{\lambda}$	$\frac{1}{\lambda^2}$
$\mathcal{N}(\mu,\sigma)$	$f(x) = \frac{1}{\sqrt{2\pi}\sigma} e^{-\frac{(x-\mu)^2}{2\sigma^2}}$	μ	σ^2

C.3. Análisis de varianza

Suma de cuadrados del total:

$$SCT = \sum_{i=1}^{a}\sum_{j=1}^{n_i}(X_{ij} - \overline{X})^2 = nV(X) = (n-1)S^2.$$

Suma de cuadrados del factor:

$$SCA = \sum_{i=1}^{a}\sum_{j=1}^{n_i}(\overline{X}_i - \overline{X})^2 = \sum_{i=1}^{a}n_i(\overline{X}_i - \overline{X})^2.$$

Suma de cuadrados del error:

$$SCE = \sum_{i=1}^{a}\sum_{j=1}^{n_i}(X_{ij} - \overline{X}_i)^2 = \sum_{i=1}^{a}n_iV(X_i) = \sum_{i=1}^{a}(n_i-1)S_i^2.$$

Anexo D. Formulario de intervalos de confianza

TIPO DE PROBLEMA	INTERVALO DE CONFIANZA
Media μ, σ^2 conocida	$\overline{X} \pm z_{\alpha/2} \frac{\sigma}{\sqrt{n}}$
Media μ, σ^2 desconocida	$\overline{X} \pm t_{n-1;\alpha/2} \frac{S}{\sqrt{n}}$
Diferencia de medias $\mu_1 - \mu_2$, con varianzas σ_1^2, σ_2^2, conocidas	$(\overline{X}_1 - \overline{X}_2) \pm z_{\alpha/2} \sqrt{\frac{\sigma_1^2}{n} + \frac{\sigma_2^2}{m}}$
Diferencia de medias $\mu_1 - \mu_2$, con varianzas $\sigma_1^2 = \sigma_2^2$, desconocidas	$(\overline{X}_1 - \overline{X}_2) \pm t_{n+m-2;\alpha/2} S_c \sqrt{\frac{1}{n} + \frac{1}{m}}$
Diferencia de medias $\mu_1 - \mu_2$, con varianzas $\sigma_1^2 \neq \sigma_2^2$, desconocidas	$(\overline{X}_1 - \overline{X}_2) \pm t_{k;\alpha/2} \sqrt{\frac{S_1^2}{n} + \frac{S_2^2}{m}}$
Varianza σ^2	$\left[\frac{(n-1)S^2}{\chi_{n-1;\alpha/2}^2}, \frac{(n-1)S^2}{\chi_{n-1;1-\alpha/2}^2} \right]$
Cociente de varianzas σ_1^2/σ_2^2	$\left[\frac{S_1^2/S_2^2}{F_{n-1,m-1;\alpha/2}}, \frac{S_1^2/S_2^2}{F_{n-1,m-1;1-\alpha/2}} \right]$
Diferencia de medias Datos pareados	$\overline{D} \pm t_{n-1;\alpha/2} \frac{S_d}{\sqrt{n}}$

Sigue en la página siguiente

https://dx.doi.org/10.5209/docm.003.14
Estadística Básica. Pedro Miranda Menéndez. © Ediciones Complutense, 2025.

TIPO DE PROBLEMA	INTERVALO DE CONFIANZA
Proporción p	$\hat{p} \pm z_{\alpha/2}\sqrt{\frac{\hat{p}(1-\hat{p})}{n}}$
Diferencia de proporciones $p_1 - p_2$	$\hat{p}_1 - \hat{p}_2 \pm z_{\alpha/2}\sqrt{\frac{\hat{p}_1(1-\hat{p}_1)}{n} + \frac{\hat{p}_2(1-\hat{p}_2)}{m}}$

Recuérdese que se está utilizando la siguiente notación:

$$S_c^2 = \frac{(n-1)S_1^2 + (m-1)S_2^2}{n+m-2}$$

$$k = \frac{\left(S_1^2/n + S_2^2/m\right)^2}{\frac{\left(S_1^2/n\right)^2}{n+1} + \frac{\left(S_2^2/m\right)^2}{m+1}} - 2$$

Datos pareados: En este caso lo que se desea es encontrar un intervalo de confianza para la diferencia de medias de dos poblaciones normales *no independientes*.

Sean dos poblaciones $X \sim \mathcal{N}(\mu_1, \sigma_1)$ e $Y \sim \mathcal{N}(\mu_2, \sigma_2)$; tenemos una m.a.s. $(X_1, Y_1), ..., (X_n, Y_n)$ de (X, Y). Llamamos D a $X - Y$, así $D_i = X_i - Y_i$ y de esta forma se obtiene

$$\overline{D} = \frac{\sum_{i=1}^{n} D_i}{n}, \qquad S_d^2 = \frac{\sum_{i=1}^{n} (D_i - \overline{D})^2}{n-1}.$$

Anexo E. Formulario de contraste de hipótesis

https://dx.doi.org/10.5209/docm.003.15
Estadística Básica. Pedro Miranda Menéndez. © Ediciones Complutense, 2025.

TIPO DE PROBLEMA	CONTRASTE	ESTADÍSTICO	REGIÓN CRÍTICA
Media de una población normal con varianza conocida	$\begin{cases} H_0: \mu = \mu_0 \\ H_1: \mu \neq \mu_0 \end{cases}$ $\begin{cases} H_0: \mu \leq \mu_0 \\ H_1: \mu > \mu_0 \end{cases}$	$T = \dfrac{\bar{X} - \mu_0}{\sigma/\sqrt{n}}$	$R.C. = \{|T| > z_{\alpha/2}\}$ $R.C. = \{T > z_\alpha\}$
Media de una población normal con varianza desconocida	$\begin{cases} H_0: \mu = \mu_0 \\ H_1: \mu \neq \mu_0 \end{cases}$ $\begin{cases} H_0: \mu \leq \mu_0 \\ H_1: \mu > \mu_0 \end{cases}$	$T = \dfrac{\bar{X} - \mu_0}{S/\sqrt{n}}$	$R.C. = \{|T| > t_{n-1;\alpha/2}\}$ $R.C. = \{T > t_{n-1;\alpha}\}$
Igualdad de medias de poblaciones normales con varianzas conocidas	$\begin{cases} H_0: \mu_1 = \mu_2 \\ H_1: \mu_1 \neq \mu_2 \end{cases}$ $\begin{cases} H_0: \mu_1 \leq \mu_2 \\ H_1: \mu_1 > \mu_2 \end{cases}$	$T = \dfrac{\bar{X} - \bar{Y}}{\sqrt{\frac{\sigma_1^2}{n} + \frac{\sigma_2^2}{m}}}$	$R.C. = \{|T| > z_{\alpha/2}\}$ $R.C. = \{T > z_\alpha\}$
Igualdad de medias de poblaciones normales con varianzas desconocidas e iguales	$\begin{cases} H_0: \mu_1 = \mu_2 \\ H_1: \mu_1 \neq \mu_2 \end{cases}$ $\begin{cases} H_0: \mu_1 \leq \mu_2 \\ H_1: \mu_1 > \mu_2 \end{cases}$	$T = \dfrac{\bar{X} - \bar{Y}}{S_c\sqrt{\frac{1}{n} + \frac{1}{m}}}$	$R.C. = \{|T| > t_{n+m-2;\alpha/2}\}$ $R.C. = \{T > t_{n+m-2;\alpha}\}$

Sigue en la página siguiente

TIPO DE PROBLEMA	CONTRASTE	ESTADÍSTICO	REGIÓN CRÍTICA
Igualdad de medias de poblaciones normales con varianzas desconocidas y distintas	$\begin{cases} H_0 : \mu_1 = \mu_2 \\ H_1 : \mu_1 \neq \mu_2 \end{cases}$	$T = \dfrac{\bar{X} - \bar{Y}}{\sqrt{\frac{s_1^2}{n} + \frac{s_2^2}{m}}}$	$R.C. = \{ |T| > t_{k;\alpha/2} \}$
	$\begin{cases} H_0 : \mu_1 \leq \mu_2 \\ H_1 : \mu_1 > \mu_2 \end{cases}$		$R.C. = \{ T > t_{k;\alpha} \}$
Igualdad de medias de poblaciones normales con datos pareados	$\begin{cases} H_0 : \mu_1 = \mu_2 \\ H_1 : \mu_1 \neq \mu_2 \end{cases}$	$T = \dfrac{\bar{D}}{S_D/\sqrt{n}}$	$R.C. = \{ |T| > t_{n-1;\alpha/2} \}$
	$\begin{cases} H_0 : \mu_1 \leq \mu_2 \\ H_1 : \mu_1 > \mu_2 \end{cases}$		$R.C. = \{ T > t_{n-1;\alpha} \}$
Varianza de una población normal	$\begin{cases} H_0 : \sigma^2 = \sigma_0^2 \\ H_1 : \sigma^2 \neq \sigma_0^2 \end{cases}$	$T = \dfrac{(n-1)S^2}{\sigma_0^2}$	$R.C. = \begin{cases} T < \chi_{n-1;1-\alpha/2}^2 \\ \text{o } T > \chi_{n-1;\alpha/2}^2 \end{cases}$
	$\begin{cases} H_0 : \sigma^2 \leq \sigma_0^2 \\ H_1 : \sigma^2 > \sigma_0^2 \end{cases}$		$R.C. = \{ T > \chi_{n-1;\alpha}^2 \}$
Igualdad de varianzas de poblaciones normales	$\begin{cases} H_0 : \sigma_1^2 = \sigma_2^2 \\ H_1 : \sigma_1^2 \neq \sigma_2^2 \end{cases}$	$T = \dfrac{S_1^2}{S_2^2}$	$R.C. = \{ T < F_{n-1,m-1;1-\alpha/2} \\ \text{o } T > F_{n-1,m-1;\alpha/2} \}$
	$\begin{cases} H_0 : \sigma_1^2 \leq \sigma_2^2 \\ H_1 : \sigma_1^2 > \sigma_2^2 \end{cases}$		$R.C. = \{ T > F_{n-1,m-1;\alpha} \}$

Sigue en la página siguiente

TIPO DE PROBLEMA	CONTRASTE	ESTADÍSTICO	REGIÓN CRÍTICA
Proporción	$\begin{cases} H_0 : p = p_0 \\ H_1 : p \neq p_0 \end{cases}$ $\begin{cases} H_0 : p \leq p_0 \\ H_1 : p > p_0 \end{cases}$	$T = \dfrac{\hat{p} - p_0}{\sqrt{\dfrac{p_0(1-p_0)}{n}}}$	$R.C. = \{|T| > z_{\alpha/2}\}$ $R.C. = \{T > z_{\alpha}\}$
Igualdad de proporciones	$\begin{cases} H_0 : p_1 = p_2 \\ H_1 : p_1 \neq p_2 \end{cases}$ $\begin{cases} H_0 : p_1 \leq p_2 \\ H_1 : p_1 > p_2 \end{cases}$	$T = \dfrac{\hat{p}_1 - \hat{p}_2}{\sqrt{\dfrac{\hat{p}_1(1-\hat{p}_1)}{n} + \dfrac{\hat{p}_2(1-\hat{p}_2)}{m}}}$	$R.C. = \{|T| > z_{\alpha/2}\}$ $R.C. = \{T > z_{\alpha}\}$